Carl Steinweg

Praxis der Anwendungsentwicklung

Zielorientiertes Software-Development

Herausgegeben von Stephen Fedtke

Die Reihe bietet Programmierern, Projektleitern, DV-Managern und der Geschäftsleitung wegweisendes Fachwissen.

Die Autoren dieser Reihe sind ausschließlich erfahrene Spezialisten. Der Leser erhält daher gezieltes Know-how aus erster Hand. Die Zielsetzung umfaßt:

- Entwicklungs- und Einführungskosten von Software reduzieren
- Zukunftsweisende Strategien für die Gestaltung der Datenverarbeitung bereitstellen
- Zeit- und kostenintensive Schulungen verzichtbar werden lassen
- effiziente Lösungswege für Probleme in allen Phasen des Software-Life-Cycles aufzeigen
- durch gezielte Tips und Hinweise Anwendern einen Erfahrungs- und Wissensvorsprung sichern

Bisher erschienen:

Qualitätsoptimierung der Software-Entwicklung
von Georg Erwin Thaller

Effizienter DB-Einsatz von ADABAS
von Dieter W. Storr

Objektorientierte Softwaretechnik
von Walter Hetzel-Herzog

Effiziente NATURAL-Programmierung
von Sylvia Scheu

Effizienter Einsatz von PREDICT
von Volker Blödel

Praxis der Anwendungsentwicklung
von Carl Steinweg

Vieweg

Carl Steinweg

Praxis der Anwendungsentwicklung

Wegweiser erfolgreicher Gestaltung von IV-Projekten

Herausgegeben von Stephen Fedtke

vieweg

CIP-Codierung angefordert

Softcover reprint of the hardcover 1st edition 1995

Der Verlag Vieweg ist ein Unternehmen der Bertelsmann Fachinformation GmbH.

Druck und buchbinderische Verarbeitung: Lengericher Handelsdruckerei, Lengerich
Gedruckt auf säurefreiem Papier

ISBN-13: 978-3-528-05490-8 e-ISBN-13: 978-3-322-89478-6
DOI: 10.1007/978-3-322-89478-6

Vorwort

Die zunehmende Komplexität von IV-Anwendungssystemen und die Heterogenität der bereitgestellten Zielumgebungen stellen heutzutage jedes Unternehmen vor vielfältige Aufgaben. Die Entwicklung von Anwendungssoftware ist ein Prozeß, der unter anderem folgenden Einflußfaktoren ausgesetzt ist:

- sich schnell ändernde Geschäfte, die innerhalb kürzester Zeit IV-technisch unterstützt werden müssen.
- zunehmender Wettbewerbs- und Preisdruck,
- verändertes Angebot an Entwicklungsmethoden mit Verlagerung des Schwerpunktes auf die frühen Phasen des Entwicklungsprozesses,
- ständige Veränderung und Verbesserung der Hard- und Softwareplattformen,

In der Praxis sind so alle an diesem Prozeß Beteiligten wie Programmierern, Analytikern, Designern, Organisatoren, Führungskräfte, Endnutzer ständig veränderten Bedingungen ausgesetzt. Die dynamische Entwicklung der Märkte und der Kundenbedürfnisse und die Komplexität moderner Produkte sind weitere Randbedingungen unter denen ein Geschäft effizient und zeitgerecht möglich sein muß. Diese Situation wird nicht automatisch mit dem Einsatz neuester Entwicklungswerkzeuge beherrscht, sondern es bedarf einer genau abgestimmten Vorgehensweise aller am Prozeß Beteiligten.

Andererseits ist die Abwicklung von IV-Projekten kein starrer, immer wieder die gleichen Tätigkeiten verlangender Entwicklungsprozeß. Im Gegenteil: Kaum ein Projekt gleicht dem anderen. Es gibt keine Mechanismen und starren Abläufe. Ein Projekt kann nur dann erfolgreich durchgeführt und abgeschlossen werden, wenn alle am Projekt Beteiligten mittels ihres Wissens und ihrer Erfahrung initiativreich einen optimalen Prozeßverlauf garantieren.

Im vorliegenden Buch beschreibt der Autor ein in der Praxis erfolgreich erprobtes Vorgehen zur prozeßorientierten Gestaltung von IV-Projekten, das in der gemeinsamen langjährigen Konzeption und Projekt-Arbeit von Entwicklern, Beratern, IV-Führungskräften und Organisatoren entstanden ist.

Es ist das Ziel, mit diesem Buch eine zusammenhängende, methodische und praxisnahe Darstellung des Prozesses der Anwendungsentwicklung anhand eines Vorgehensmodells aufzuzeigen. Gleichzeitig werden die Aspekte des Projekt- und Qualitätsmanagements berücksichtigt. Das Buch ist als Nachschlagewerk und Leitfaden konzipiert und beantwortet gezielt vielfältige Fragen, die im Verlaufe der Anwendungsentwicklung auftreten können. Es bietet den am Prozeß Beteiligten Orientierungshilfen und Wegweiser an. In Form von Drehbüchern werden wir Hilfestellungen und Orientierungspunkte für die Entwickler und Projektleiter geben, mit denen der reale Verlauf der Anwendungsentwicklung geplant, durchgeführt und überprüft werden kann. Darüber hinaus wird der gesamte Prozeß der Anwendungsentwicklung anhand konkreter Beispiele praxisnah dargestellt.

Im Abschnitt A "IV-Projekte gestalten" wird der Entstehungsprozeß von IV-Projekten aus den Geschäftsanforderungen heraus beschrieben. Die Rolle des Projektmanagements wird ebenso beleuchtet wie die weiteren Erfolgsfaktoren eines IV-Projektes. Methoden und Werkzeuge stellen Hilfsmittel für die prozeßorientierte Gestaltung des Projektes dar.

Im Abschnitt B "Leitfaden für IV-Projekte" wird ein Phasenmodell zur Strukturierung des Kernprozesses der Anwendungsentwicklung beschrieben. Es besteht aus den Phasen Projektinitialisierung, Modellierung, Analyse/Design, Realisierung, Integration/Test und Produktion/Wartung. Das Phasenmodell ist ein hochgradig flexibler Baukasten, mit dem der Prozeß mit Ergebnisstrukturen und Methoden hinterlegt wird. Dabei zeigen wir durch ein objektbasiertes Methodenkonzept im Verbund mit klassischen strukturierten Methoden gleichzeitig einen Migrationsweg von der "klassischen" Anwendungsentwicklung mit einer 3GL-Sprache in die Welt der Objektorientierung. Wir verwenden die objektorientierten Methoden nur *soviel wie nötig*. Die methodische Durchgängigkeit wird über den gesamten Lebenszyklus der Software gewahrt.

Im Abschnitt C "Weitere Aspekte von IV-Projekten" beschäftigen wir uns ausführlich mit dem Projektmanagement, mit dem Einsatz von Standardsoftware, der Rolle von Prototyping und der Dokumentation von Systemen und Projekten. Damit wird der gesamte Prozeß der Anwendungsentwicklung ergänzend zum Phasenmodell betrachtet.

Im Anhang werden die wesentlichen benutzten Methoden im Überblick beschrieben und anhand eines Beispiel kann der Leser das hier vorgestellte Vorgehen nachvollziehen. Die dabei benutzten Methoden sind ausschließlich Marktstandards. Die Leistung des Baukastens ist in der durchgängigen Methodenintegration über alle Phasen zu sehen. Dabei ist der wesentlich neue Begriff der *Anwendungsarchitektur* in der Phase Analyse/Design.

Allen, die direkt oder indirekt an der Entstehung dieses Buches mitgearbeitet haben, möchte der Autor an dieser Stelle herzlich danken. Alle Namen und Institutionen aufzuzählen würde den Rahmen diese Vorwortes sprengen und so bleibt ein anonymer aber umso herzlicher Dank an alle für Beiträge, Meinungen, Diskussionen, Erfahrungen und Ratschläge, ohne die dieses Buch nicht möglich gewesen wäre. Ein ebenso herzlicher Dank gilt aber auch meiner Familie - vor allem für ihre Geduld und ihr Verständnis.

Wir hoffen, mit diesem Buch eine geschlossene Darstellung der Anwendungsentwicklung zu präsentieren. Für Diskussionen, Anregungen und Anfragen steht Ihnen, sehr geehrter Leser, der Autor gerne zur Verfügung:

Carl Steinweg
Schloß Rheda
33378 Rheda-Wiedenbrück

Inhalt

Abschnitt C:

Anhang A:

Anhang B1:

Anhang B2:

Anhang B3:

Anhang C:

Abschnitt A: IV-Projekte gestalten

1. Geschäftsorientierte Gestaltung von IV-Projekten

Bei IV-Projekten handelt es sich im allgemeinen um Großinvestitionen eines Geschäftes. Deshalb muß vor dem Start einer solchen IV-Investition ihre Sinnhaftigkeit geprüft werden. Maßstab dafür ist der Nutzen für das Geschäft. IV-Investitionen haben den Sinn, bestehende Geschäfte effizienter zu gestalten bzw. zukünftige, neue Geschäfte zu ermöglichen. Aus sich heraus haben sie keinen eigenständigen Sinn. IV-Projekte müssen somit immer im Kontext des Geschäftszyklus betrachtet werden.

Schlüsselfragen vor dem Aufsetzen eines IV-Projektes

Folgende Schlüsselfragen müssen vor dem Aufsetzen eines IV-Projektes beantwortet werden; um den Nutzen des Projektes für das Geschäft beurteilen zu können:

- Einordnung ins Geschäft:
  - Was ist die Motivation bzw. der Anlaß für die IV-Investition ?
  - Um welche Art von IV-Investition handelt es sich ?
  - Was sind die Ziele dieser IV-Investition ?
  - Welchen Sinn hat die IV-Investition für das Geschäft ?
- Angemessenheit der Organisation (Business Process Reengineering):
  - Wie wird das Geschäft heute abgewickelt ?
  - Wie soll das Geschäft mit Hilfe der IV-Investition abgewickelt werden ?
  - Was ist anders als heute ?
  - Welche Alternativen sind betrachtet worden ?
  - Sind Thema und Scope der IV-Investition richtig gewählt ?
- Angemessenheit der Projektabwicklung:
  - Wer ist der Auftraggeber ?
  - Wer ist der Auftragnehmer ?
  - Wer ist der Projektleiter ?
  - Was sind die Steuerungsgremien ?
  - Wie sieht die Zeit- und Kapazitätsplanung aus ?
  - Was könnte den Projekterfolg gefährden ?

  - Was muß getan werden, um den Projekterfolg sicher zu stellen ?
  - Auf welchen Methoden und Vorgehensweisen beruht die Projektabwicklung ?
  - Ist eine dem Projekt angemessene Dokumentation festgelegt und wie sieht diese aus ?

- Technologie und Konfiguration:
  - Was sind die Anforderungen an die Technologie, die sich aus dem Geschäft ergeben ?
  - Für welche Technologie / Konfiguration hat man sich entschieden?
  - Welche Kriterien lagen dieser Entscheidung zugrunde ?

- Wirtschaftlichkeit:
  - Was ist das Gesamtvolumen der IV-Investition ?
  - Was ist das Nutzenpotential der IV-Investition ?
  - Was ist das Risiko der IV-Investition ?

Der "Business Development Lifecycle" und "Time to Market (TTM)"

Hintergrund der Schlüsselfragen ist das in Abb. 1 dargestellte Modell des Business Development Lifecycle. Das Modell geht von folgender These aus: ***Aufgabe eines IV-Dienstleisters ist die Unterstützung des Aufbaus und der Abwicklung von Geschäften durch zeitgerechte Bereitstellung und Optimierung kompletter IV-Systeme.***

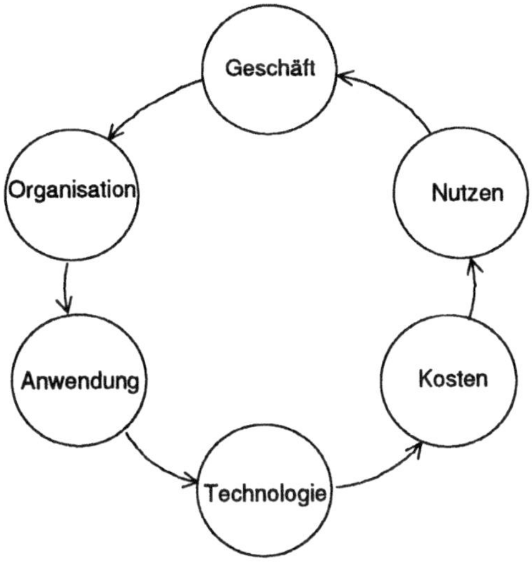

Abb. 1: Business Development Lifecycle

Das Geschäft wird dabei getrieben durch eine dynamische Entwicklung der Konsumentenmärkte und Kundenbedürfnisse sowie durch ein Ansteigen der Komplexität moderner Produkte. Beispielhaft könnte ein solcher Geschäftszyklus wie folgt aussehen:

- Identifikation einer interessanten *Zielgruppe* (z. B. für einen Club, ein neues Magazin, einen neuen Fernsehkanal).
- Identifikation einer für diese Zielgruppe interessanten *Produktstruktur* (z. B. eine Kombination aus Produkten und Dienstleistungen, ein Zeitschriftenformat, ein Programmkonzept).
- Definition einer effizienten *Geschäftsorganisation* (insb. Vertriebskanal, Substanzressourcen, interne Geschäftsprozesse).
- effizienter *Aufbau der Organisation*, inklusive der zugehörigen *IV-Systeme.*
- Betrieb des Geschäftes mit stetigem *Erfolgscontrolling* und *Tuning.*
- Herunterfahren und *Einstellen* des Geschäftes bei nicht mehr gegebener Wirtschaftlichkeit.

Oft findet der Aufbau eines neuen Geschäfts in einem sehr kurzen Zeitraum (kleiner ein Jahr) statt, denn von der Identifikation eines Marktbedarfs bis zu seiner Befriedigung darf nicht viel Zeit verstreichen, sonst ist entweder der Markt verloren oder ein Wettbewerber hat ihn schneller abgeschöpft. Dies hat folgende Konsequenz für die Informationsverarbeitung:

Die Bereitstellung kompletter IV-Systeme hat sich am extrem kurzen Lifecycle heutiger Geschäfte zu orientieren. Dabei ergibt sich folgende Schlüsselanforderung: *Ein Geschäft muß zeitgerecht und effizient ermöglicht werden. Unter Umständen sind dabei Abstriche hinsichtlich Vollständigkeit und Qualität des Systems in Kauf zu nehmen. Dieses Prinzip wird als "Time to Market" (TTM) bezeichnet.*

Regeln für den Business Development Lifecycle

- *Der Lifecycle muß vollständig und vom Geschäft ausgehend in einer Richtung durchlaufen werden.*

Der Anstoß für ein IV-System muß aus dem *Geschäft* kommen. Es muß klar sein, welche Geschäftsfelder und Geschäftsprozesse unterstützt werden sollen und welches die Erfolgskriterien dafür sind. Das Zielsystem des Geschäftes muß bekannt sein und in quantifizierter Form vorliegen.

Aus den Anforderungen des Geschäftes müssen die Prinzipien der *Organisation* klar abgeleitet werden. Im wesentlichen umfaßt dies die Strukturierung der Geschäftsprozesse in Teilprozesse und die daraus resultierende

Ablauf- und Aufbauorganisation. Basierend auf den quantifizierten Geschäftszielen müssen quantifizierbare Leistungsmerkmale für die Geschäftsprozesse definiert werden, um diese Prozesse *zielgerichtet* steuern zu können. Dieser Schritt ist eine Optimierung der Organisation im Hinblick auf die Geschäftsziele unter Beachtung nicht veränderbarer Rahmenbedingungen. Auf der Basis einer klaren Geschäftsdefinition und Organisationsoptimierung lassen sich Umfang und Ziele für eine *Anwendung* definieren, die Geschäft und Organisation sinnvoll unterstützt.

Zur Unterstützung der Anwendung kann nun die *Technologie* bestimmt werden. Insgesamt können die *Kosten* dargestellt werden. Der *Nutzen* des Systems ergibt sich dann aus den Konsequenzen für das Geschäft, als Beitrag des Systems zur Erreichung der quantifizierten Geschäftsziele.

Früher wurde oft über die *Anwendung* (ohne Betrachtung der Geschäftsziele und -prozesse) in ein IV-Projekt eingestiegen. Dies führte zu einer Betrachtung von Anwendungen und Technologien unter reinem Kostenaspekt und somit zu kostenoptimierten Lösungen. Die Folge war oft ein zu kleiner Projektrahmen und eine starke Taylorisierung und Spezialisierung des Entwicklungsprozesses, da ein größerer Rahmen und eine ganzheitliche Arbeitsweise in Projekten mit reinen Kostenargumenten nicht darstellbar waren. Man befand sich somit in einem rein *technischen Zyklus* (siehe Abb. 2).

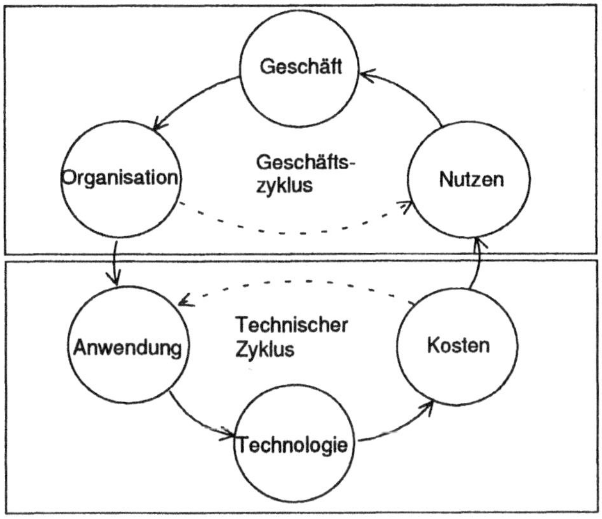

Abb. 2: Geschäftszyklus und technischer Zyklus

Steigt man vom Geschäft aus in den Zyklus ein, so läßt sich eine IV-Investition über den Geschäftsnutzen rechtfertigen. Typischerweise wird dazu im Vorfeld eines IV-Projektes der verkürzte Zyklus Geschäft - Organisation - Nutzen durchlaufen, den wir *Geschäftszyklus* nennen. Dies geschieht oft im Rahmen einer *Geschäftsprozeßoptimierung*. Dabei wird zunächst von der konkreten Anwendungslösung abstrahiert und höchstens in Form plausibler Annahmen ein Rahmen für das künftige Anwendungssystem festgelegt (Geschäft, Organisationsform, Zeitziele, Kostenziele, Qualitätsziele). Die alleinige Betrachtung des Geschäftszyklus hat den Nachteil, daß hier getroffene Entscheidungen bei späterer Beteiligung der IV oft mühselig revidiert oder erlitten werden müssen. Notwendig ist also der vollständige Durchlauf des Business Development Lifecycles. Bei großen Projekten ist es unbedingt erforderlich, den Einstieg beim Geschäft zu nehmen. Wird der Einstieg anders gewählt, so sind extrem *teure* und *langwierige* Rückwege erforderlich. Zyklen in Kreislaufrichtung sind vergleichsweise billig und schnell. Rücksprünge dagegen sind, wie empirische Untersuchungen gezeigt haben, extrem aufwendig.

- *Der Lifecycle muß unter gleichzeitiger Beteiligung aller sechs Funktionen durchlaufen werden.*

Früher wurde der Lifecycle (wenn er überhaupt einer war und sich jemals schloß) sequentiell durchlaufen. Viele Informationen gingen an den Schnittstellen verloren. Wenn man Glück hatte, gab es einige normierte Schnittstellen (z. B. Fachinhaltsbeschreibungen zwischen Organisation und Anwendungsentwicklung). Dies führte zu Mißverständnissen und ausgesprochen hohen Aufwänden für ihre Beseitigung. Besser verfährt man wie in modernen Produktionsbetrieben: Geschäftsleitung, Marketing, Organisation, Informationsverarbeitung und Controlling sitzen an einem Tisch und arbeiten über den ganzen Lifecycle hin konstruktiv zusammen.

- *Der Lifecycle muß in schnellen Iterationen durchlaufen werden.*

Iterationen und Durchläufe in Richtung des Lifecycles sind billig, schnell und effizient, Rücksprünge sind extrem teuer. Es sind fast beliebige Beschleunigungen möglich, die zu geeigneten Systemlösungen führen, allerdings unter Inkaufnahme einer groberen Granularität des Systems und einer Unvollständigkeit im Detail. Dies ist jedoch nicht geschäftskritisch und läßt sich in späteren Tuningzyklen optimieren.

Anwendungsentwicklung als vollständiger und partnerschaftlicher Prozeß

Die Anwendungsentwicklung muß als vollständiger Lifecycle, Geschäft - Organisation - Anwendung - Technik - Kosten - Nutzen ausgerichtet sein, also als Kunde-Kunde-Prozeß. Alle Beteiligten wirken ganzheitlich und ständig als Team am Prozeß mit. Der Prozeß muß hinsichtlich der Durchlaufzeit beliebig skalierbar sein und Iterationen ermöglichen. Durch die Iterationen wird das System gemeinsam optimiert.

2. Prozeßorientierte Gestaltung von IV-Projekten

IV-Projekte sind als skalierbare Prozesse zu gestalten, um Lösungen nach dem Time-to-Market-Prinzip zur Optimierung des Geschäftes bereitzustellen. Voraussetzung ist eine klare Geschäftsdefinition (inkl. der zukünftigen Strategie) sowie die entsprechende Organisationsoptimierung. Die Anwendungsentwicklung selbst zerfällt in einen Kernprozeß (Phasenmodell), einen Führungsprozeß (Projektmanagement) und einen Supportprozeß zur optimalen Abwicklung des Kernprozesses.

Voraussetzungen für ein Anwendungsentwicklungsprojekt

- *Geschäftsdefinition*:
  - Das Zielsystem des Geschäfts ist in Form vollständiger, konsistenter und meßbarer Ziele benannt.
  - Geschäft und Geschäftsfelder (Märkte vs. Produkte) sind mit meßbaren Zielen festgelegt.
  - Die wesentlichen Geschäftsprozesse sind mit meßbaren Prozeßzielen (Zeit, Kosten, Qualität) bestimmt.

- *Organisationsoptimierung*:
  - Die Kernprozesse des Geschäfts sind mit klar definierten Leistungsschnittstellen strukturiert.
  - Die Ziele für die Prozeßabschnitte der Kernprozesse sind definiert.
  - Die Prozeßstruktur ist mit Verantwortlichkeiten optimiert.
  - Die Steuerungs- und Supportprozesse sind bestimmt.
  - Die Leistungszentren sind definiert.
  - Das Führungssystem ist festlegt.
  - Der Umfang und die erwarteten Leistungen der IV-Unterstützung sind geklärt.

Liegen diese Voraussetzungen nicht oder nur implizit vor, so müssen sie gegebenenfalls im Rahmen des IV-Projektes erarbeitet werden. Dies wird oft nicht erkannt oder akzeptiert und führt zu großen Problemen. Insbesondere ein sauberes Geschäftszielsystem sowie eine saubere Abgrenzung des Projekt-Umfanges im Rahmen der Wertschöpfungskette sind wesentliche Erfolgsfaktoren für das Projekt.

Was ist ein Projekt?

- Ein Projekt ist kein Selbstzweck, sondern ausgerichtet auf die Erstellung eines *Produktes*.
- Ein Projekt ist eine Organisationsform, in der *einmalig* und *zeitlich begrenzt* Ressourcen organisiert werden. Insbesondere werden in einem Projekt für einen begrenzten Zeitraum neue Rollen und Verantwortlichkeiten definiert.
- Jedes Projekt hat einen *definierten* Anfang, ein Ziel, eine Planung und einen Rahmen.
- Es gibt verschiedene *IV-Projekttypen*:
  - Neuprojekte
  - Änderungs- und Erweiterungsprojekte
  - Wartungsprojekte
  - Projekte zur Einführung und Anpassung von Standardsoftware
  - Grundlagen- und Innovationsprojekte.

Was ist Projektmanagement?

- Im Zentrum des Projektes steht das für den Kunden zu erstellende *Produkt*.
- Projektmanagement bedeutet, den Prozeß der Produktentwicklung so zu *steuern* und zu *regeln*, daß in dem vereinbarten Zeitraum und Kostenrahmen ein *qualitativ angemessenes*, den Kundenwünschen entsprechendes Produkt fertiggestellt wird.
- Projektmanagement führt einen *dynamischen Prozeß* und ist *phasenübergreifend*. Das Phasenmodell (siehe Abschnitt B) beschreibt diesen Prozeß als idealtypischen Ablauf der durchzuführenden Aktivitäten. Projektmanagement bedeutet die dynamische Planung und Anpassung der Projektaktivitäten und Durchführung von steuernden und regelnden Maßnahmen zur Abwicklung dieser Aktivitäten. In der Praxis ist dieser Prozeß nie geradlinig, sondern *iterativ*.
- Projektmanagement beinhaltet *vier Stufen*:
  - Projektdefinition
  - Projektplanung
  - Projektführung
  - Projektabschluß und Erfahrungssicherung.

- Projektmanagement bewegt sich auf den *Ebenen:*
  - Organisation und Mensch
  - Mensch und Methoden
  - Methoden und Software.

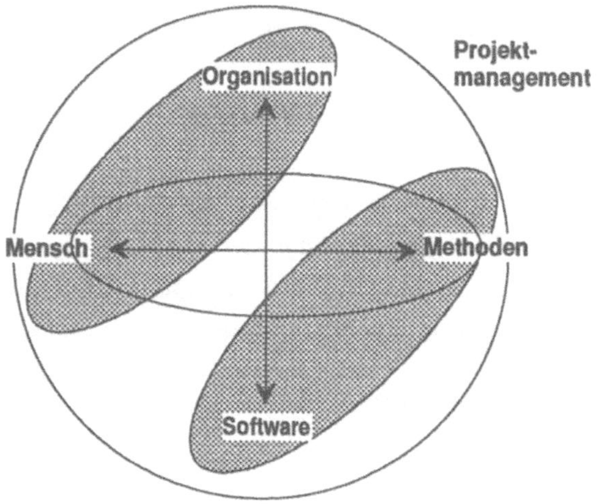

Der Projektleiter

Der Projektleiter ist dafür verantwortlich, daß ein Produkt mit definierter Qualität innerhalb des vereinbarten Zeit- und Kostenrahmens abgeliefert wird. Das heißt, er ist verantwortlich für den fachlichen, technischen und wirtschaftlichen Projekterfolg und die Qualität des Produktes. Dazu muß der Projektleiter das Geschäft des Kunden, die Anforderungen des Kunden an das Projekt und die Bedeutung des Projektes für die mit Informationssystemen zu versorgenden Abteilungen kennen. Die im Rahmen der Aufgabenstellung zu liefernden Produkte müssen ihm bekannt sein.
Der Projektleiter ist nicht verantwortlich für die Bestimmung der Kundenziele; wohl aber dazu verpflichtet, den Kunden auf Unstimmigkeiten und Widersprüche hinzuweisen. Er ist nicht für die Bereitstellung der Ressourcen verantwortlich.

Der Projektleiter hat die internen Entscheidungsbefugnisse, um sein Produkt abzuliefern sowie die fachlichen Befugnisse gegenüber dem Projektteam.

Die Prozeßstruktur der Anwendungsentwicklung

Der Kernprozeß der Anwendungsentwicklung ist in sechs Phasen bzw. Teilprozesse gegliedert, die durch klare Leistungsschnittstellen voneinander abgegrenzt sind (siehe Abb. 3). Festgelegt sind im allgemeinen jedoch nur Struktur und Art der Leistungen. Der Detaillierungsgrad bzw. Vollständigkeitsgrad sowie die Qualität sind skalierbar. Somit kann der Prozeß schnell und iterativ durchlaufen werden.

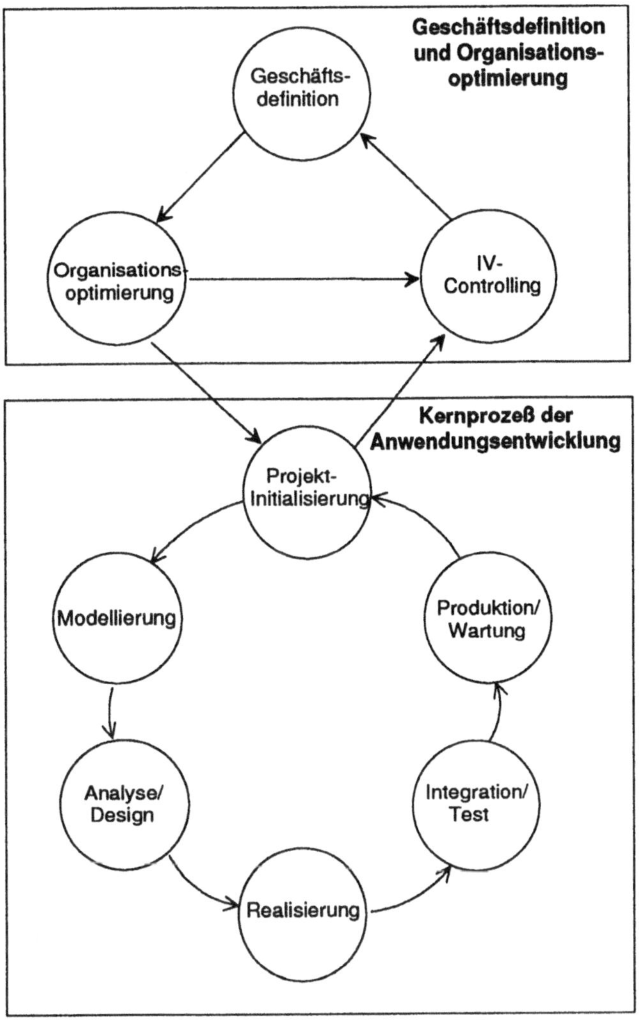

Abb. 3: Application Development Cycle

Der Kernprozeß der Anwendungsentwicklung wird durch einen Führungsprozeß und einen Supportprozeß unterstützt (siehe Abb. 4). Der Führungsprozeß und der Supportprozeß dienen dazu, daß der Kernprozeß der Anwendungsentwicklung möglichst schnell und in hoher Qualität durchlaufen werden kann. Dabei gilt das folgende Grundprinzip:

Der Anwendungsentwicklungsprozeß wird zeitlich optimiert, wobei gedanklich ein "idealtypischer" Kontext vorausgesetzt wird.

Supportprozeß und Führungsprozeß müssen so ausgestaltet werden, daß der Kernprozeß sich diesem Optimum nähert. Dabei liegen Zeit- und Kostenparameter bei "Time-to-Market-Projekten" meist fest. Freiheitsgrade sind Umfang und Granularität bzw. Qualität des Systems. Es geht also um das Auffinden einer z. B. 80%igen Lösung, welche im Zeit- und Kostenrahmen realisierbar ist und am meisten hilft, also den größten Nutzen erzielt.

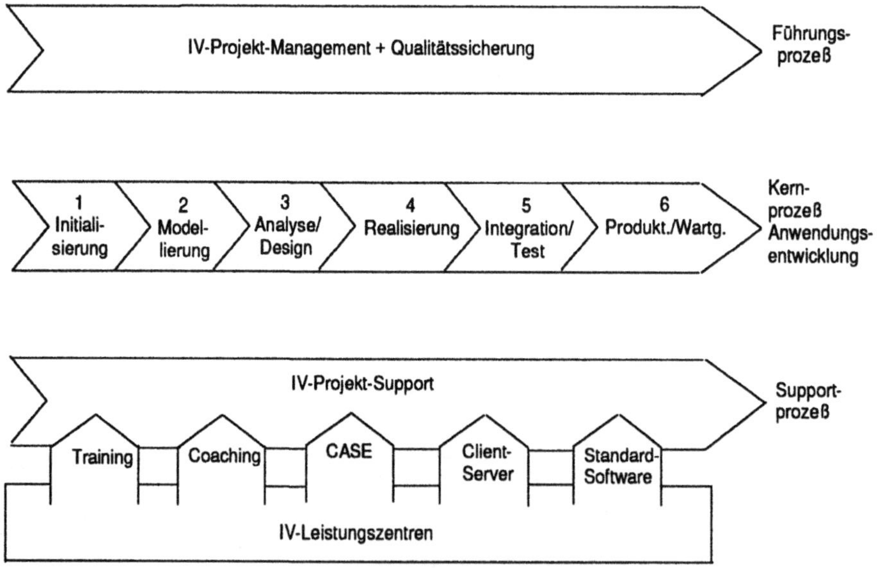

Abb. 4: Prozeßstruktur der Anwendungsentwicklung

3. Erfolgsfaktoren für IV-Projekte

Mit Hilfe von drei Erfolgsfaktoren läßt sich ein Verständnis erschließen, was ein Projekt ausmacht und worauf es dabei ankommt:

Erfolgsfaktor 1: "Ein richtiges Projekt machen."

Erfolgsfaktor 2: "Das Projekt richtig machen".

Erfolgsfaktor 3: "Das richtige Projekt machen".

Der Lebenszyklus eines Projektes

Aus Sicht des Projektmanagements kann die Abwicklung von IV-Projekten in die folgenden vier Phasen unterteilt werden:

- Projektdefinition: "Blick nach außen - Das Thema wird definiert."
- Projektplanung: "Blick nach Innen - Die Team-Aktivitäten sowie Ressourcen werden geplant."
- Projektführung: "Zum Ziel navigieren - Steuern und regeln, gegebenenfalls umplanen."
- Projektergebnissicherung: "Welche Ergebnisse und Erkenntnisse des Projektes wollen wir sichern und weitergeben ?"

In der *Projektdefinition* wird dafür gesorgt, daß *das richtige Projekt gemacht wird.* Hierzu gehört ein klarer Auftrag mit definiertem Ziel, Rahmenbedingungen und einer Organisation. Charakteristisch sind Start- und Endtermine, sowie die konkrete Aufgabenstellung und Festlegung der Ergebnisse.

In der *Projektplanung* und *Projektverfolgung* geht es darum, *das Projekt richtig zu machen.* Aufbauend auf einer realistischen Planung der Aktivitäten und Ressourcen muß das Projekt abgewickelt und so gesteuert werden, daß Anforderungen geeignet berücksichtigt werden.

Will man aus dem Erlebten geplant lernen, wird eine vierte Phase *Projektergebnissicherung* hinzugefügt, die spartenspezifisch, zum Beispiel für die Betriebsorganisation oder für die Datenverarbeitung, Möglichkeiten zur Optimierung der Arbeit ableitet.

Aus Sicht der Anwendungsentwicklung geht man zunächst davon aus, daß das richtige Projekt gemacht wird, weil ein Kunde aus seiner Sicht eine konkrete Vorstellung davon hat, was er benötigt. Eine angemessene Modellierung rundet diese Vorstellung ab. Die Ergebnisse der Modellierung werden dokumentiert und dem Kunden kritisch zurückgespiegelt, so daß die Möglichkeit besteht, sie zu überdenken. Zudem erlauben die beutzten Modelle eine Beurteilung aus Informationsverarbeitungssicht, die allerdings gegebenenfalls auf den modellierten Ausschnitt beschränkt ist.

Erfolgsfaktor 1: "Ein richtiges Projekt machen"

Ein Projekt ist ein Prozeß mit Start- und Zielpunkt. Der Prozeß wird gesteuert und durchlebt von einer Organisation mit Menschen, Strukturen, Regeln, Ausstattung und Technik. Dieser Prozeß benötigt demzufolge ein Ziel, Rahmenbedingungen eine Organisation und Kommunikation sowie einen Plan zur Orientierung (siehe Abb. 5).

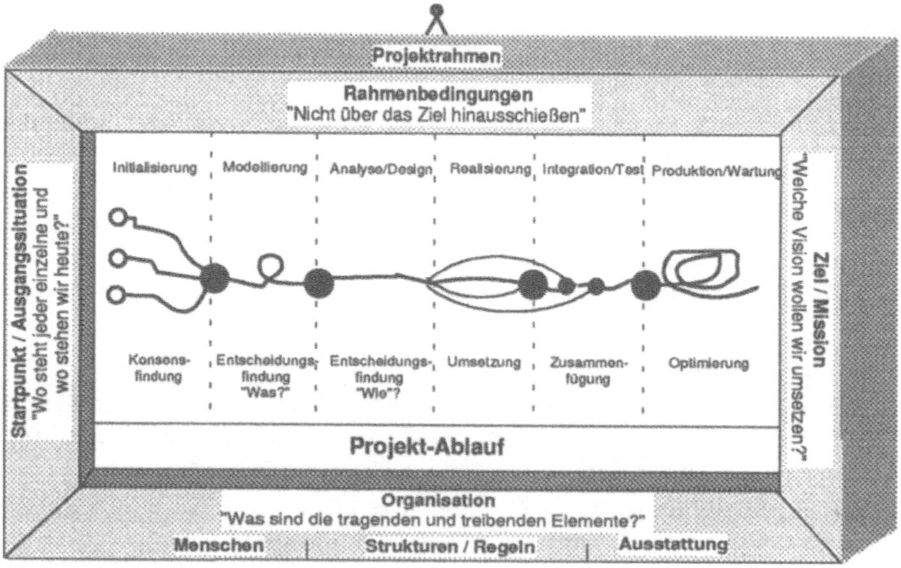

Abb. 5: Auffassung eines IV-Projektes

"Ein richtiges Projekt machen" bedeutet, folgende Voraussetzungen zu schaffen:

- *Projekt-Ziele:* Was ist der Umfang, das Thema, die Aufgabe, die Mission und der Sinn des Projektes ?
- *Rahmenbedingungen:* Welche Restriktionen müssen wir beachten?
- *Projektorganisation:* Wer oder was trägt und treibt das Projekt ? Wer ist Auftraggeber/-nehmer, wer ist Projektleiter, wer arbeitet mit auf Kundenseite ? Welche Gremien setzen wir ein ? Wer ist wann wie zu informieren ?
- *Projektablauf:* Was sind die wesentlichen Meilensteine und Arbeitspakete und wann sind sie fertig?

Vor dem Projektstart gibt es eine "Projekt-Vorphase", bis zu dem Zeitpunkt, wo festgesetzt "Wir machen ein Projekt". Ab diesem Zeitpunkt müssen die oben genannten Fragen beantwortet und im Projektplan niedergelegt werden. Von fundamentaler Bedeutung ist hier das Auftraggeber - Auftragnehmer - Verhältnis, das *vor* der Planung definiert sein muß. Eine Nicht-Klärung dieses Punktes kann zu Schwierigkeiten und Reibungsverlusten bei der Projektabwicklung führen.

Erfolgsfaktor 2: "Das Projekt richtig machen"

Ein Modell, das die Regelkreise der Organisation und Kommunikation im Projekt zeigt, ist ein Schalenmodell (siehe Abb. 6) mit dem inneren Kreis "Projektplanung" und dem äußeren Kreis "Projektvorgabe". Auf diesen beiden Ebenen geschieht auch das Projektcontrolling mit den Steuereinheiten Projektleitung und Controlboard.

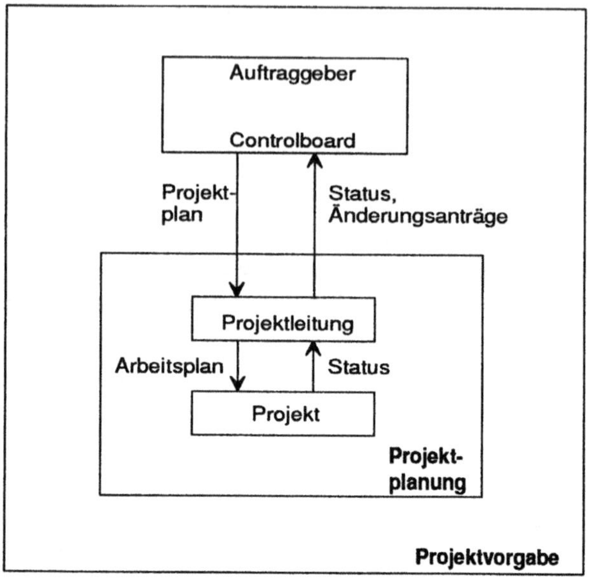

Abb. 6: Regelkreise im Projekt

"Das Projekt richtig zu machen" bedeutet, das Projekt geeignet zu planen, zu steuern und zu regeln. Diese Tätigkeiten wiederholen sich zyklisch im Projekt. Dabei spielt der Business Development Lifecycle (siehe Abb. 1) die entscheidende Rolle.

Planen

Auf Basis der definierten Projektorganisation und -kommunikation *erfolgt das Planen auf den zwei Ebenen* Controlboard und Projektleitung sowie Projektleitung und Projekt.

- *Planen auf der Ebene Controlboard und Projektleitung*: In der Projektinitialisierung wird die Projektausrichtung festgelegt und damit die Projektdefinition (Ziele, Rahmenbedingungen, Organisation, Meilensteine) abgeschlossen. Auf dieser Grundlage arbeitet der Projektleiter den *ersten* Projektplan aus, den er mit dem Controlboard abstimmt. Der Projektleiter ist mit diesem in der Lage, sich und sein Team auszurichten.
- *Planen auf der Ebene Projektleitung und Projekt:* Nach dem Kick-Off führt der Projektleiter die Projektplanung durch. Im Hinblick auf das Projektziel und die vereinbarten Voraussetzungen wird das Vorgehen geplant.

Dafür vereinbart der Projektleiter mit seinem Team die notwendigen Aktivitäten. Das Ergebnis ist ein *detaillierter* Projektplan, das heißt ein *Arbeitsplan* sowie ein *Ressourcenplan*, die beide aufeinander abgestimmt sein müssen. Im allgemeinen wird die unmittelbar anstehende Phase genau geplant, die späteren Phasen grob. Die Planung wird dynamisch angepaßt und muß insbesondere vor anstehenden nächsten Phasen verfeinert werden.

Wichtige Fragestellungen bei der Detaillierung des Projektplanes sind:

- Wie können Aufwand und Abwicklung für die Arbeitspakete (Aktivitäten pro Phase) realistisch geplant werden?
- Wie stellt man sicher, daß keine wesentlichen Aktivitäten vergessen werden?
- Wie können Aufgaben, Ergebnisse (Qualität), Aufwände, Termine und Ressourcen geplant werden? Und wie kann die Abwicklung der einzelnen Aktivitäten eines Arbeitsplans realistisch geplant werden, d.h. daß die Abhängigkeiten untereinander im Gesamtzusammenhang richtig gesehen werden?

Steuern und Regeln

Das Projektcontrolling hat zum Ziel, den Projektprozeß kontinuierlich "im richtigen Fahrwasser" zu halten, das heißt der Projektleiter muß seinen Blick sowohl zurück richten: "Ist das Geplante erreicht ?" als auch nach vorn schauen: "Sind die Voraussetzungen für die nächsten Schritte geschaffen?" Er muß Situationen angemessen einschätzen, beurteilen und entsprechende Maßnahmen treffen und durchführen.

Wichtige Fragestellungen sind dabei:

- Wie kann man den Projektfortschritt überprüfen?
- Wie können Regelungsmechanismen in das Projekt eingebaut werden, damit man flexibel und angemessen auf Änderungen der Ziele, Anforderungen und Rahmenbedingungen reagieren kann?

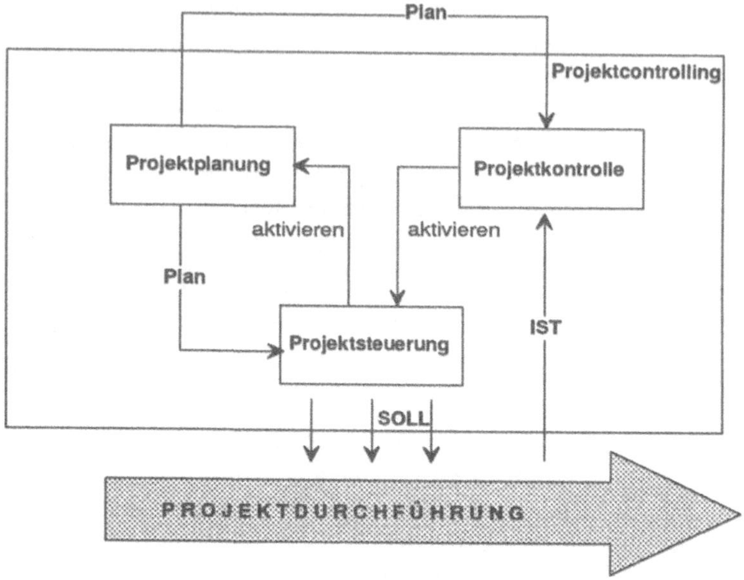

Abb. 7: Projektcontrolling

Das Projektcontrolling orientiert sich am Projektplan, und soll die effiziente Erreichung der Projektziele sicherstellen. Dies ist auf prozeßorientierter Ebene ("Wo stehen wir in unserem Projekt?") und auf produktorientierter Ebene zu sehen ("Was haben wir erreicht?"). Die planorientierte Kontrolle soll neben der Verfolgung von Aufwänden und Terminen (Blick zurück) auch die situationsorientierte Verfolgung, d.h. eine ganzheitliche Betrachtung der Projektsituation (Blick nach vorn) gewährleisten. Hierbei geht es darum, potentielle Schwachstellen oder Zielgefährdungen zu erkennen, bevor sie zu Planabweichungen führen und Projektkrisen eintreten können. Der "Blick zurück" und der "Blick nach vorn" ist als ein Regelprozeß zu verstehen (siehe Abb. 7).

Die Projektsteuerung ist die Umsetzung eventueller Änderungen im Projektplan, das heißt die Plangrößen werden neu gesetzt und entsprechende Aktivitäten veranlaßt. Hierbei kommen vor allem Koordinationsmechanismen zum Tragen, wie die Einbeziehung aller Beteilgten in Meetings und Reviews als auch ein ausführlicher Nachrichtenaustausch in Form von Dokumenten, Memos, Hinweisen etc. In besonderen Fällen (vom Aufwand abhängig) müssen Änderungsanträge an das Controlboard gestellt werden.

Erfolgsfaktor 3: "Das richtige Projekt machen"

Die Abb. 8 zeigt das Zusammenspiel zwischen einem Projekt und dem Kunden, für den eine neue IV-Lösung kreiert und produziert wird.

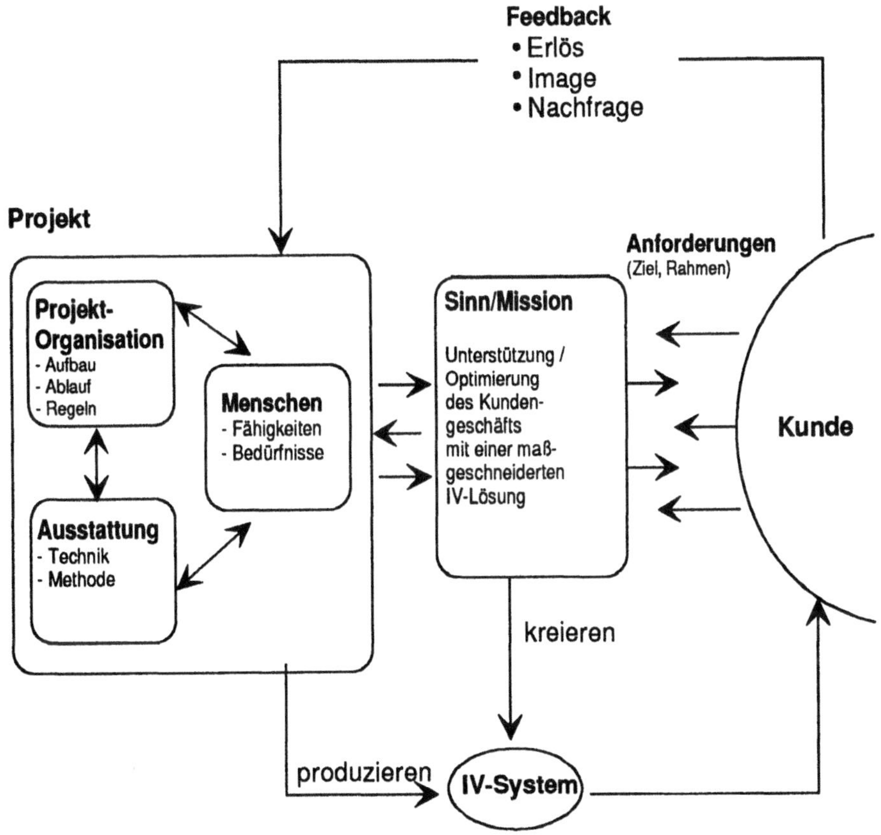

Abb. 8: "Das richtige Projekt machen."

"Das richtige Projekt machen" bedeutet, ein IV-System zu entwickeln, das den Kunden optimal bei seinem Geschäft unterstützt, sowie den Kunden bei diesem Prozeß entsprechend zu beraten.

Dazu muß der Projektleiter:

- das Geschäft des Kunden kennen: "Welchen Markt, welchen Kunden haben Sie ?"
- die Anforderungen des Kunden an das Projekt kennen: "Welche Ziele und Rahmenbedingungen sehen Sie für das Projekt ?"
- die Bedeutung, das heißt den Sinn, die Mission des Projektes für die mit Informationsverarbeitung zu versorgenden Abteilung(en) kennen: "Welche Rolle spielt das Projekt für Ihr Geschäft ?"
- die im Rahmen der Aufgabenstellung gegebenenfalls konkret zu liefernden Produkte kennen: "Welche(s) Produkt(e) liefern wir für Sie ?"

4. Erfolgsfaktoren für die Effizienzsteigerung der Abwicklung von IV-Projekten

Prozeßorientiert gestaltete IV-Projekte können sehr effizient abgewickelt werden, wenn sie als Time-Box-gesteuerte Gruppenprozesse verstanden werden. Wesentliche Erfolgsfaktoren sind dabei Motivation und unternehmerisches Handeln der Mitarbeiter, Wiederverwendung von Lösungen sowie eine offene Kommunikationskultur

Planung und Steuerung im Time-Box-Verfahren

Geplant werden möglichst komplette Prozeßketten mit definierten Teilprozessen im Time-Box-Verfahren. Die Zeit- und Leistungsziele für den Gesamtprozeß ergeben Anforderungen an Zeit- und Leistungsziele für die Teilprozesse. Es muß ein Konsens gefunden werden, was man sich für die Teilprozesse leisten kann. Die Prozesse werden dann so gestaltet, daß die Zeit- und Leistungsziele erreicht werden können. Als Hilfsmittel und Orientierung dienen dabei die Drehbücher des Phasenmodells (siehe Abschnitt B). Die Prozeßleistung wird durch effektive Führungs- und Supportprozesse abgesichert. Das Ganze gleicht einer Randwertoptimierung unter idealtypischen Annahmen und der Sicherstellung, daß diese Annahmen auch zur Geltung kommen. Somit kommt der Projektorganisation eine extrem hohe Bedeutung zu: Aufgabe der Projektorganisation ist die Gewährleistung der Annahmen und der Commitments, die die effiziente Steuerung des IV-Projektes erlauben (durch das Controlboard und die Projektleitung) sowie die Verantwortung für die Steuerung des Prozesses (durch die Projektleitung).

Teilprozesse als moderierte, zielorientierte Gruppenprozesse

Im Rahmen der Zeit- und Leistungsziele sowie der vereinbarten Randbedingungen wird jeder Teilprozeß als zielorientierter Gruppenprozeß gestaltet. Hier werden Moderationsmethoden eingesetzt, die durch das Team selbst gesteuerte und optimierte Prozesse erlauben. Die Drehbücher hierfür werden aus dem Phasenmodell gewonnen. Hierdurch tritt großes Optimierungspotential zutage: Wenn man die nötigen Gestaltungsmöglichkeiten hat, können die Prozesse zeitlich stark verdichtet werden, Modelle, die früher mühsam in Einzelarbeit über Wochen erarbeitet wurden, lassen sich nun in kompakten Workshops in Tagen gewinnen.

Mitarbeitermotivation

Die Motivation für die Prozeßoptimierung erhalten die Mitarbeiter durch Ermutigung zu unternehmerischem Handeln. Unternehmerisches Handeln ist ein Wert der Unternehmenskultur, an der sich die Mitarbeiter orientieren. Weiter gefördert wird das unternehmerische Handeln durch zielbezogene Führungs- und Prämiensysteme, wobei die Ziele an projektübergreifenden Themen festgemacht werden können. Daher hat der Mitarbeiter ein hohes Interesse einen Prozeß effizient zu gestalten, damit er

- einen Nutzen für sein übergreifendes Ziel erreicht,
- den Nutzen früh zur Verfügung hat,
- möglichst schnell Freiraum bekommt für die Bearbeitung weiterer interessanter Themen.

Motivation wird demnach primär durch die Einbettung der Projektziele in die persönliche Weiterentwicklung der Mitarbeiter erreicht, was durch eine entsprechende Personalpolitik und Rotation zusätzlich unterstützt wird.

Wiederverwendung von Know-How und bekannten Lösungen

Es empfiehlt sich, bereits bekannte Lösungen zu identifizieren, falls möglich zu verwenden und weiterzuentwickeln. Solche wiederverwendbaren Lösungen können Verfahren, Methoden, Modelle, Architekturen, Bausteine für Teilsysteme etc. sein. Oft können bekannte Lösungen über eine Beratung durch einen Coach implizit in den Projektprozeß eingebracht werden.

Kommunikationskultur

Kernstück des Systems ist eine offene Kommunikationskultur und umfassende Hilfsbereitschaft. Es muß jedem klar sein, daß unternehmerisches Handeln diese Offenheit erfordert, und die eigene Hilfsbereitschaft sich für wirklich große Vorhaben auszahlt. Alles ist ein Geben und Nehmen.

Dieses Bild vom Unternehmer in einer Gemeinschaft von Unternehmern, vom offen kommunizierenden und hilfsbereiten Partner ist der Schlüssel zum Erfolg eines IV-Vorhabens.

5. Hilfsmittel für die Gestaltung von IV-Projekten

Als Hilfsmittel für die prozeßorientierte Gestaltung von IV-Projekten dienen das Phasenmodell zur Strukturierung des Kernprozesses, ein am Time-Box-Verfahren orientiertes Projektmanagement sowie die bewußte Gestaltung von Support und Innovationsprozessen.

Das Phasenmodell

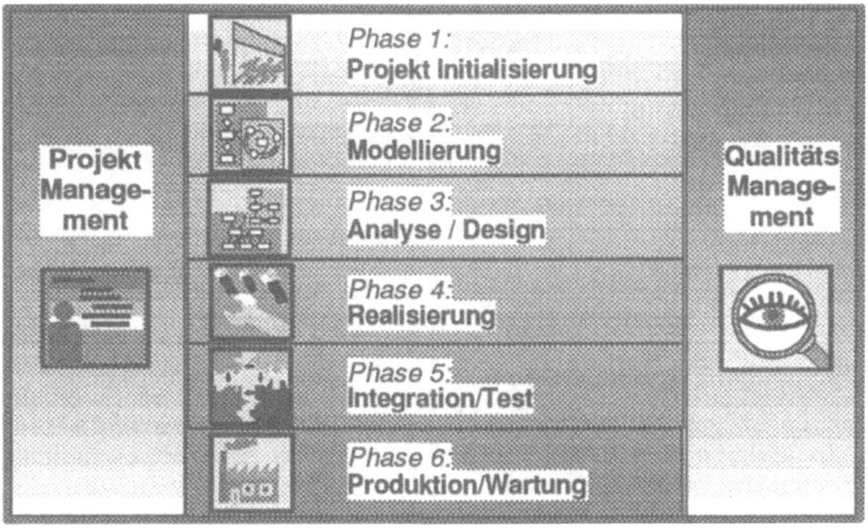

Abb. 9: Phasenmodell zur Gestaltung des Kernprozesses der Anwendungsentwicklung.

Das Phasenmodell (siehe Abb. 9) ist ein hochgradig flexibler und einfacher Baukasten zur Strukturierung des Anwendungsentwicklungsprozesses und Hinterlegung des Prozesses mit Ergebnisstrukturen und Methoden. Es ist völlig technologieneutral und nutzt optimal aufeinander abgestimmte Standard-Methoden, u. a. als Kern das objektbasierte Design (siehe Abb. 10). Das Modell besteht aus einer Anzahl von "Drehbüchern" mit Vorschlägen für Stilelemente und Ausstattungsalternativen. Die Drehbücher werden zur Moderation von Arbeitsgruppen verwendet, um möglichst schnell bestimmte Ergebnisse zu erzielen.

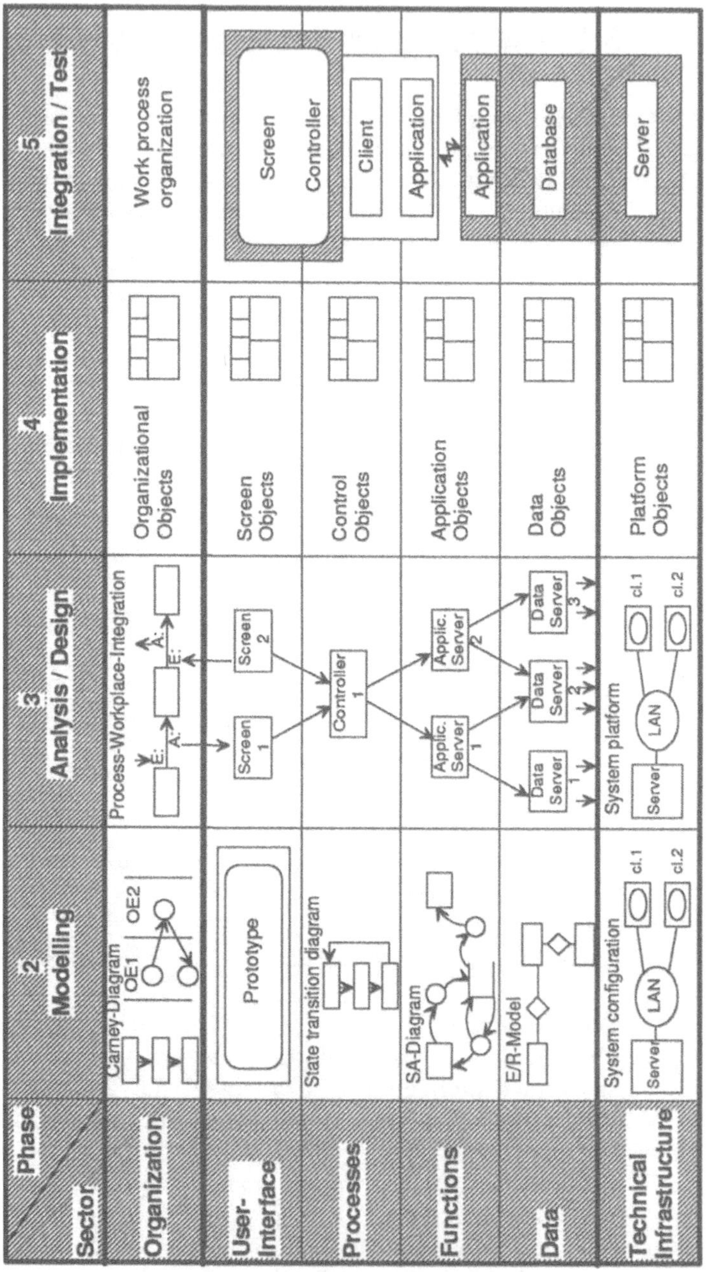

Abb. 10: Methoden im Phasenmodell

Auf diese Weise ist gute Projektarbeit mit dem Drehbuch eines Films vergleichbar. Ergebnisse sind nachzubereitende Foto-Protokolle von Metaplanwänden oder nachzubereitende Teilapplikationen. Zur Unterstützung dienen Varianten offener CASE-Umgebungen, die direkt in den Gruppenprozeß integriert werden (Prototyping) oder auch "Back-Office"-Charakter haben. Das Phasenmodell wird im Abschnitt B ausführlich erläutert.

Unterstützung des Projektmanagements

Zur Führung des Kernprozesses sollte ein hocheffizientes Projektmanagement (siehe Abschnitt C) eingeführt werden. In Zentrum stehen dabei die gelebte unternehmerische Führungsverantwortung von Management und Projektleiter. Diese kann durch entsprechende Weiterbildungsmaßnahmen und Coaching unterstützt werden.

Als Hilfsmittel dient ein Musterprojektplan. Komplizierte Projekt-Management-Tools sind für die Führung eines komplexen und dynamischen Projektes oft kontraproduktiv. Das Time-Box-Verfahren lebt weniger von der Aufwands- und Kostensteuerung als von Ziel- und Zeitvereinbarungen und der Fähigkeit, den Prozeß im vereinbarten Zeitraum zu den vereinbarten Zielen zu führen. Dies hat weniger mit Zahlen als mit modernen Führungseigenschaften zu tun: Visionskraft, Motivation, Delegation von Verantwortung, Coaching und Sicherstellung von Supportstrukturen.

Projekt-Management ist in erster Linie zielgerichtete und effiziente Führung im Sinne von Moderation und Coaching.

Aus diesem Grund sollten alle Mitarbeiter intensiv in Moderation geschult werden. Ein weiteres Hilfsmittel können Intensivtrainings sein, in denen Projektgruppen bzw. Organisationseinheiten Projektplanspiele zur Verbesserung der Arbeitsprozesse durchführen.

Unterstützung des Support-Prozesses und der Innovationsprozesse

Um den Kernprozeß möglichst effektiv zu gestalten, sollten hocheffiziente Projekt-Support-Gruppen gebildet werden. Ziel ist die Effizienzverbesserung der Planung und Durchführung von IV-Projekten durch Hilfen für die Prozeßgestaltung und -abwicklung sowie projektübergreifenden Transfer von Lösungen. Folgende Leistungen könnten in den Unterstützungsprozeß eingebracht werden:

- Weiterbildung und Coaching
- Anwendungsentwicklungsumgebung
- Technische Infrastruktur der Zielumgebung
- Anwendungsbausteine

Es ist zu empfehlen, je Thema ein Leistungszentrum zu bilden, welches die Innovationsprozesse treibt und die Leistungen anforderungsgerecht in den Supportprozeß einbringt. Zur Erschließung neuer Verfahren und Technologien müssen in den IV-Organisationen Innovationsprojekte definiert werden. Nur wenn das Unternehmen seinen Kunden in bezug auf neue Problemlösungen und Technologien voraus ist, läßt sich auf Dauer die Wettbewerbsfähigkeit erhalten.

Abschnitt B: Leitfaden für IV-Projekte

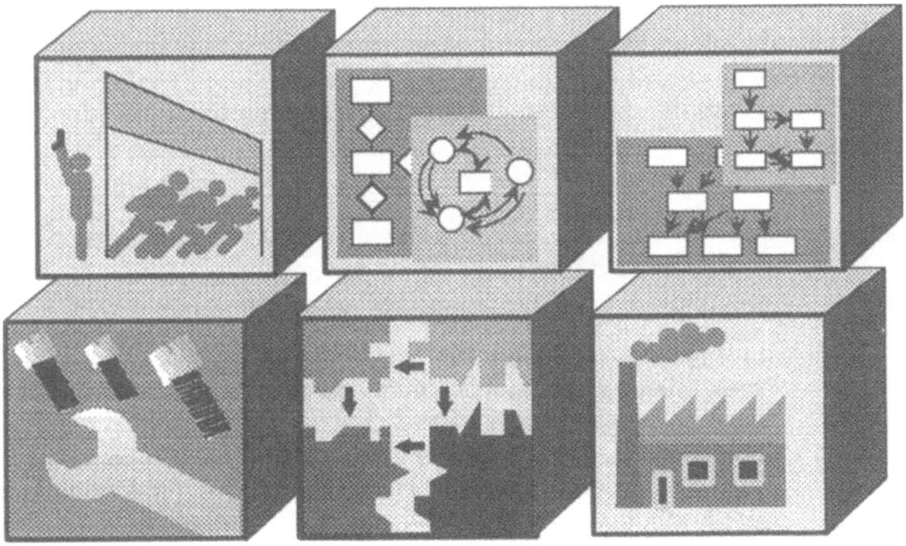

Überblick der Phasen

Proiektinitialisierung

Im Rahmen der Projektinitialisierung wird für ein zu bearbeitendes Projekt ein gemeinsames Verständnis zwischen Auftraggebern (Kunden) und Auftragnehmern vereinbart. Es umfaßt Projektziele und Rahmenbedingungen, Projektorganisation und Vorgehensweise (Ablauf) des Projekts und wird in einem Projektauftrag formell vereinbart.

Modellierung

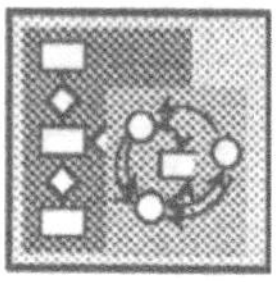

Die Schlüsselergebnisse der Phase Modellierung sind:

1. In einer *Machbarkeitsstudie* wird eine erste grobe Abgrenzung und Strukturierung des Problemraums vorgenommen. Ziele und Randbedingungen, Ist-Zustand, Schwachstellen und Anforderungen werden dokumentiert sowie mögliche Lösungsalternativen in Form von *Szenarien* festgelegt. Dies geschieht weitgehend in enger Abstimmung zwischen Kunden und Entwicklern.
2. Es wird ein *Soll-Modell* für eine ausgewählte Lösungsalternative erarbeitet, in dem die zukünftige Lösung aus verschiedenen Perspektiven dargestellt wird. Das Soll-Modell legt fest, was das System leisten soll und ordnet das System in einen Gesamtzusammenhang ein. Es ist formalisiert beschrieben und setzt sich aus fachlichem Modell, organisatorischem Modell und technischem Modell zusammen.
3. Auf der Basis eines Reviews des Soll-Modells wird ein *Realisierungsplan* inklusive Wirtschaftlichkeitsüberlegungen (Kosten/Nutzen) erstellt.

Analyse/Design

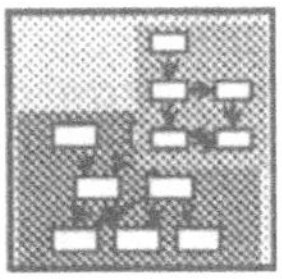

Die Schlüsselergebnisse der Phase Analyse/Design sind:

1. Die *Anwendungsarchitektur* ist entworfen und *objektbasiert* beschrieben. Sie beinhaltet die Beschreibung aller *Objekte* sowie deren Zusammenwirken. Die Architektur ist abhängig von der Produktionsumgebung. Die Objektspezifikationen stellen eine *präzise Vorgabe für die Realisierung* dar.
2. Aufbauend auf der Anwendungsarchitektur ist ein *fachlicher Testplan* sowie ein Konzept für die Benutzerdokumentation erstellt.
3. Anwendungsarchitektur, fachlicher Testplan und Benutzerdokumentation ergeben zusammen das Pflichtenheft, welches vom Kunden abzunehmen ist.

Die Phase Analyse/Design ist das Bindeglied zwischen Modellierung und Realisierung. Das Zusammenspiel zwischen den fachlichen Geschäftsprozessen und dem zu entwickelnden DV-System wird abgestimmt und optimiert.

Realisierung

Standards und wiederverwendbare Programmrahmen (Templates und Frames) werden implementiert und stehen bei der Modulrealisierung als Musterkomponenten zur Verfügung. Die Datenbank auf Basis des physischen Datenbankdesigns wird implementiert und mit Testdaten gefüllt. Die in sich abgeschlossenen, ablauffähigen Objekte der Anwendungsarchitektur werden gemäß den Projektkonventionen realisiert und getestet. Es entstehen in der Zielumgebung implementierte und getestete Module, die in der Phase Integration/Test zu einem Gesamtsystem integriert werden.

Integration/Test

Die in der Phase Realisierung erstellten Komponenten, Teilsysteme und Module werden zusammengebaut, d. h. integriert und dann getestet. Parallel werden die Produktionsumgebung (Hardware und Software) bereitgestellt sowie Schulungen für die Endanwender durchgeführt. Nach Testabschluß folgt die Integration in das evtl. bestehende Produktionssystem und der Start des neuen Systems.

Die Schlüsselergebnisse der Phase Integration/Test:

1. Die Organisation ist auf den Einsatz des neuen Systems vorbereitet. Organisatorische Änderungen sind initiiert worden. Die Akzeptanz der zu erwartenden organisatorischen und technischen Lösung ist hergestellt worden; Schulungskurse haben stattgefunden.
2. Die notwendigen Daten stehen für den produktiven Betrieb des neuen Systems zur Verfügung.
3. Das neue Gesamtsystem ist vollständig fertig und ausgetestet, so daß die Endanwender produktiv mit dem neuen System arbeiten können.

Produktion/Wartung

Während dieser Phase befindet sich das erstellte System im produktiven Einsatz. Um das System einsatzfähig zu halten oder zu verbessern, muß es gewartet werden. Wartung bedeutet hier Weiterentwicklung und Optimierung bestehender Software. Dabei darf der Einsatz des Systems nicht durch Wartungsarbeiten behindert oder gestört werden.

Die Effizienz der Geschäftsunterstützung durch ein laufendes System ist in hohem Maße von der Qualität des Wartungsprozesses abhängig. Dementsprechend ist Wartung eine anspruchsvolle und beratungsorientierte Dienstleistung. Die Schlüsselergebnisse der Phase Produktion/Wartung sind:

1. *Die Weiterentwicklung von Systemen hinsichtlich der Anforderungen des Geschäfts*: Im Einsatz stehende Anwendungssysteme werden technisch und fachlich weiterentwickelt und an sich ändernde Anforderungen angepaßt.

2. *Die Sicherstellung und Optimierung des Systembetriebs*: Der ständige, ordnungsgemäße Betrieb von Anwendungssystemen muß sichergestellt werden, d. h. bestehende Fehler müssen korrigiert und die Systeme optimiert werden.
3. Die Sicherstellung der *Wartbarkeit der Anwendungssysteme*: Die Systeme müssen über den gesamten Einsatzzeitraum übersichtlich und "wartbar" gehalten werden, d. h. die Systeme müssen strukturiert weiterentwickelt und die Dokumentation aktuell gehalten werden.

All diese Aktivitäten müssen *wirtschaftlich durchgeführt* werden, d. h. die Wartungsaktivitäten müssen so organisiert sein, daß sie effizient und effektiv durchgeführt werden können.

Phase 1: Projektinitialisierung

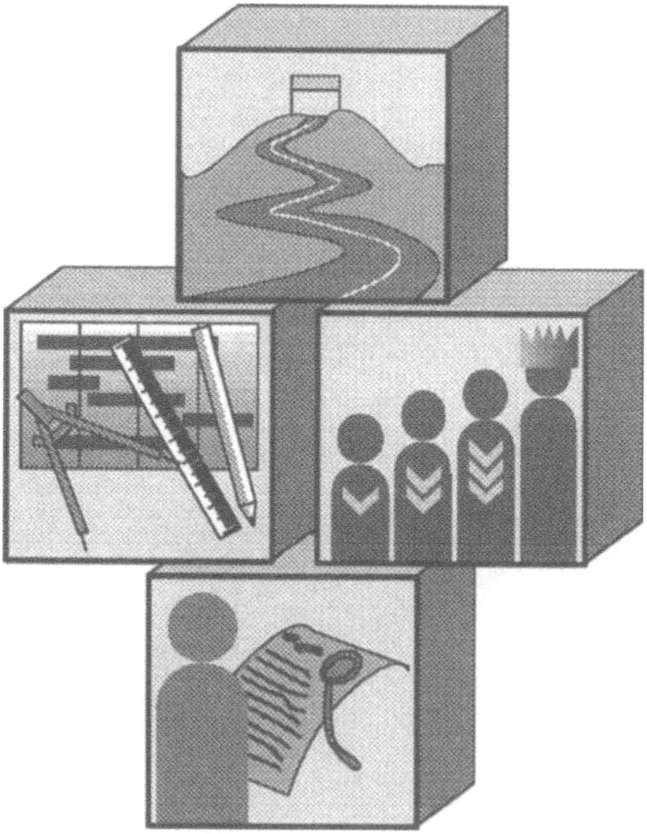

Orientierung Projektinitialisierung

Im Rahmen der Projektinitialisierung wird für ein zu bearbeitendes Projekt ein gemeinsames Verständnis zwischen Auftraggebern (Kunden) und Auftragnehmern vereinbart. Es umfaßt Projektziele und Rahmenbedingungen, Projektorganisation und Vorgehensweise (Ablauf) des Projekts und wird in einem Projektauftrag formell vereinbart.

Konsens finden

Die Hauptaufgabe der Projektinitialisierung ist die Erarbeitung eines gemeinsamen Verständnisses über die Ziele und das Vorgehen im Projekt. Alle Schlüsselpersonen für das Projekt (Auftraggeber, Führungskräfte, Projektleiter, spätere Benutzer, evtl. auch Projektmitarbeiter) müssen einen Konsens über das Projekt finden. Dabei sind folgende Punkte besonders wichtig:

- *Die richtigen Teilnehmer*: Es müssen die Personen beteiligt werden, die für die späteren Entscheidungen im Projekt maßgebend sind (Schlüsselpersonen und Entscheidungsträger). Werden diese Personen nicht von Anfang an beteiligt, so besteht die Gefahr einer späteren Distanzierung, die eine gute Zusammenarbeit erschwert und den Projekterfolg in Frage stellt. Die Auswahl der richtigen Teilnehmer ist auch insofern entscheidend, weil die meisten von ihnen später Mitglieder des Controlboards werden und dabei eine Mentorenrolle für ihr Gebiet übernehmen. Dieses Bewußtsein kann bereits im Kick-Off-Workshop geschaffen werden.
- *Gleicher Wissensstand:* Die Teilnehmer der Projektinitialisierung (insbesondere des Kick-Off-Workshops) müssen auf einen gleichen Wissensstand gebracht werden, weil nur so ein gemeinsames Verständnis der Projektziele möglich ist. Die Historie des Vorhabens, die geschäftspolitische Bedeutung des Projekts, die Initiatoren, das fachliche und systemtechnische Umfeld sowie die unternehmenspolitischen Auswirkungen und Rahmenbedingungen müssen transparent gemacht werden. Dies schafft eine gemeinsame Ausgangsbasis für das Projekt.
- *Gleiche Zielrichtung*: Neben der gemeinsamen Ausgangsbasis muß auch die Zielrichtung aller Teilnehmer in Übereinstimmung gebracht werden. Es muß ein Konsens darüber erarbeitet werden, in welche Richtung (z. B. komplexe, integrierte Lösung oder pragmatische, einfache Lösung) das Projekt vorangetrieben werden soll. So wird ein späterer unfruchtbarer "Zickzackkurs" zwischen verschiedenen Zielrichtungen vermieden.

Die Konsensfindung wird vor allem dadurch erzielt, daß sich die an der Projektinitialisierung beteiligten Personen auf gemeinsame Ziele und Rahmenbedingungen für das Projekt einigen. In diesen Zielfindungsprozeß sollte entsprechender Aufwand investiert werden, um so spätere Mißverständnisse und Zieländerungen zu vermeiden. Eine saubere Beschreibung der Projektziele ist die Basis für einen erfolgreichen Projektverlauf und daher von entscheidender Bedeutung. Ein Projekt, das mit unklaren Projektzielen begonnen wurde, ist später nur schwer in geordnete Bahnen zu lenken.

Team bilden

Die Projektinitialisierung dient auch dazu, daß sich alle Beteiligten kennenlernen und eine gemeinsame *Vertrauensbasis* erwerben. Auf diese Weise können die Beteiligten zur gemeinsamen Arbeit im Projekt motiviert werden.

Gleichzeitig muß ein klares *Rollenverständnis* aller Beteiligten herbeigeführt werden: Wer ist Auftraggeber, wer ist Auftragnehmer, wer ist Projektleiter und wer vertritt den Fachbereich bzw. die späteren Benutzer?

Projektauftrag formulieren

Das Hauptergebnis der Phase Projektinitialisierung ist der Projektauftrag. Er faßt die wesentlichen Ergebnisse dieser Phase zusammen, stellt eine wichtige Basis für die Projektabwicklung dar und ist die Grundlage für den Projektplan. Der Projektauftrag ist ein *formelles Dokument*, auf das sich alle Beteiligten später bei Unklarheiten über Projektziele, Projektorganisation und Vorgehen berufen können. Der Projektauftrag wird vom Auftraggeber und Auftragnehmer abgezeichnet. Der Projektauftrag legt

- den formellen Auftraggeber und Auftragnehmer,
- die Leistungsbeschreibung (Auftragsziel bzw. Auftragsergebnis),
- den Leistungsumfang mit Personalaufwänden, Zeitraum und Kosten,
- die Leistungsart (Festpreis oder Abrechnung nach Aufwänden) und
- die Projektlaufzeit fest.

Chancen & Risiken erkennen

Bereits zu Beginn des Projekts sollten sich die Teilnehmer des Kick-Off-Workshops über die Chancen und Risiken des Projekts klar werden. Die Chancen beinhalten ein hohes Motivationspotential. Die Risiken sollten gleichfalls offen angesprochen werden, um vorbeugende Maßnahmen zu treffen oder um zumindest ein Bewußtsein für die möglichen "Falltüren" zu bekommen.

Projektmarketing initiieren

Eine gemeinsame Außendarstellung des Projekts und der am Projekt Beteiligten ist wichtig. Dies trägt auch zur Teamfindung und zu einer Identifikation mit dem Projekt bei. Im Rahmen der Projektinitialisierung sollte ein treffender Name für das Projekt gewählt werden. Ferner sollten Sprachregelungen bzw. gemeinsame Präsentationsmaterialien bereitgestellt werden, die es allen Teilnehmern ermöglichen, das gemeinsame Projektverständnis in ihrem jeweiligen Bereich (Organisationsabteilung, Benutzer, Anwendungsentwicklung, Systemtechnik) zu präsentieren und zu vertreten. Dazu kann z. B. auch ein Projektlogo dienen.

Kick-Off-Workshop durchführen

Der Hauptteil der Projektinitialisierung (Konsens- und Teamfindung, Chancen und Risiken, Projektmarketing) findet im Rahmen eines moderierten Kick-Off-Workshops statt, der üblicherweise halb- oder ganztägig angesetzt wird. In diesem Workshop sitzen alle Schlüsselpersonen gemeinsam an einem Tisch. Die Erarbeitung und Abstimmung des Projektauftrags ist Teil der Nachbereitung dieses Workshops. Gegebenenfalls kann sowohl ein Management-Kick-Off als auch ein Team-Kick-Off stattfinden. Zu Beginn weiterer Phasen sollte ebenfalls ein Workshop der beteiligten Personen durchgeführt werden. Das gemeinsame Zielverständnis aller ist ein wesentlicher Faktor für den Erfolg des Projektes. Kompetente Berater bzw. Moderatoren sollten zu dem Kick-Off-Workshops hinzugezogen werden.

Ablauf Projektinitialisierung

PI Schritt 1: Projektziele und Rahmenbedingungen festlegen

Erste Projektziele, Qualitätsziele, Rahmenbedingungen, Erfolgsfaktoren und kritische Faktoren werden festgelegt. Widersprüchlichkeiten werden aufgedeckt und nach Möglichkeit aufgelöst. So wird ein erstes gemeinsames Projektverständnis erzielt.

PI Schritt 2: Projektorganisation festlegen

Die ersten Prinzipien und Spielregeln für die Projekt- und Qualitätssicherungsorganisation werden festgelegt. Insbesondere werden die wichtigsten Projektgremien (Auftraggeber, Auftragnehmer, Controlboard, Projektleiter, teilweise auch Projektteam) mit ihren prinzipiellen Besetzungen festgelegt. Die detaillierte Ausarbeitung erfolgt später.

PI Schritt 3: Projektablauf planen

Erste Vorstellungen über den Projektablauf werden fixiert. Insbesondere werden die wesentlichen Arbeitspakete, Meilensteine und Meilensteinergebnisse festgelegt. Im Rahmen des Projektmanagements erfolgt durch den Projektleiter eine detaillierte Planung mit zeitlicher Fixierung.

PI Schritt 4: Projektauftrag formulieren

Die Ergebnisse der Projektinitialisierung werden in einem Projektauftrag zusammengefaßt. Dieser Auftrag bildet die Basis für das durchzuführende Projekt. Er wird vom Auftraggeber (Kunden) und vom Auftragnehmer abgezeichnet.

Meilenstein: Der Projektauftrag stellt den ersten Projektmeilenstein dar. Hier wird entschieden, ob und wie das Projekt weiterbearbeitet werden soll.

PI Schritt 1: Projektziele und Rahmenbedingungen festlegen

Erste Projektziele, Qualitätsziele, Rahmenbedingungen, Erfolgsfaktoren und kritische Faktoren werden festgelegt. Widersprüchlichkeiten werden aufgedeckt und nach Möglichkeit aufgelöst. So wird ein erstes gemeinsames Projektverständnis erzielt.

Voraussetzungen

1. Beim Kunden ist eine *Projektidee* vorhanden.
2. *Einige Ziele* des Kunden, welche mit der Projektidee erfüllt werden sollen, sind bekannt.
3. *Einige Rahmenbedingungen* des Kunden bezüglich der Projektidee sind ebenfalls bekannt.

Ergebnisse

1. Ein *strukturierter Zielkatalog* ist erstellt, der sowohl Projektziele wie auch Qualitätsziele enthält.
2. Ein *strukturierter Katalog der Rahmenbedingungen* ist erstellt.
3. Die *Erfolgsfaktoren* und *kritischen Faktoren* des Projektes sind bestimmt.

Aufgaben

Dieser Schritt der Projektinitialisierung findet im wesentlichen in einem oder mehreren Kick-Off-Workshops statt. Diese müssen allerdings entsprechend vor- und nachbereitet werden:

Projektinitialisierungs-Vorbereitung:

- *Stand der Projektidee beim Kunden ermitteln.*
- *Unterlagen zum Projektumfeld beschaffen:* Dazu gehören Organigramme, Telefonverzeichnisse, Geschäftsberichte und weitere Unterlagen, die einen Einblick in die Kundenorganisation und die betrieblichen Abläufe ermöglichen.
- *Schlüsselpersonen für das Projekt identifizieren:* Mit den Schlüsselpersonen sollten Vorgespräche (Interviews) durchgeführt werden. Dabei werden erste Vorstellungen über Ziele und Rahmenbedingungen, Erfolgsfaktoren und kritische Faktoren aufgenommen.

- *Ziele/Rahmenbedingungen/Faktoren strukturieren*: Die Ziele/Rahmenbedingungen/Faktoren werden vorläufig strukturiert und geordnet, um einen Überblick über die Bandbreite der möglichen Probleme zu bekommen.

Projektinitialisierungs-Durchführung:

- *Ziele/Rahmenbedingungen/Faktoren überarbeiten:* Die bereits aufgenommenen Ziele/Rahmenbedingungen/Faktoren werden in einem Workshop durchgesprochen, ergänzt und abgeändert. Dabei werden die Ziele eventuell neu strukturiert. Widersprüchlichkeiten zwischen Zielen/Rahmenbedingungen/Faktoren werden identifiziert. Die dahinter verborgenen Konflikte werden aufgezeigt und nach Möglichkeit aufgelöst.

Projektinitialisierungs-Nachbereitung:

- *Ergebnisse protokollieren:* Ein Protokoll des Workshops wird angefertigt und an alle Beteiligten des Workshops verteilt. Dabei müssen redaktionelle Änderungen mit allen Beteiligten abgestimmt werden. Alle Beteiligten müssen das Protokoll in der vorliegenden Form akzeptieren.

QS-Hinweise

Die Ziele müssen meßbar (d. h. controllingfähig) sein; davon hängt die erfolgreiche Projektsteuerung ab. Zwischen allen zu diesem Zeitpunkt am Projekt Beteiligten muß ein gemeinsames *inhaltliches Verständnis* und ein *Konsens* über die Projektziele vorhanden sein. Über die Rahmenbedingungen/Erfolgsfaktoren und kritische Faktoren und ihre Konsequenzen für die Ziele muß ebenfalls ein gemeinsames Verständnis erzielt sein. Dieses gemeinsame Verständnis sollte gezielt abgefragt werden, um so Mißverständnisse aufzudecken. Das Projekt muß stets als Teil des übergreifenden *Geschäftsprozesses* in einer *Gesamtorganisation* angesehen werden (keine "Lokaloptimierung" zulassen).

Der Schlüssel zum Erfolg des Projektes liegt in der *richtigen Zusammensetzung der Gruppe*, die an diesem Schritt beteiligt ist. Es muß sich dabei um Personen handeln, die genügend Initiative, Energie, fachlichen bzw. technischen Sachverstand, Erfahrungen und Entscheidungskompetenz für das Projekt mitbringen. Üblicherweise dauert die Workshop-Vorbereitung (Gespräche, Abklärung usw.) wesentlich länger als der Workshop selber.

Methoden & Werkzeuge

Die Identifikation und Strukturierung der Ziele und Rahmenbedingungen im Workshop geschieht am besten mit der *Metaplan-Technik*.

PI Schritt 2: Projektorganisation festlegen

Die ersten Prinzipien und Spielregeln für die Projekt- und Qualitätssicherungsorganisation werden festgelegt. Insbesondere werden die wichtigsten Projektgremien (Auftraggeber, Auftragnehmer, Controlboard, Projektleiter, teilweise auch Projektteam) mit ihren prinzipiellen Besetzungen festgelegt. Die detaillierte Ausarbeitung erfolgt später.

Voraussetzungen

Die *Projektziele* und *Rahmenbedingungen* für das Projekt sind definiert.

Ergebnisse

1. Ein grobes *Projektorganigramm* mit Angabe der Gremien ist erstellt.
2. Die *Aufgaben, Rollen und Verantwortlichkeiten der Gremien* sind definiert und voneinander abgegrenzt.
3. Erste *Besetzungsvorschläge,* zumindest für Schlüsselpositionen, liegen vor.
4. Grobe Spielregeln für *Kommunikationswege* und Zusammenkünfte der Gremien sind erarbeitet.

Aufgaben

- *Projektgremien definieren*: Dazu gehören der Auftraggeber, der Auftragnehmer, der Projektleiter, ein Projektteam, ein Controlboard und evtl. ein externes Review-Team.
- *Aufgaben* und *Verantwortlichkeiten* dieser Gremien *definieren.*
- *Besetzungsvorschläge* für die Gremien *formulieren.*
- *Projekt-Kommunikationswege definieren*: Dies schließt *Spielregeln* für die Arbeit der einzelnen Gremien und deren Zusammenwirken mit ein. Entscheidungswege und Entscheidungsträger, die für den Projektfortschritt in "Patt"-Situationen wichtig sind, müssen ebenfalls definiert werden.
- *Rollen der Anwender und späteren Benutzer festlegen*: Eine angemessene Einbeziehung dieser Personengruppen von Anfang an verbessert die fachliche Qualität des Projekts und erhöht die Akzeptanz der Lösungen.
- *Rolle der Qualitätssicherung festlegen*: Dadurch wird die QS-Organisation im Projekt bestimmt.

QS-Hinweise

Bei der Zusammensetzung des *Controlboards* sollte auf eine ausgewogene Besetzung geachtet werden. Auch wenn nicht alle Mitglieder konkret benannt sind, so sollten Kriterien für die Auswahl festgelegt werden. Dabei muß darauf geachtet werden, daß das ganze Themenspektrum des Projekts (fachlich, organisatorisch und technisch) durch Controlboard-Mitglieder kompetent abgedeckt werden kann und daß alle Gruppen von Beteiligten sowie alle Hierarchiestufen (Geschäftsleitung, Abteilungsleitung, Projektleiter) vertreten sind. Die Mitglieder des Controlboards müssen außerdem in der Lage sein, ihre Themen aktiv zu vertreten und eine Mentorenfunktion im Projekt zu übernehmen.

Es ist äußerst wichtig, daß *genau ein Projektleiter* mit klaren Verantwortungsbereichen und Kompetenzen bestimmt ist und daß dieser auch Zeit hat, seine Rolle auszufüllen.

Methoden & Werkzeuge

Die Projektorganisation wird in einem Projektorganigramm beschrieben.

Dieser Schritt sollte in einem Kick Off-Workshop durchgeführt werden.

PI Schritt 3: Projektablauf planen

Erste Vorstellungen über den Projektablauf werden fixiert. Insbesondere werden die wesentlichen Arbeitspakete, Meilensteine und Meilensteinergebnisse festgelegt. Im Rahmen des Projektmanagements erfolgt durch den Projektleiter eine detaillierte Planung mit zeitlicher Fixierung.

Voraussetzungen

1. Die *Projektziele* und *Rahmenbedingungen* sind definiert.
2. Die *Projektorganisation* ist beschrieben.
3. Es besteht Einigkeit über die dem Projekt zugrundeliegende *Vorgehensweise (Phasenmodell).*

Ergebnisse

Ein grober *Projektablaufplan* ist erstellt. Dieser enthält:

1. Die wesentlichen *Arbeitspakete,* welche im Projekt abgearbeitet werden müssen.
2. Die *Meilensteine* mit einer Beschreibung der Meilensteinergebnisse.

Aufgaben

- *Phasenmodell an die Projektbedürfnisse anpassen*: Auslassungen bzw. Verkürzungen des Phasenmodells werden, ebenso wie eingefügte notwendige Begleitaktivitäten, dokumentiert.
- *Arbeitspakete und Meilensteine festlegen*: Für die Arbeitspakete wird eine grobe Ergebnisstruktur festgelegt. Das gleiche gilt für die Meilensteine und Meilensteinergebnisse. Diese werden in der Regel vom Controlboard abgenommen.
- *Projektrisiken besprechen*: Die kritischen Bestandteile oder Schritte des Projektverlaufes werden grob diskutiert. Maßnahmen zur Begrenzung bzw. Elimination der Risiken werden aufgezeigt.
- *Qualitätssicherungs-Maßnahmen festlegen*: Die wesentlichen Maßnahmen der Qualitätssicherung werden ebenfalls in Form von Arbeitspaketen bzw. Meilensteinen dokumentiert.
- *Termine und Aufwände prüfen*: Die Vorstellungen der Kunden über Termine und Aufwände werden aufgenommen und auf Realisierbarkeit überprüft.

QS-Hinweise

Abweichungen vom vorgeschlagenen Phasenmodell wie auch Auslassungen und Verkürzungen sind sorgfältig zu überlegen. Die Kapazitätsplanung der Ressourcen und der Verfügbarkeit muß realistisch sein.

Methoden & Werkzeuge

Das *Phasenmodell* ist ein Standardgerüst für alle Projekte und den Projektablauf. Es dient als Leitlinie, an der der konkrete Prozeßverlauf gemessen werden kann. Damit kann der Projektverlauf im konkreten Fall durch Variation des Phasenmodells geplant werden. Umwege und Irrtümer können durch die hier enthaltenen Meilensteine vermieden werden und der konkrete Projektverlauf kann aus dem Vergleich mit der im Leitfaden beschriebenen Vorgehensweise beurteilt werden (Projektstatus).

Dieser Schritt kann in einem Kick Off-Workshop durchgeführt werden.

PI Schritt 4: Projektauftrag formulieren

Die Ergebnisse der Projektinitialisierung werden in einem Projektauftrag zusammengefaßt. Dieser Auftrag bildet die Basis für das durchzuführende Projekt. Er wird vom Auftraggeber (Kunden) und vom Auftragnehmer abgezeichnet.

Voraussetzungen

Die Ergebnisse der Schritte 1 bis 3 liegen vor:

1. Ziele, Rahmenbedingungen und Faktoren
2. Projektorganisation
3. Projektablauf

Dazu liegt ein mit Kunden und Auftragnehmern abgestimmtes Protokoll vor. Bei Projektaufträgen für einzelne Projektphasen ist das Ergebnis der jeweils vorangehenden Phase bekannt.

Ergebnisse

Ein formeller *Projektauftrag* liegt vor und ist von Kunden und Auftragnehmern abgezeichnet.

Meilenstein: Der Projektauftrag stellt den ersten Projektmeilenstein dar. Hier wird entschieden, ob und wie das Projekt weiterbearbeitet werden soll.

Aufgaben

Im Projektauftrag werden wesentliche Teile aus dem Projektplan und dem Qualitätssicherungsplan zusammengefaßt:

- *formellen Auftraggeber für das Projekt festlegen.*
- *formellen Auftragnehmer für das Projekt festlegen.*
- *Leistungsbeschreibung formulieren:* Das Auftragsziel bzw. das gewünschte Auftragsergebnis muß als Leistungsbeschreibung formuliert werden. Dies läßt sich aus den Projektzielen herleiten. Das Auftragsziel sollte auch überprüfbare Qualitätsziele einschließen, weil diese die Art der Dienstleistung und damit die Leistungsbeschreibung wesentlich mitbestimmen.

- *Leistungsumfang und Leistungsart festlegen*: Der Leistungsumfang mit Personenkapazitäten, Zeitraum und die geschätzten Personalkosten muß geklärt und festgeschrieben werden. Die Leistungsart muß im Projektauftrag ebenfalls spezifiziert werden (Festpreise bzw. Berechnung nach Aufwand)
- *Ergebnisse zusammenstellen*: Die Ergebnisse der Phase Projektinitialisierung werden als *Anlage* zusammengestellt (Workshop-Protokolle, Angebote, Studie etc.).
- *Projektauftrag abzeichnen*: Der Projektauftrag wird von Auftraggeber und Auftragnehmer formell *abgezeichnet* und ist damit für beide verbindlich.

Der Projektauftrag muß einem Review durch Auftragnehmer und Projektleiter unterzogen werden. Dabei muß der Auftrag auf Machbarkeit überprüft werden. Nach Annahme des Auftrags ist der Projektleiter für die auftragsgemäße Abwicklung des Projekts verantwortlich.

QS-Hinweise

Es sollten keine Projekte ohne schriftlichen Projektauftrag gestartet werden. Der Auftrag ist ein Dokument, das der gegenseitigen Abstimmung und Absicherung dient und auf das sich alle Projektpartner bei Unklarheiten berufen können. Die Rechte und Pflichten von Auftraggeber und Auftragnehmer sind im Projektauftrag klar zu definieren. Der Projektauftrag muß vom Auftraggeber und Auftragnehmer angenommen werden.

Phase 2: Modellierung

Orientierung Modellierung

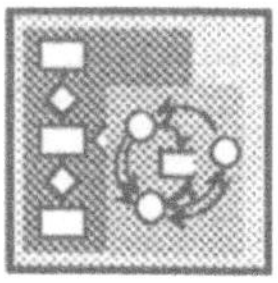

Die Schlüsselergebnisse der Phase Modellierung sind:

1. In einer *Machbarkeitsstudie* wird eine erste grobe Abgrenzung und Strukturierung des Problemraums vorgenommen. Ziele und Randbedingungen, Ist-Zustand, Schwachstellen und Anforderungen werden dokumentiert sowie mögliche Lösungsalternativen in Form von *Szenarien* festgelegt. Dies geschieht weitgehend in enger Abstimmung zwischen Kunden und Entwicklern.
2. Es wird ein *Soll-Modell* für eine ausgewählte Lösungsalternative erarbeitet, in dem die zukünftige Lösung aus verschiedenen Perspektiven dargestellt wird. Das Soll-Modell legt fest, was das System leisten soll und ordnet das System in einen Gesamtzusammenhang ein. Es ist formalisiert beschrieben und setzt sich aus fachlichem Modell, organisatorischem Modell und technischem Modell zusammen.
3. Auf der Basis eines Reviews des Soll-Modells wird ein *Realisierungsplan* inklusive Wirtschaftlichkeitsüberlegungen (Kosten/Nutzen) erstellt.

Konsens finden

Ein Hauptziel der Phase Modellierung ist die Konsensfindung zwischen allen Beteiligten (Kunden, Organisationsabteilung, Anwender, Entwickler). Es muß ein gemeinsames *Problemverständnis*, eine gemeinsame *Sprache* mit definierten Begrifflichkeiten und ein gemeinsames Verständnis über die *Projektziele* und den inhaltlichen *Projektumfang* erarbeitet werden. Dies dient nicht nur der Verständigung, sondern gleichzeitig der Teamfindung für das Projektteam.

WAS, nicht WIE

Es ist wichtig, sich in der Phase Modellierung auf das *WAS* eines Projektes zu konzentrieren, um sich *nicht in den Details des WIE zu verlieren.* Am Ende der Modellierung muß ein gemeinsames Verständnis darüber herrschen, WAS mit dem Projekt erreicht werden soll und WAS das Projekt umfaßt. Versucht man schon an dieser Stelle zu klären, WIE bestimmte Teile realisiert werden könnten, so läuft man Gefahr, sich in vielen Einzelheiten zu verlieren und den *Blick für das Wesentliche* zu vernachlässigen.

Die Phase Modellierung dient in erster Linie dazu, eine Übersicht über das Projekt und eine Abschätzung der Aufwände im Projekt als *Planungs- und Entscheidungsgrundlage* zu erarbeiten. Die Ausarbeitung detaillierter Lösungen sollte noch nicht in der Modellierung stattfinden. Es muß prinzipiell geklärt werden:

- Was für ein System wird benötigt ?
- Was kostet das System ?
- Was bringt das System ?

Diese drei Fragen stellen gleichzeitig das Abbruchkriterium für die Phase Modellierung dar. Ist das Projektteam mit hinreichender Genauigkeit in der Lage, diese Fragen zu beantworten, kann mit der Phase Analyse/Design begonnen werden.

Zweck der Modelle

In dieser Phase werden vor allem Modelle von Systemen erarbeitet. Modelle sind stets ein *verkürztes* Abbild eines Teils der Wirklichkeit, sind *zweckgebunden* und nur für einen bestimmten *Personenkreis* relevant. Die in der Phase Modellierung benutzten Modelle dienen zu folgenden Zwecken:

- Sie unterstützen Kunden, Anwender und Entwickler bei der Erarbeitung eines *gemeinsamen Verständnisses der fachlichen organisatorischen und technischen Sachverhalte* und Probleme. Mit Hilfe der Modelle müssen die Inhalte (WAS) des Anwendungssystems einfach und transparent, aber trotzdem hinreichend genau vermittelt werden können. Eine klare Systemabgrenzung (WAS NICHT) sollte ebenfalls vorgenommen werden.
- Sie liefern *realistische Projektplanungs- und Entscheidungsgrundlagen* für Entscheidungsträger. Sie müssen daher alle wesentlichen Aspekte der Problemstellung abbilden, gleichzeitig aber die Informationen verdichten. Auf der Grundlage der Modelle müssen Entscheidungen über das WIE im Projekt möglich sein. Aus diesen Gründen verwenden wir insbesondere klassische strukturierte Methoden zur Modellierung einer Anwendung. Der objektbasierte Ansatz kommt erst in der Phase Analyse/Design zum Einsatz.

Modellverbund

Es ist nicht möglich, ein einziges Modell eines Systems zu entwickeln, das für alle beabsichtigten Zwecke und Personenkreise gleichermaßen geeignet ist. Daher ist es sinnvoller, einen Modellverbund zu verwenden, welcher aus *mehreren miteinander abgeglichenen Teilmodellen* besteht.

Jedes dieser Teilmodelle stellt eine bestimmte Sicht von einem bestimmten Standpunkt auf das System dar, d. h. jedes Teilmodell beschreibt das System aus einer bestimmten Perspektive, ist für bestimmte Zwecke geeignet, stellt bestimmte Sachverhalte dar und vernachlässigt andere. Die Kombination aller Modelle ergibt schließlich ein Gesamtbild des Systems, das die für die Anwendungsentwicklung notwendigen Informationen enthält. Um dieses Gesamtbild zu verstehen, ist ein ständiger Perspektivenwechsel nötig. Der Modellverbund besteht aus folgenden drei Modellen:

1. *Fachliches Modell.* Im fachlichen Modell werden alle Sachverhalte beschrieben, die für das fachliche Verständnis der Geschäftsabläufe und Zusammenhänge notwendig sind. Das fachliche Modell wird wiederum in drei Teilmodelle unterteilt: Datenmodell (E/R-Modell), Funktionsmodell (SA-Modell) und Geschäftsvorfallmodell (STD-Modell).
2. *Organisatorisches Modell.* Im organisatorischen Modell wird das organisatorische Umfeld eines Systems beschrieben. Dazu gehört sowohl die Aufbauorganisation (Organigramm) als auch die Ablauforganisation (Abläufe, Stellenbeschreibungen, Aufgabenumfang von Arbeitsplätzen, räumliche Anordnungen etc.).
3. *Technisches Modell.* Im technischen Modell wird die Konfiguration des technischen Systems mit genauer Spezifikation geplanter Komponenten wie Arbeitsplatzsysteme, Datenbankserver, Kommunikation etc. beschrieben.

Jedes dieser Teilmodelle kann sowohl zur Beschreibung des Ist-Zustandes als auch zur Beschreibung eines geplanten Soll-Zustandes benutzt werden.

Modellabgleich

Die drei Modelle, die verschiedene Perspektiven beinhalten, müssen - wie in Abb. 1 dargestellt - miteinander abgeglichen und synchronisiert werden. Damit wird sichergestellt, daß alle Modelle tatsächlich das gleiche System abbilden. Dabei ist folgendes zu beachten:

1. *Synchronisation von technischem und fachlichem Modell*: Die Funktionen, Geschäftsvorfälle und Datenstrukturen aus dem fachlichen Modell müssen auf entsprechende Technologien abgebildet werden. Durch Mengengerüste, die den Umfang von Datenbeständen und die Häufigkeit des Aufrufs von Funktionen und Daten beschreiben, können die notwendigen Systeme in ihrer Hardware/Softwarekonfiguration für die fachlichen Sachverhalte bestimmt werden. In einem Kommunikationsprofil muß jeder Informationsfluß aus dem Funktionsmodell beschrieben werden.

2. *Synchronisation von fachlichem und organisatorischem Modell*: Die fachlichen Geschäftsvorfälle müssen in das organisatorische Modell eingebettet werden. Dabei werden die Funktionen und Geschäftsvorfälle den organisatorischen Einheiten (Arbeitsplätzen, Abteilungen) zugeordnet. Während dieses Prozesses kann die Organisation so optimiert werden, daß sie die fachlichen Abläufe optimal unterstützt.
3. *Synchronisation von organisatorischem und technischem Modell*: Für alle Stellenbeschreibungen müssen Arbeitsplatzsysteme konfiguriert werden. Auf dieser Basis lassen sich Überlegungen über die räumliche Anordnung von Arbeitsplätzen und Technik anstellen. Für alle Aufgaben bzw. Rollen müssen im technischen Modell die entsprechenden Dienste bereitgestellt werden. Die im technischen Modell beschriebenen qualitativen Aspekte (Oberfläche, Druckqualität) müssen den Aufgaben- und Stellenbeschreibungen im organisatorischen Modell entsprechen.

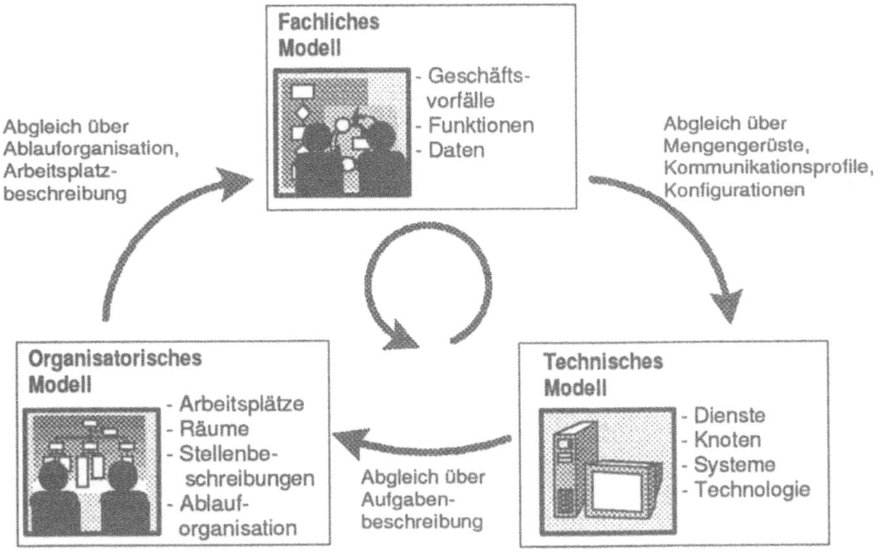

Abb. 1: Das fachliche, technische und organisatorische Modell eines Systems müssen miteinander synchronisiert werden.

Ähnlich wie das fachliche, das technische und das organisatorische Modell aufeinander abgestimmt werden, müssen auch die drei Teilmodelle des fachlichen Modells (Funktionsmodell, Datenmodell und Geschäftsvorfallmodell) miteinander abgeglichen werden (Abb. 2). Damit wird sichergestellt, daß die drei Teilmodelle den gleichen Ausschnitt der Wirklichkeit modellieren. Diese Prüfungen sind recht formal: Die Inhalte von Speichern und Informationsflüssen im Funktionsmodell sollten im Datenmodell als Entitäten oder als Attribute beschrieben sein. Entitäten, die so nicht benutzt werden, müssen funktionsinterne Verwendung finden. Die Geschäftsvorfälle (STD-Modell) werden als "Testfälle" benutzt, um das Funktions- und Datenmodell durchzuspielen. Alle Funktionen und Entitäten müssen von mindestens einem Geschäftsvorfall benutzt werden; für alle Geschäftsvorfälle müssen die notwendigen Funktionen und Entitäten vorhanden sein.

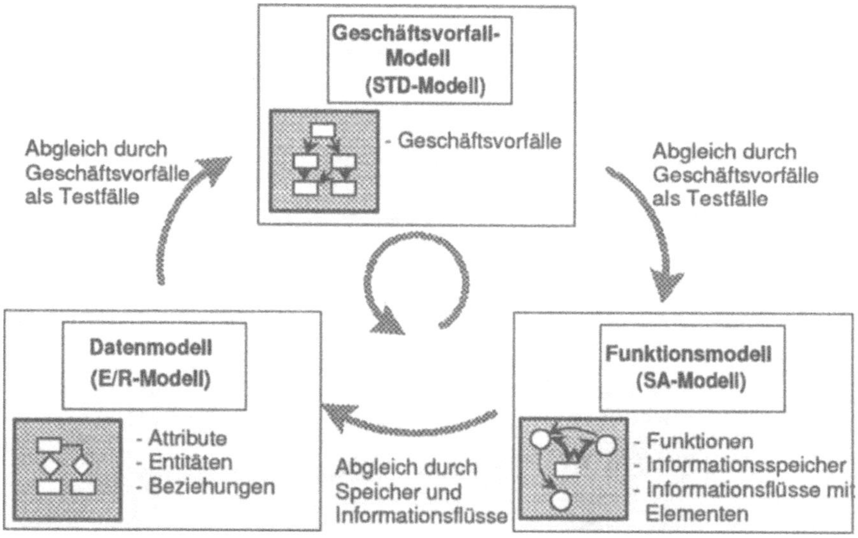

Abb. 2: Im fachlichen Modell müssen Funktions-, Daten- und Geschäftsvorfallmodell miteinander synchronisiert werden.

Ablauf Modellierung

MOD Schritt 1: Projektziele und Rahmenbedingungen verfeinern

Zu Beginn der Phase Modellierung ist es nötig, sich noch einmal genauer über die Projektziele zu verständigen, um daraus Ziele für das zu entwickelnde System abzuleiten. Sowohl Kunden als auch Entwickler müssen ihre Ziele für das System in verfeinerter Form definieren und miteinander abstimmen. Dazu wird ein strukturierter Zielkatalog (Zielbaum), gegebenenfalls auch eine Priorisierung erarbeitet. Die Ziele können zur Überprüfung operationalisiert werden. Desgleichen werden die für das Projekt geltenden Rahmenbedingungen überprüft, ergänzt und verfeinert.

MOD Schritt 2: Ist-Zustand beschreiben

Der Ist-Zustand der vom Projekt betroffenen Bereiche wird beschrieben. Dazu gehört die Organisation (Aufbau- und Ablauforganisation), ein Ist-Funktionsmodell, ein Ist-Datenmodell und ein Ist-Geschäftsvorfallmodell (inklusive vorhandener Dokumentation). Diese Beschreibungen können informell oder bereits mit formalen Methoden (SA, STD, E/R) erstellt werden. Dabei ist wichtig, ein gemeinsames Problemverständnis und eine gemeinsame Sprache zwischen Kunden und Entwicklern zu finden. Es wird geklärt, wie die Aufgaben zur Zeit erledigt werden.

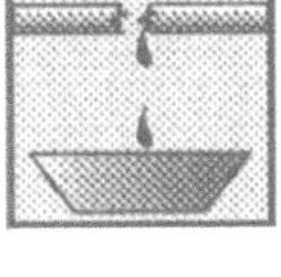

MOD Schritt 3: Schwachstellen und Anforderungen ermitteln

Aufgrund der Ist-Analyse und gemessen an den Zielen und Erfahrungen der Beteiligten werden die Schwachstellen des bestehenden Systems identifiziert und in einem strukturierten Schwachstellenkatalog festgehalten. Dabei ist wichtig, daß über die Schwachstellen ein Konsens zwischen allen Beteiligten herrscht. Diese Schwachstellen werden anschließend konstruktiv in Anforderungen umgesetzt. Weiterhin werden alle Anforderungen, die sich aus neuen Geschäften, Organisationen, Anwendungen oder Technologien ergeben, ermittelt.

MOD Schritt 4: Lösungsalternativen entwickeln und bewerten

Einige wenige grobe Lösungsrichtungen (z.B. Neuentwicklung, Weiterentwicklung oder Einsatz von Standardsoftware) werden in Form von Szenarien und Machbarkeitsstudien erarbeitet. Dazu werden Marktanalysen zu Lösungen bzw. Produkten durchgeführt. Als Ergebnis sollten zwei bis drei Szenarien vorliegen, die verglichen und bewertet werden. Am Ende dieses Schritts wird eine Entscheidung für ein (oder maximal zwei) Szenario gefällt - allein dieses Szenario wird im folgenden weiterverfolgt.

Meilenstein: In diesem Meilenstein werden die Ergebnisse der Schritte 1 bis 4 im Zusammenhang überprüft und vom Kunden abgenommen. Damit ist eine erste Ausrichtung des Projektes vorgenommen. Eine, allenfalls zwei Alternativen aus den möglichen Lösungsszenarien werden ausgewählt, um in den nächsten Schritten zielkonzentriert zu arbeiten. Bis zu diesem Schritt ist der Aufwand relativ klein, ein paralleles Vorgehen ist noch möglich. In den nächsten Schritten steigt der Aufwand aber stark an.

MOD Schritt 5: Fachliches Soll-Modell entwerfen

Für das gewählte Szenario wird ein fachliches Soll-Modell entworfen. Dieses besteht aus einem Soll-Datenmodell (E/R-Modell), einem Soll-Funktionsmodell (SA-Modell) und einem Soll-Geschäftsvorfallmodell (STD-Modell). Diese drei Modelle müssen miteinander synchronisiert werden. Sie beschreiben, WAS das System leisten soll, ohne näher auf das WIE einzugehen.

MOD Schritt 6: Organisatorisches Soll-Modell entwerfen

Bei allen Projekten, die mit weitreichenden organisatorischen Veränderungen einhergehen, muß der organisatorische Rahmen der Anwendung mitbetrachtet und ein organisatorisches Soll-Modell erstellt werden. Dazu gehören Soll-Aufbauorganisation, Soll-Ablauforganisation und Soll-Arbeitsplatzbeschreibungen, die die Aufgabenkomplexe der zukünftigen Systembenutzer beinhalten.

MOD Schritt 7: Technisches Soll-Modell entwerfen

In einem Anforderungsprofil werden die technischen Aspekte der Anwendung festgelegt. Dazu werden vor allem Mengenbetrachtungen (Kommunikationsprofil, Datenvolumina etc.) und qualitative Abschätzungen (Druck- und Benutzeroberflächenqualität) durchgeführt. Es werden geeignete Technologien zu diesem Anforderungsprofil bestimmt und in Form von Konfigurationsalternativen zusammengestellt. Dabei werden die benötigten Hardwarekomponenten, ihre Vernetzung und ihre Softwareausstattung beschrieben.

MOD Schritt 8: Review durchführen, Wirtschaftlichkeit prüfen, weitere Schritte planen

Die Ergebnisse der Phase Modellierung werden zu einer Machbarkeitsstudie zusammengefaßt und einem Review unterzogen. Der Projektplan wird für die folgenden Phasen verfeinert und fortgeschrieben. Eine Aufwandschätzung (Nettoaufwände und Risikozuschläge) sowie eine Terminschätzung wird durchgeführt und die Entwicklungs- und Betriebskosten ermittelt. Darauf aufbauend ist eine qualitative Nutzenbewertung zu erstellen, welche die zu erreichenden Ziele in Beziehung zu den erwarteten Kosten setzt. Studie und Projektplan werden formal als Meilenstein verabschiedet.

Meilenstein: Das Ergebnis der Phase Modellierung inklusive Plan für die folgenden Phasen wird in einer Studie zusammengefaßt. Diese Studie bildet einen Meilenstein, aufgrund dessen über das weitere Vorgehen im Projekt entschieden wird. Die Studie und der Projektplan werden vom Projekt-Controlboard abgenommen.

MOD Schritt 1: Projektziele und Rahmenbedingungen verfeinern

Zu Beginn der Phase Modellierung ist es nötig, sich noch einmal genauer über die Projektziele zu verständigen, um daraus Ziele für das zu entwickelnde System abzuleiten. Sowohl Kunden als auch Entwickler müssen ihre Ziele für das System in verfeinerter Form definieren und miteinander abstimmen. Dazu wird ein strukturierter Zielkatalog (Zielbaum), gegebenenfalls auch eine Priorisierung erarbeitet. Die Ziele können zur Überprüfung operationalisiert werden. Desgleichen werden die für das Projekt geltenden Rahmenbedingungen überprüft, ergänzt und verfeinert.

Voraussetzungen

1. Ein *Projektauftrag* liegt vor, der das Thema bzw. den Gegenstand des Projekts festlegt und erste Projektziele und Rahmenbedingungen definiert.
2. Die *einzelnen Projektziele* der am Projekt beteiligten *Gruppen* (Management, Organisationsabteilung, Benutzer, Entwickler) sind gesammelt.
3. Der *Teilnehmerkreis* für die Konsensfindung über die Projektziele ist bekannt.

Ergebnisse

1. Ein *strukturierter Zielkatalog*, evtl. mit Priorisierung, ist erarbeitet und beschrieben (Systemziele).
2. Die Hierarchie der Systemziele ist in einem *Zielbaum* dargestellt.
3. Die einzelnen Ziele sind *operationalisiert*, d. h. es ist geklärt, woran die Erreichung der Ziele festgestellt und überprüft werden kann.
4. Die *Rahmenbedingungen* des Projekts sind (strukturiert) beschrieben.

Aufgaben

Der Zielkatalog wird in Workshops gemeinsam mit allen Beteiligten erstellt, wobei die Metaplan-Methode sehr hilfreich ist. Das *Drehbuch* dieses Workshops umfaßt:

- *Ziele sammeln:* Bisher *bekannte und neue Ziele* werden gesammelt (Metaplankarten), zu *Gruppen* zusammengefaßt und jede Gruppe mit einer *Überschrift* versehen. Diese Überschriften bilden Zielkategorien, welche ausformuliert und redundanzfrei geordnet werden. Die Ziele werden anschließend gemeinsam *priorisiert*.
- *Ziele strukturieren:* Die Ziele werden in einem *Zielbaum* strukturiert, um die Abhängigkeiten zwischen den Zielen (Oberziele, Unterziele) herauszuarbeiten. Hierbei werden oft wichtige, neue Ziele gefunden.
- *Rahmenbedingungen sammeln*: Neben den Zielen werden auch die Rahmenbedingungen für das Projekt (technische, fachliche, organisatorische, finanzielle, zeitliche) gesammelt, strukturiert und priorisiert. *Konflikte* zwischen Zielen und Rahmenbedingungen werden aufgezeigt. Darauf aufbauend werden Ziele und Rahmenbedingungen abgeglichen.
- *Ziele operationalisieren*: Es wird beschrieben, wann ein Ziel erreicht bzw. nicht erreicht ist. Dies dient als Grundlage für Qualitätssicherungsmaßnahmen während des gesamten Projekts.
- *"mission statement" formulieren:* Die Ziele werden in einem "mission statement" zusammengefaßt, d. h. die Projektziele werden in einem plakativen Satz formuliert. Die Formulierung des "mission statements" ist wichtig, um das gemeinsame Verständnis der Projektziele abzugleichen. Das "mission statement" dient außerdem als roter Faden für das Projekt. Neben den Projektzielen ist auch eine *Negativabgrenzung* wichtig: Was soll in dem Projekt *nicht* gemacht werden?

Wie unsere Erfahrung zeigt, ist dieser Punkt enorm wichtig zur Motivation und Orientierung des Projektteams.

QS-Hinweise

Der Zielkatalog ist für die Abwicklung des gesamten Projekts von äußerster Wichtigkeit. Er legt Ausgangspunkt und Endpunkt des Projekts fest und bildet die Grundlage für sämtliche QS-Aktivitäten im Projekt (als Checkliste, Grundlage für Abnahmetests etc.).

1. Alle Beteiligten müssen ein gemeinsames Verständnis der Ziele und deren Inhalte erarbeiten. Es besteht Konsens, wann ein Ziel erreicht ist. Das gemeinsame Verständnis muß auch über die Abhängigkeiten und Konflikte zwischen Projektzielen erreicht werden (Zielbaum).
2. Wichtig für die Konsensfindung bei der Festlegung der Projektziele ist die Offenheit aller Beteiligten. Werden an dieser Stelle Ziele nicht deutlich genannt, so führt dies später unweigerlich zu teuren Mißverständnissen.

3. Ein Änderungsdienst für Projekt- und Systemziele muß eingerichtet werden, da die Änderung der Ziele die gesamte Projektarbeit wesentlich beeinflußt.
4. Die Einbettung des Systems in den gesamten Organisationsprozeß muß Berücksichtigung finden.
5. Es muß überprüft werden, ob die Ziele, die Rahmenbedingungen und die wesentlichen Erfolgsfaktoren offen gelegt wurden und ob die vorhandenen Zielkonflikte aufgezeigt sind.

Methoden & Werkzeuge

Dieser Schritt findet in einem oder mehreren *moderierten Workshops* mit allen Beteiligten (Management, Vertreter der Organisationsabteilung, zukünftige Benutzer, Entwickler) statt. In diesen Workshops ist die *Metaplan-Methode* das zentrale Werkzeug.

MOD Schritt 2: Ist-Zustand beschreiben

Der Ist-Zustand der vom Projekt betroffenen Bereiche wird beschrieben. Dazu gehört die Organisation (Aufbau- und Ablauforganisation), ein Ist-Funktionsmodell, ein Ist-Datenmodell und ein Ist-Geschäftsvorfallmodell (inklusive vorhandener Dokumentation). Diese Beschreibungen können informell oder bereits mit formalen Methoden (SA, STD, E/R) erstellt werden. Dabei ist wichtig, ein gemeinsames Problemverständnis und eine gemeinsame Sprache zwischen Kunden und Entwicklern zu finden. Es wird geklärt, wie die Aufgaben zur Zeit erledigt werden.

Voraussetzungen

1. Der *Projektauftrag*, insbesondere der Gegenstand bzw. das Thema des Projekts sowie die Abgrenzungen sind bekannt.
2. Alle *relevanten Dokumente und Informationen* des Geschäftsprozesses sind zugänglich.

Ergebnisse

Das gegenwärtige Geschäft ist beschrieben durch:

1. Hauptgeschäftsvorfälle und Hauptwertschöpfungsketten.
2. benutzte Informationen.
3. benutzte Systeme und Schnittstellen und Organisationen.
4. eine *Belege- und Dokumentensammlung.*

Aufgaben

Die Aufgaben in diesem Schritt lassen sich kurz als *"fact finding"* beschreiben, d. h. es sollen alle relevanten Informationen des Ist-Zustandes zusammengetragen werden, die für die weitere Projektarbeit von Bedeutung sein können. Diese Aufgaben umfassen im einzelnen:

- *Sammlung von Dokumenten und Belegen erstellen*: Dazu gehören Formulare, Vorschriften, Organigramme, Masken, Belege, Dateibeschreibungen etc., die für den bisherigen Zustand von Bedeutung sind.
- *organisatorischen Ist-Zustand beschreiben*: Dazu gehört eine Beschreibung der Aufbauorganisation (Organigramm und Verantwortlichkeiten) und der Ablauforganisation bei der Abwicklung des Geschäfts (Aufgaben und Zusammenspiel der Bereiche und Personen).

- *fachlichen Ist-Zustand beschreiben*: Dazu gehören Ist-Geschäftsvorfälle, das Ist-Funktionsmodell und das Ist-Datenmodell. Die Hauptwertschöpfungsketten, die benutzten Informationen und die Hauptgeschäftsvorfälle sind bekannt.
- *technischen Ist-Zustand beschreiben*: Dazu gehören eine Ist-Systemkonfiguration sowie die Beschreibung der Ist-Systemkomponenten (Hardware, Betriebssystem, DBMS, Standardsoftware, Anwendungssoftware, Kommunikation, Oberfläche, Schnittstellen).

QS-Hinweise

1. Bedingt durch die verschiedenen Sichten der Beteiligten (Management, Benutzer, Organisationsabteilung, Entwickler) ist die Beschreibung des Ist-Zustands *konfliktträchtig*. Es ist daher wichtig, einen *Konsens* über den Ist-Zustand herauszuarbeiten, weil die Differenz zwischen Zielen und Ist-Zustand die wesentliche Grundlage für die Festlegung des Sollzustands im nächsten Schritt darstellt.
2. Zur Sicherstellung des gemeinsamen Verständnisses zwischen Kunden und Entwicklern sollte ein Review des Ist-Zustandes erfolgen, an welchem Auftraggeber und Auftragnehmer beteiligt sind (Auf die Ergebnisse dieser Sitzung muß man sich später berufen können.).
3. Es wird der Ist-Zustand des Geschäftes beschrieben. Dieser Schritt ist nicht immer in aller Ausführlichkeit notwendig, bzw. kann bei neuen Geschäften vollständig entfallen.

Methoden & Werkzeuge

Die Arbeit in diesem Schritt findet vorwiegend in *Arbeitssitzungen* mit wenigen Teilnehmern statt. In diesem Rahmen werden *Kunden- und Benutzerinterviews* durchgeführt, um den Ist-Zustand zu erfragen. Ergebnisse werden in der Regel *verbal* beschrieben. Bei komplexeren Zusammenhängen können die verbalen Beschreibungen durch *grafische Beschreibungsmethoden* ergänzt werden. Dazu gehören z. B. Organigramme für die Beschreibung der Aufbauorganisation, Arbeitsablaufdiagramme (Carney-Diagramme) zur Beschreibung der Ablauforganisation (Wer macht was?), SA-Diagramme zur Beschreibung von Informationsflüssen und Funktionen, E/R-Diagramme für Ist-Datenmodelle, STD-Diagramme zur Beschreibung von Geschäftsvorfällen und Systemkonfigurations-Bilder zur Beschreibung von DV-technischen Systemen.

MOD Schritt 3: Schwachstellen und Anforderungen ermitteln

Aufgrund der Ist-Analyse und gemessen an den Zielen und Erfahrungen der Beteiligten werden die Schwachstellen des bestehenden Systems identifiziert und in einem strukturierten Schwachstellenkatalog festgehalten. Dabei ist wichtig, daß über die Schwachstellen ein Konsens zwischen allen Beteiligten herrscht. Diese Schwachstellen werden anschließend konstruktiv in Anforderungen umgesetzt. Weiterhin werden alle Anforderungen, die sich aus neuen Geschäften, Organisationen, Anwendungen oder Technologien ergeben, ermittelt.

Voraussetzungen

1. Ein *Zielkatalog* ist vorhanden.
2. Der *Ist-Zustand* ist beschrieben.

Ergebnisse

1. Die Schwachstellen sind in einem *strukturierten Schwachstellenkatalog* zusammengefaßt und gegebenenfalls priorisiert.
2. Maßnahmen bzw. Anforderungen zur Erreichung der Projektziele und zur Behebung der Schwachstellen sind festgelegt und in einem *Anforderungskatalog* bzw. *Anforderungsbaum* festgehalten.

Aufgaben

Die Ermittlung von Schwachstellen und insbesondere die Festlegung der Anforderungen sind ein erster wichtiger Schritt zum Soll-Modell. Das Vorgehen dabei ist ähnlich wie bei der Präzisierung der Projektziele, allerdings ist die Perspektive eher analytisch und auf die Probleme (Schwachstellen) gerichtet, im Gegensatz zu der eher "visionären" Festlegung der Ziele. Im einzelnen sind folgende Aufgaben zu lösen:

- *Schwachstellen sammeln, ordnen, strukturieren :* Wie bei der Festlegung der Ziele (Schritt 1) werden die Schwachstellen in Workshops *gesammelt und mit Prioritäten versehen.* Schwachstellen können von den Beteiligten aufgrund ihrer Erfahrungen spontan geäußert werden. Alternativ dazu können Schwachstellen auch strukturiert erarbeitet werden. Dabei empfiehlt es sich, die Schwachstellen durch eine Checkliste oder einen Fragenkatalog (Bezeichnung der Schwachstelle, Ursache, Auswirkung, Konsequenz, Betroffene, Verluste/Einbußen, Priorität) aufzunehmen.

- *Schwachstellen mit den Zielen abgleichen*: Welche Schwachstellen werden durch die Erreichung welcher Ziele behoben? Bei diesem Abgleich läßt sich oft feststellen, daß durch die Umsetzung sehr weniger, gut gewählter Ziele fast alle Schwachstellen behoben werden können. Durch Beschränkung auf diese wesentlichen Ziele lassen sich hervorragende *Synergieeffekte* erzielen.
- *Maßnahmen zur Behebung der Schwachstellen definieren*: Diese werden (mit Hilfe der Metaplan-Methode) zu wenigen, kompakten Maßnahmenbündeln verdichtet, die wiederum in detailliertere Anforderungen aufgebrochen werden können. Daraus resultiert ein *Anforderungsbaum*.
- *Anforderungen vervollständigen:* Es werden weiterhin alle Anforderungen ermittelt und in den Anforderungsbaum eingeordnet, die sich aus neuen Geschäften, Organisationen, Anwendungen oder Technologien ergeben. Auch dabei kann ein Fragekatalog (Kurzbezeichnung der Anforderung, Grund, von wem gefordert, angenommener Nutzen, Nutzen für wen, Priorität) hilfreich sein.

QS-Hinweise

Wie die Festlegung der Ziele und die Beschreibung des Ist-Zustands, ist die Ermittlung der Schwachstellen und Anforderungen aufgrund der verschiedenen Sichten der Beteiligten *konfliktträchtig*.

Es besteht die *Gefahr*, daß man sich bei der Diskussion von Schwachstellen sehr schnell in *Details* verliert. An dieser Stelle des Projekts ist dies unnötig und eher hinderlich. Schwachstellen sollten nur in groben Zügen abgehandelt werden. Hilfreich ist es hier, "die Schwachstelle hinter der Schwachstelle" zu suchen. Dies geschieht durch fortgesetztes "Warum"-Fragen. Die Anforderungen zu diesen neuen Schwachstellen sind oft auf einer höheren Ebene und ermöglichen neue Einsichten.

Dieser Schritt ist insbesondere wichtig als Basis eines Kriterienkatalogs für die Bewertung von Lösungsszenarien (Schritt 4 der Phase Modellierung) bzw. für die Auswahl von Standardsoftware.

Wie die Projektziele werden die Schwachstellen und Anforderungen einem *Review* mit Auftraggeber und Auftragnehmer unterzogen.

Methoden & Werkzeuge

Die Bestimmung der Schwachstellen und Anforderungen wird, wie die Festlegung der Projektziele, in einem *Workshop* oder in Interviews durchgeführt.

MOD Schritt 4: Lösungsalternativen entwickeln und bewerten

Einige wenige grobe Lösungsrichtungen (z. B. Neuentwicklung, Weiterentwicklung oder Einsatz von Standardsoftware) werden in Form von Szenarien und Machbarkeitsstudien erarbeitet. Dazu werden Marktanalysen zu Lösungen bzw. Produkten durchgeführt. Als Ergebnis sollten zwei bis drei Szenarien vorliegen, die verglichen und bewertet werden. Am Ende dieses Schritts wird eine Entscheidung für ein (oder maximal zwei) Szenario gefällt - allein dieses Szenario wird im folgenden weiterverfolgt.

Voraussetzungen

1. Ein *Zielkatalog* und ein Katalog der *Rahmenbedingungen* sind vorhanden.
2. Der *Ist-Zustand* (organisatorisch/fachlich/technisch) ist beschrieben.
3. Ein aus Zielen und Schwachstellen entwickelter strukturierter *Anforderungskatalog* liegt vor.

Ergebnisse

1. Die grundsätzlichen Lösungsalternativen (Individualentwicklung und/oder Standardsoftware) sind beschrieben.
2. Eine Liste von zu betrachtenden *Lösungskomponenten* (Standardsoftware, existierende Lösungen im Unternehmen oder anderen Anwendern) ist erstellt.
3. Zur Bewertung der Lösungsalternativen ist ein *Kriterienkatalog* und ein *Bewertungsschema* erarbeitet. Aufgrund dieses Bewertungsschema ist eine Vorauswahl der Lösungsalternativen getroffen.
4. Die Lösungsszenarien sind bezüglich *Anforderungserfüllung, Machbarkeit* und *Wirtschaftlichkeit* bewertet.

Meilenstein

In diesem Meilenstein werden die Ergebnisse der Schritte 1 bis 4 im Zusammenhang überprüft und vom Kunden abgenommen. Damit ist eine erste Ausrichtung des Projektes vorgenommen. Eine, allenfalls zwei Alternativen aus den möglichen Lösungsszenarien werden ausgewählt, um in den nächsten Schritten zielkonzentriert zu arbeiten. Bis zu diesem Schritt ist der Aufwand relativ klein, ein paralleles Vorgehen ist noch möglich. In den nächsten Schritten steigt der Aufwand aber stark an.

Aufgaben

- *Lösungsalternativen durchspielen:* Für das geplante System wird ein grobes, ganzheitliches *Szenario-Modell* z. B. in Form eines Schichtenmodells oder Portfolios erstellt. Anhand dieses Szenario-Modells werden grundsätzliche *Lösungsalternativen durchgespielt*; zum Beispiel müssen folgende Fragen geklärt werden: Wo liegen Systemkomponenten für eine Lösungsalternative bereits fest oder welche Systemkomponenten müssen verbessert werden? Müssen alle Teilsysteme neu entwickelt, oder können sie auf dem Markt beschafft werden?
- *Lösungsalternativen reduzieren*: Für die Themenbereiche, in denen Lösungen benötigt werden, wird jeweils eine *Tabelle von Produkten* mit den wesentlichen Kenndaten erstellt, die als mögliche Lösungsalternativen (Markt, firmeninterne Lösungen, Neuentwicklung) in Frage kommen. Aufgrund der Ziele und Rahmenbedingungen, die als *K.O.-Kriterien* benutzt werden, wird die Anzahl Lösungsalternativen auf einige Produkte bzw. Produktkombinationen reduziert.
- *Lösungsalternativen auswählen*: Aufgrund des Zielkatalogs, der Rahmenbedingungen und des Anforderungskatalogs wird ein *Kriterienkatalog* mit einem *Bewertungsschema* erstellt, anhand dessen die Lösungsalternativen *vergleichend bewertet* werden. Die Szenarien werden auf *Machbarkeit* und *Wirtschaftlichkeit* geprüft. Bei der Machbarkeitsbewertung werden Kerngeschäftvorfälle durchgespielt, darauf aufbauend eine Stärken/Schwächenanalyse durchgeführt sowie die technische Kompatibilität überprüft. Bei der Wirschaftlichkeitsbewertung werden Kostenfaktoren bestimmt und eine erste Kostenschätzung vorgenommen. Am Ende soll die Entscheidung für eine Lösung stehen.

QS-Hinweise

Ein wichtiger Erfolgsfaktor in diesem Schritt ist das *vergleichende Vorgehen*, bei dem mehrere Produkte bzw. Szenarien parallel verfolgt und beurteilt werden. Wird dies sorgfältig durchgeführt, so erhält man aus dem Vergleich zusätzliche Informationen über die Szenarien, die man bei einer frühen Beschränkung auf eine Lösung nicht erhält bzw. sogar Alleinstellungsmerkmales für eine Lösung. Diese Informationen sind für die nächsten Schritte der Phase Modellierung sehr hilfreich.

Es muß eine Konzentration auf die wesentlichen, "geschäftsstrategischen" Ziele, die erreicht werden müssen, erfolgen.

Beim Vergleich der Produkte bzw. der Lösungsalternativen dürfen die Alternativen nicht isoliert auf der Ebene der einzelnen Systemkomponenten, sondern ganzheitlich im *Zusammenspiel zwischen vielen Systemkomponenten* (existierenden oder geplanten) betrachtet werden. Das *ganze* System, nicht nur die einzelnen Komponenten, muß sinnvoll, machbar und wirtschaftlich sein.

Es muß untersucht werden, ob Standardsoftware existiert, die die gesamte Lösung oder Teilaspekte abdecken kann.

Kann keine Entscheidung für eine Lösung getroffen werden, sind die übriggebliebenen Lösungen in den nächsten Schritten weiter zu verfolgen, bis sich eine endgültige Lösung abzeichnet.

Methoden & Werkzeuge

Für die Darstellung von Szenarien sind *Anwendungs-Portfolios* oder *Schichtenmodelle* hilfreich.

Der Vergleich von Produkten und Alternativen erfolgt *tabellarisch* anhand einer *Kriterienliste*. Gegebenenfalls kann eine Testinstallation durchgeführt werden, anhand derer die Produkte objektiv bewertet werden können.

Die Ziele, Rahmenbedingungen, Anforderungen und die Lösungsalternativen können in einer Matrix angeordnet werden. In ihren Feldern wird in Form einer quantitativen Aussage hinterlegt, wie gut die jeweilige Lösung das Ziel erfüllt bzw. einer Rahmenbedingung oder Anforderung gerecht wird.

Die Abnahme der Ergebnisse der Schritte 1 bis 4 (Meilenstein) durch das Projekt-Controlboard sowie die Entscheidung über die weiter zu verfolgenden Szenarien (Meilenstein) findet in einem *Review-Workshop* mit Kunden und Entwicklern statt.

MOD Schritt 5: Fachliches Soll-Modell entwerfen

Für das gewählte Szenario wird ein fachliches Soll-Modell entworfen. Dieses besteht aus einem Soll-Datenmodell (E/R-Modell), einem Soll-Funktionsmodell (SA-Modell) und einem Soll-Geschäftsvorfallmodell (STD-Modell). Diese drei Modelle müssen miteinander synchronisiert werden. Sie beschreiben, WAS das System leisten soll, ohne näher auf das WIE einzugehen.

Voraussetzungen

1. Die Projektziele sind festgelegt.
2. Ein *Ist-Modell* des Systems ist beschrieben.
3. Die *Anforderungen* an das neue System sind ermittelt und dokumentiert.
4. Ein *Lösungsszenario* ist beschrieben und ausgewählt worden.

Ergebnisse

Für das zu betrachtende Lösungsszenario ist ein fachliches Soll-Modell beschrieben. Es beinhaltet drei miteinander synchronisierte Teilmodelle:

1. Ein *Soll-Datenmodell*, das Entitäten, Beziehungen, deren Schlüsselattribute sowie weitere fachlich zentrale Attribute beschreibt. Für die wesentlichen Entitäten des Geschäftes sind die Lifecycle erarbeitet worden.
2. Ein *Soll-Funktionsmodell*, das auf einer hohen Ebene Funktionen, Informationsspeicher und Informationsflüsse des Systems sowie die Informationsflüsse zu Nachbarsystemen darstellt (*Systemabgrenzung*).
3. Ein *Soll-Geschäftsvorfallmodell* (STD-Modell oder verbal), das die Abläufe der wichtigsten Geschäftsvorfälle beinhaltet.

Aufgaben

- Datenmodell mit der E/R-Methode beschreiben.
- Funktionsmodell mit der SA-Methode beschreiben.
- Geschäftsvorfallmodell mit der STD-Methode beschreiben.

Es ist unwesentlich, mit welchem der drei Teilmodelle man beginnt. Sinnvoll ist es allerdings, die *Modelle nacheinander zu entwerfen* und dann erst zu synchronisieren.

Allerdings sind das Funktions- und das Geschäftsvorfallmodell für die Kunden und die Vertreter der Organisationsabteilungen oft intuitiver. Diese Modelle (Funktionen, Abläufe) kommen der üblichen Denkweise entgegen. Bei intensiver Einbeziehung des Kunden ist es sinnvoll, mit diesen Modellen zu beginnen und das Datenmodell später zu bearbeiten.

Bei der Erarbeitung der drei Modelle ist es hilfreich, wenn die Modelle zumindest in groben Zügen für die *Beschreibung des Ist-Zustandes* erstellt wurden. Daraus und unter Berücksichtigung der Anforderungen lassen sich wichtige Informationen für das Soll-Modell gewinnen.

Die *Anforderungen* aus Schritt 3 beziehen sich dagegen meist auf funktionale Anforderungen und Abläufe. Diese Informationen werden für die Erarbeitung des Funktions- und Geschäftsvorfallmodells benötigt bzw. um diese Modelle gegen die Anforderungen zu testen.

Das *Lösungsszenario* aus Schritt 4 legt fest, für welche Teile des Systems überhaupt ein fachliches Soll-Modell erstellt werden muß.

Funktionen lassen sich auch anhand der *Projektziele* finden. Ein sauber erarbeiteter Zielbaum stellt oft bereits einen "Funktionsbaum" dar.

QS-Hinweise

Es gibt eine ganze Reihe von Regeln, mit denen man die formale Korrektheit der Modelle überprüfen kann (siehe Anhang "Methoden").

Wichtig ist, sich vom "Ist" zu lösen, d. h. sich nicht an den Schwachstellen des Altsystems, sondern an den gefundenen Anforderungen zu orientieren und eine ganzheitliche Lösung im Blick zu haben.

Methoden & Werkzeuge

Für die Erstellung des Daten-, des Funktions- und des Geschäftsvorfallmodells werden verbreitete Methoden verwendet, die von gängigen *CASE-Werkzeugen* unterstützt werden.

Die drei Modelle werden in *Arbeitssitzungen* mit Kunden erarbeitet. Dabei sollte eine kleine Teilnehmerzahl (kleiner fünf) angestrebt werden. Zum Abgleich mit einem größeren Kundenkreis können Teillösungen in Workshops überprüft werden (Review).

MOD Schritt 6: Organisatorisches Soll-Modell entwerfen

Bei allen Projekten, die mit weitreichenden organisatorischen Veränderungen einhergehen, muß der organisatorische Rahmen der Anwendung mitbetrachtet und ein organisatorisches Soll-Modell erstellt werden. Dazu gehören Soll-Aufbauorganisation, Soll-Ablauforganisation und Soll-Arbeitsplatzbeschreibungen, die die Aufgabenkomplexe der zukünftigen Systembenutzer beinhalten.

Voraussetzungen

1. Aus dem fachlichen Soll-Modell sind die wesentlichen *Systemfunktionen* bekannt (Funktionsmodell).
2. Im fachlichen Soll-Modell sind die zentralen *Geschäftsvorfälle* des Systems beschrieben (Geschäftsvorfallmodell).

Ergebnisse

1. Die fachlichen Aufgaben von Systembenutzern und weiteren, vom Systemeinsatz betroffenen Personen, sind in Form von *Aufgabenbeschreibungen* festgelegt.
2. Die Rollen der Benutzer sind zu *Stellenbeschreibungen* gruppiert und *Arbeitsplätzen* zugeordnet.
3. Die zukünftige *Aufbauorganisation* ist festgelegt: Welche organisatorischen Einheiten (interne oder externe) sind an den Hauptgeschäftsvorfällen beteiligt?
4. Die zukünftige *Ablauforganisation* ist beschrieben: Welche Stellen erledigen welche Aufgaben in welcher logischen Abfolge? Welche Informationen werden zwischen ihnen ausgetauscht?
5. Die *räumliche Anordnung* der Arbeitsplätze und die Standorte von gemeinsam genutzten Geräten sind festgelegt.
6. Die *Betreuungsorganisation* für das zukünftige System ist festgelegt.

Aufgaben

Das organisatorische Modell ist besonders bei völlig neuen Anwendungen wichtig, die neue Arten von Dienstleistungen unterstützen. Bei Anwendungen, die bisherige Abläufe und Organisationen geringfügig verändern, wird sich das organisatorische Soll-Modell kaum vom organisatorischen Ist-Zustand unterscheiden und muß nicht in aller Ausführlichkeit beschrieben werden. Allerdings bietet das organisatorische Modell die Chance, bestehende Strukturen zu überdenken und vorhandene Abläufe zu optimieren. Bei der Festlegung des organisatorischen Modells wird vom fachlichen Modell ausgegangen: Das organisatorische Modell ist die Implementierung des fachlichen Modells in die Organisation. Im einzelnen sind folgende Aufgaben zu lösen:

- *Benutzerrollen festlegen:* Es werden Benutzerrollen wie Sachbearbeitung, Disposition, Planung etc. für das geplante System festgelegt, um die unterschiedlichen Bedürfnisse unterschiedlicher Benutzergruppen zu berücksichtigen. Die SA-Funktionen aus dem fachlichen Modell werden diesen Rollen zugeordnet. Damit kann der Aufgabenumfang für jede Rolle festgelegt werden.
- *Aufgabenbeschreibung für jede Benutzerrolle erstellen*: Die Aufgabenbeschreibung bildet später eine wesentliche Grundlage für das Dialogdesign und umfaßt die *Abläufe*, die vom Benutzer befolgt werden müssen, die *Objekte*, die dabei vom Benutzer manipuliert werden, die *Methoden* und *Werkzeuge*, die eingesetzt werden, und die *Rahmenbedingungen* wie Umweltbedingungen, Zeitdruck, etc.
- *Stellen- und Arbeitsplatzbeschreibungen erstellen:* Die Rollen- und Aufgabenbeschreibungen werden unter Berücksichtigung des Mengengerüsts für die Aufgaben zu Stellen- und Arbeitsplatzbeschreibungen kombiniert. Bei geringem Arbeitsanfall können mehrere Aufgaben/Rollen zu einem Arbeitsplatz zusammengefaßt werden, bei großem Arbeitsanfall können mehrere Stellen/Arbeitsplätze mit der gleichen Aufgabe/Rolle beschäftigt sein. Bei den Arbeitsplatzbeschreibungen muß die *räumliche Anordnung* von Arbeitsplätzen und Geräten mitgeregelt werden (z. B. in Gebäudeplänen).
- *Ablauforganisation beschreiben:* Die Zusammenhänge zwischen den verschiedenen Aufgaben/Arbeitsplätzen werden in einer Ablauforganisation beschrieben. Darin wird die logische und zeitliche Abfolge von Aufgaben für jeden Geschäftsvorfall geregelt. Als Quelle dient das Geschäftsvorfallmodell.
- *Aufbauorganisation beschreiben:* Bei umfangreichen Stellenbeschreibungen muß die Aufbauorganisation (Hierarchie) der an den Hauptgeschäftsvorfällen beteiligten organisatorischen Einheiten (interne oder externe) ebenfalls beschrieben werden.

QS-Hinweise

Die Bedeutung des organisatorischen Modells wird oft *unterschätzt und vernachlässigt*, da es mehr die Umgebung eines Anwendungssystems, weniger aber das Anwendungssystem selber beschreibt. Dies kann fatale Folgen haben. Das organisatorische Modell dient der Veranschaulichung, wie das Anwendungssystem sinnvoll in einer Organisation genutzt werden soll. Jedes neue Anwendungssystem bedeutet eine - vielleicht kleine - Änderung einer Organisation. Fehlt das organisatorische Modell, so kann diese Änderung nicht bewußt in eine gewünschte Richtung gelenkt werden, die *sinnvolle Nutzung* wird durch Fehlen einer entsprechenden organisatorischen Rahmenorganisation in Frage gestellt. Außerdem können bei der Einführung Akzeptanzprobleme auftreten.

Die Betrachtung des organisatorischen Modells kann u. U. zu der Erkenntnis führen, daß sich die Anforderungen auch durch organisatorische Änderungen ohne Systemeinsatz realisieren lassen, d. h. die wertschöpfenden Prozesse können beschleunigt oder verbessert werden. Diese kostensparende Erkenntnis läßt sich nicht ohne organisatorisches Modell gewinnen (Achtung: keine "Lokaloptimierungen" zulassen).

Bei großen Projekten muß die Organisation auch im Sinne von rechtlicher Organisation betrachtet werden (z. B. Buchungskreise, Werteflüsse).

Methoden & Werkzeuge

Für die Beschreibung der Ablauforganisation können *Arbeitsablaufdiagramme* (Carney-Diagramme) verwendet werden. Die Aufbauorganisation kann mit *Organigrammen* beschrieben werden.

Die Beschreibung der Benutzerrollen erfolgt *verbal* oder mit *Rollen-Funktion-Aktions-Netzen,* einer Erweiterung der SA-Diagramme.

Aufgaben- und Stellenbeschreibungen werden *verbal* beschrieben und durch *Skizzen* ergänzt.

Die Methoden dieses Schrittes werden bisher zum Teil durch CASE-Werkzeuge unterstützt. Auch auf *Dokumentenverarbeitungswerkzeuge* kann zurückgegriffen werden. Einzelne Methoden wie Organigramme werden von einigen Werkzeugen unterstützt.

MOD Schritt 7: Technisches Soll-Modell entwerfen

In einem Anforderungsprofil werden die technischen Aspekte der Anwendung festgelegt. Dazu werden vor allem Mengenbetrachtungen (Kommunikationsprofil, Datenvolumina etc.) und qualitative Abschätzungen (Druck- und Benutzeroberflächenqualität) durchgeführt. Es werden geeignete Technologien zu diesem Anforderungsprofil bestimmt und in Form von Konfigurationsalternativen zusammengestellt. Dabei werden die benötigten Hardwarekomponenten, ihre Vernetzung und ihre Softwareausstattung beschrieben.

Voraussetzungen

1. Das fachliche Soll-Modell ist beschrieben; vor allem sind die Geschäftsprozesse bekannt.
2. Die *Aufgaben- und Arbeitsplatzbeschreibungen* sowie *Benutzerrollen* sind im organisatorischen Soll-Modell dokumentiert.
3. Die Anforderungen sind aus den Projektzielen und Schwachstellen abgeleitet worden.

Ergebnisse

1. Die ein- und ausgehenden Informationsflüsse des Systems sind qualitativ und quantitativ in einem *Kommunikationsprofil* dargestellt.
2. Datenvolumina und Zugriffshäufigkeiten auf Daten sind in einem *Mengengerüst* beschrieben.
3. In einem *Anforderungsprofil* sind die qualitativen Aspekte der Anwendung (z. B. Qualität der Benutzeroberfläche) erarbeitet.
4. Die *technischen Arbeitsplatztypen* (PC´s, Workstations, Terminals) sind in ihrer groben Konfiguration festgelegt.
5. Die logische Verteilung der Systemdienste (Drucker, Daten-Server, Applikations-Server, Arbeitsplätze, Netzübergänge etc.) sind in der *logischen Netzknotenstruktur* beschrieben.
6. *Konfigurationsalternativen* zur technischen Implementation der logischen Netzknotenstruktur sind beschrieben.
7. Die *Realisierungsumgebung* für Anwendungssoftware ist festgelegt.
8. *Prototypen* zu den wesentlichen Klassen von Geschäftsvorfällen sind zur Veranschaulichung der Lösung und zur Risikoabgrenzung erstellt.

Aufgaben

Das technische Modell stellt die Implementierung des fachlichen Modells in der technischen Umgebung unter Berücksichtigung anwendungsübergreifender Anforderungen dar. Daher kann bei der Entwicklung des technischen Modells vom fachlichen Modell ausgegangen werden.

- *Kommunikationsprofil erstellen*: Die Informationsflüsse im IFD-X bzw. IFD-0-Diagramm aus dem Funktionsmodell bilden die Grundlage für das Kommunikationsprofil. In diesem Profil werden pro Informationsfluß das Medium (Post, Fax, Druck etc.) und deren Umfang und Häufigkeit beschrieben. Umfang und Häufigkeit werden pro Medium und pro Rolle (organisatorisches Modell) summiert.
- *Mengengerüste erstellen*: Pro Entität und Beziehung im Datenmodell wird ein Mengengerüst erstellt, das folgende Informationen enthält: Umfang eines Datensatzes, Anzahl Datensätze, Zugriffshäufigkeit für jede Benutzerrolle und Zugriffshäufigkeit insgesamt. Daraus ergeben sich Anforderungen an Datenbank- und Dialogsysteme.
- *Arbeitsplatzausstattung beschreiben*: Ausgehend von den Aufgabenbeschreibungen und Benutzerrollen des organisatorischen Modells werden die *qualitativen Anforderungen* an die Arbeitsplatzausstattung (Oberfläche, Funktionalität, Werkzeuge) festgelegt. Dabei ist wichtig, daß die Komponenten jeder Aufgabe (Abläufe, Objekte, Werkzeuge, Methoden und Rahmenbedingungen) geeignet am Arbeitsplatz unterstützt werden. Aufgrund der Arbeitsplatz- und Stellenbeschreibungen des organisatorischen Modells wird die Arbeitsplatzausstattung für jeden *Arbeitsplatztyp* sowie die Ausstattung der sonstigen Ein- und Ausgabe-Schnittstellen (z. B. Drucker) beschrieben.
- *logische Netzstruktur entwerfen*: Die technischen Systemkomponenten werden als logische Dienste aufgefaßt (Datenverwaltungssysteme, Arbeitsplätze, Drucker etc.) und in einem Netz auf Knoten aufgeteilt. Das Netz muß so gestaltet sein, daß alle notwendigen Zugriffe möglich sind und unter Berücksichtigung der Mengengerüste effizient durchgeführt werden können. Dies ergibt die logische Netzstruktur.
- *Konfigurationsalternativen erarbeiten*: Für die logische Netzstruktur werden Konfigurationsalternativen erarbeitet. Für jeden Knoten muß die Hardware (Rechnertyp, Haupt- und Plattenspeicherkapazität etc.) und die Software (Betriebssystem, Datenbanksystem, Anwendungen, Dialogsystem) festgelegt werden. Für die Verbindungen zwischen den Knoten werden logische Verbindungen, Protokolle etc. festgelegt. Die Eignung von Standardsoftware ist zu untersuchen.

- *Realisierungsumgebung festlegen*: Die Realisierungsumgebung, die für die Realisierung und Test der zu entwickelnden Systemkomponenten benötigt wird, muß festgelegt werden.
- *Machbarkeitstests durchführen*: Für komplexe und neuartige Projekte empfiehlt es sich, für die wichtigsten Anwendungsklassen *Prototypen* zu bauen bzw. Machbarkeitstests mit den geplanten Software- und Hardwarekomponenten durchzuführen. Weicht die geplante Realisierungsumgebung von bisher benutzten Umgebungen ab, muß diese ebenfalls getestet werden.

QS-Hinweise

Die *Vollständigkeit* des technischen Modells kann überprüft werden, indem das technische Modell mit dem fachlichen und dem organisatorischen Modell abgeglichen wird.

Bei Häufigkeitsbetrachtungen (Datenzugriffe, Informationsflüsse) ist es unter Umständen sinnvoll, zwischen *Normal- und Spitzenbelastung (z. B. Monats- und Jahresabschluß)* zu unterscheiden. Dies kann auch Konsequenzen für das organisatorische Modell haben.

Das technische Soll-Modell ist auf Machbarkeit und die Einhaltung von Standards zu überprüfen.

An dieser Stelle ist es wesentlich, die Beteiligten von Unterauftragnehmern und Spezialisten (z. B. Rechenzentrum) mit einzubeziehen und entsprechende Zusagen einzuholen.

Methoden & Werkzeuge

Das Kommunikationsprofil, das Mengengerüst für Datenvolumina und Datenzugriffshäufigkeit sowie das qualitative Anforderungsprofil werden ebenso wie die Kostenkalkulation in *Tabellenform* dargestellt.

Die logische Netzkonfiguration wird in einer *Grafik* dargestellt.

Als Werkzeuge kommen für diesen Schritt vor allem *Dokumentverarbeitungswerkzeuge* und *Tabellenkalkulation* in Frage.

MOD Schritt 8: Review durchführen, Wirtschaftlichkeit prüfen, weitere Schritte planen

Die Ergebnisse der Phase Modellierung werden zu einer Machbarkeitsstudie zusammengefaßt und einem Review unterzogen. Der Projektplan wird für die folgenden Phasen verfeinert und fortgeschrieben. Eine Aufwandschätzung (Nettoaufwände und Risikozuschläge) sowie eine Terminschätzung wird durchgeführt und die Entwicklungs- und Betriebskosten ermittelt. Darauf aufbauend ist eine qualitative Nutzenbewertung zu erstellen, welche die zu erreichenden Ziele in Beziehung zu den erwarteten Kosten setzt. Studie und Projektplan werden formal als Meilenstein verabschiedet.

Voraussetzungen

Die *fachlichen, organisatorischen, technischen Soll-Modelle* für das zu erstellende Anwendungssystem sind beschrieben.

Ergebnisse

1. Die Ergebnisse zu Schritt 1 bis 7 sind insgesamt einem Review unterzogen; die Review-Protokolle sind erstellt.
2. Eine *Wirtschaftlichkeitsbetrachtung* für alle Konfigurationsalternativen aus dem technischen Modell liegt vor.
3. Eine *Konfigurationsalternative* wurde aufgrund strategischer Ziele und der Wirtschaftlichkeitsbetrachtungen ausgewählt.
4. Ein *Projektplan* inklusive Aufwandschätzung für die folgenden Phasen ist erarbeitet und verabschiedet worden.
5. Alle Ergebnisse (inkl. Schritt 8) sind in einer Studie zusammengestellt und vom Auftraggeber und Controlboard abgenommen.

Meilenstein

Das Ergebnis der Phase Modellierung inklusive Plan für die folgenden Phasen wird in einer Studie zusammengefaßt. Diese Studie bildet einen Meilenstein, aufgrund dessen über das weitere Vorgehen im Projekt entschieden wird. Die Studie und der Projektplan werden vom Projekt-Controlboard abgenommen.

Aufgaben

- *Review durchführen*: Alle Ergebnisse der Schritte 1 bis 7 werden einem Review unterzogen. Dabei ist vor allem auf die Vollständigkeit und Synchronisation der Modelle zu achten.
- *Entwicklungskosten abschätzen*: Auf der Basis des fachlichen und technischen Modells läßt sich der Umfang eines zu realisierenden Anwendungssystems (Anzahl der Objekte bzw. Module in der verwendeten Technologie) recht präzise abschätzen:

  Pro Entität und pro Beziehung des Datenmodells muß ein *Daten-Objekt* realisiert werden.

  Pro Entität und pro zentraler Beziehung im Datenmodell muß ein *Funktions-Objekt* realisiert werden.

  Pro Geschäftsvorfall im Geschäftsvorfallmodell muß ein *Geschäftsvorfall-Objekt* realisiert werden.

  Die Anzahl der *Dialog-Objekte* kann aus den qualitativen Anforderungen des technischen Modells abgeschätzt werden.
- *Konfigurationsalternative auswählen*: Für jede der Konfigurationsalternativen aus dem technischen Modell muß eine Wirtschaftlichkeitsrechnung durchgeführt werden. Dazu gehören quantitative Größen (Kosten, Abschreibungen) genauso wie qualitative Größen (erwarteter Nutzen für den Kunden). Aufgrund dieser Überlegungen kann eine der Konfigurationsalternativen ausgewählt werden.
- *weiteres Vorgehen planen*: Für das weitere Vorgehen in den nächsten Phasen wird ein detaillierter Plan erstellt, in dem Termine, Aufwände, Verantwortlichkeiten und Beteiligte festgehalten werden. Die Basis für diesen Plan ist die Aufwandschätzung.
- *Studie aufbereiten*: Die Ergebnisse der Phase Modellierung werden gesammelt und zu einer Studie zusammengefaßt, die alle für das weitere Vorgehen relevanten Informationen in nachvollziehbarer Form enthält.

QS-Hinweis

Das Review und die Review-Protokolle sind die letztmalige Möglichkeit, sich ohne allzu großen Änderungsaufwand über die *Ausrichtung* des Projektes klar zu werden.

Das fachliche, technische und organisatorische Modell sind mit dem Kunden ganzheitlich auf inhaltliche Korrektheit und Vollständigkeit zu überprüfen, und die Konsequenzen der Umsetzung sind mittels Durchspielen von Szenarien aufzuzeigen (Review, Inspektion). Es muß überprüft werden, ob die Ergebnisse der Phase Modellierung mit den eingangs definierten Zielen und Erfolgsfaktoren übereinstimmen.

Die *Planung* der weiteren Phasen und Schritte sollte aufgrund des Phasenmodells erfolgen. Die Zusicherungen aller Beteiligten (Projektleiter, Unterauftragnehmer und Spezialisten) zu dem Projektplan muß eingeholt werden.

Für die Projektplanung und die Kosten/Nutzen-Abschätzung ist es wichtig, *Risiko-Zuschläge* vorzusehen. Diese Risikoschläge sind vor allem wichtig bei neuen Mitarbeiterteams, unbekannten Technologien und neuen Fachgebieten.

Methoden & Werkzeuge

Das Review wird in einer *Review-Sitzung* bzw. einem *Review-Workshop* durchgeführt.

Für die *Abschätzung von Aufwänden* existieren eine Reihe von Verfahren, welche als Basis dienen können. Diese Verfahren dürfen aber nicht als allgemeingültig verstanden werden.

Für die Erstellung des Projektplans für die nächsten Phasen kann ein *Projektmanagement-Werkzeug* eingesetzt werden.

Die Ergebnisse der Phase Modellierung und der Plan für die nächsten Phasen werden in einem *Workshop* dem Projekt-Controlboard vorgestellt. Dieses muß über das weitere Vorgehen entscheiden (Meilenstein).

Phase 3: Analyse/Design

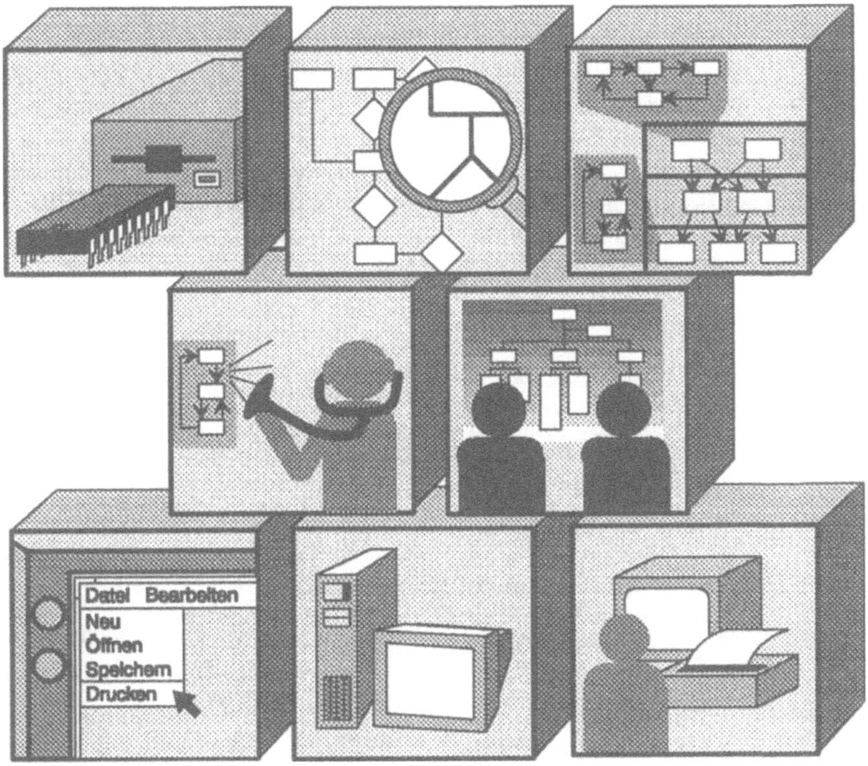

Orientierung Analyse/Design

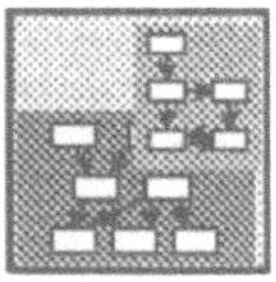

Die Schlüsselergebnisse der Phase Analyse/Design sind:

1. Die *Anwendungsarchitektur* ist entworfen und *objektbasiert* beschrieben. Sie beinhaltet die Beschreibung aller *Objekte* sowie deren Zusammenwirken. Die Architektur ist abhängig von der Produktionsumgebung. Die Objektspezifikationen stellen eine *präzise Vorgabe für die Realisierung* dar.
2. Aufbauend auf der Anwendungsarchitektur ist ein *fachlicher Testplan* sowie ein Konzept für die Benutzerdokumentation erstellt.
3. Anwendungsarchitektur, fachlicher Testplan und Benutzerdokumentation ergeben zusammen das Pflichtenheft, welches vom Kunden abzunehmen ist.

Die Phase Analyse/Design ist das Bindeglied zwischen Modellierung und Realisierung. Das Zusammenspiel zwischen den fachlichen Geschäftsprozessen und dem zu entwickelnden DV-System wird abgestimmt und optimiert.

Objektbasiert entwickeln

Eine objektbasierte Systemspezifikation bildet die Grundlage der Phase Analyse/Design. Das Anwendungssystem wird als eine Sammlung von miteinander kommunizierenden Objekten beschrieben, die in der Anwendungsarchitektur angeordnet sind. Jedes dieser Objekte wird durch drei Modelle beschrieben (vgl. Abb. 1):

1. *Wissen eines Objekts* (Informationsmodell): Das "Wissen" beschreibt den Informationshaushalt eines Objektes, d. h. die im Objekt gespeicherten Informationen. Dieses "Wissen" wird in der Regel in Form von Attributen beschrieben. Das "Wissen" kann nur vom Objekt selber durch seine Methoden geändert werden. Will ein Objekt auf das Wissen (Attribute) eines anderen Objekts zugreifen, so muß es ihm eine entsprechende Nachricht senden.
2. *Können eines Objektes* (Funktionsmodell): Ein Objekt kann sein "Wissen" verarbeiten. Diese Funktionalität wird anderen Objekten in Form von *Methoden* (Funktionen) mit entsprechenden Parametern zur Verfügung gestellt. Dadurch kann das Objekt als *Dienstleister* für andere Objekte arbeiten. Der Aufruf der Methoden von anderen Objekten geschieht durch das Senden einer *Nachricht*. Auf ein Objekt kann von außen nur zugegriffen werden, indem ihm eine Nachricht geschickt wird. Das "Können" legt unter anderem fest, auf welche Arten von Nachrichten ein Objekt reagieren kann. Wird eine Nachricht empfan-

gen und akzeptiert, so wird ein internes *Ereignis* generiert, welches gemäß dem *Verhalten* des Objekts verarbeitet wird. Hinweis: Ein Objekt kann auch *interne Methoden* haben, d. h. Methoden, die von außen durch Nachrichten nicht angesprochen werden, wohl aber von den *externen Methoden* des *eigenen* Objektes genutzt werden können.

3. *Verhalten eines Objektes* (Zustandsmodell): Während das "Können" nur festlegt, welche Nachrichten verarbeitet werden können, wird im "Verhalten" beschrieben, wann diese Verarbeitung erfolgen darf (Dynamik des Systems). Durch ein Zustandsübergangsdiagramm wird beschrieben, in welchen *Zuständen* sich ein Objekt befinden kann und auf welche *Ereignisse* (interne oder externe) es in einem Zustand *wie* reagiert. Die externen Ereignisse entsprechen dabei den Nachrichten anderer Objekte. Dadurch wird festgelegt, welche Methoden in welchen Zuständen aufgerufen werden können und welche Zustandsübergänge erlaubt sind. Da Objekte nach außen Methoden und damit Dienstleistungen für andere Objekte zur Verfügung stellen, verwenden wir den Begriff "Dienst" als Synonym für ein "Objekt".

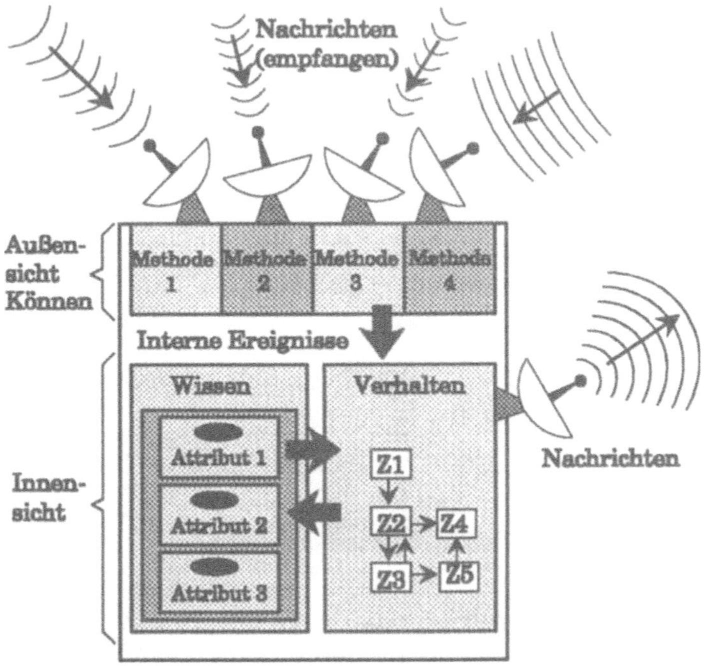

Abb. 1: Ein Objekt ist durch sein "Können", sein "Wissen" und sein "Verhalten" beschrieben. Die Kommunikation mit anderen Objekten geschieht über den Austausch von Nachrichten.

Problemraumnähe gewährleisten

Die Verwendung der objektbasierten Methodik erlaubt ein Arbeiten ***nahe am Problemraum***. Die Anwendung wird aus Objekten aufgebaut, die eine direkte Entsprechung im Problemraum haben (z. B. Daten-Objekte wie "Auftrag" oder Geschäftsvorfälle wie "Auftragsbearbeitung"). Es kann auf Objekte ohne Bezug zum Problemraum (z. B. ein Steuerungsmodul) verzichtet werden. Dadurch wird eine hohe *Durchgängigkeit* der Ergebnisse von der Phase Modellierung bis hinein in die Realisierung möglich. Die Ergebnisse der Phase Modellierung haben direkte Entsprechungen in der Phase Analyse/Design und weiter in die Phase Realisierung - unabhängig von der verwendeten Realisierungsplattform (vgl. Abb. 2). Für jede Zielplattform lassen sich Regeln aufstellen, die die plattformunabhängige Anwendungsarchitektur in eine systemspezifische Architektur transformieren. Die Anwendungsarchitektur kann aber auch von vornherein plattformabhängig erstellt werden.

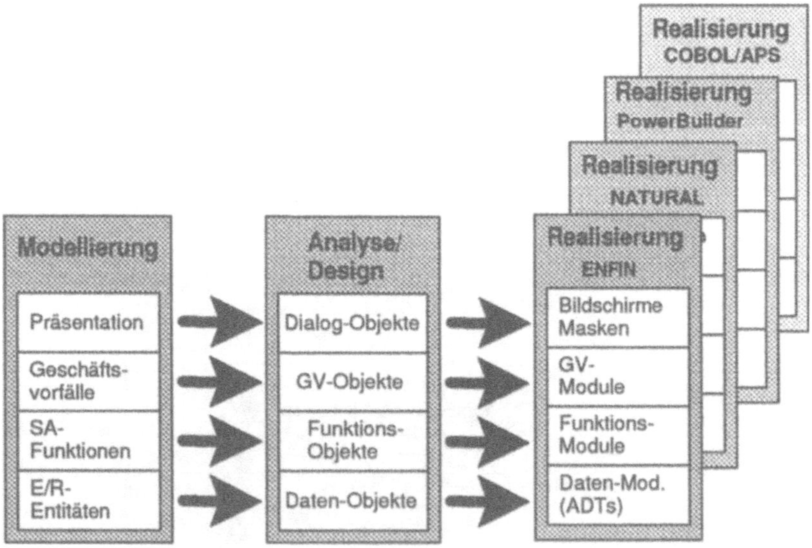

Abb. 2: Die Phase Analyse/Design ermöglicht einen nahtlosen Übergang von der Phase Modellierung zur Phase Realisierung, unabhängig von der Zielumgebung.

Durch einen objektbasierten Aufbau der Architektur wird erreicht, daß das Anwendungssystem nach *fachlichen Kriterien* strukturiert wird. So können fachliche Zusammenhänge im System einfach lokalisiert werden, wodurch eine hohe Auffindbarkeit bestimmter Module garantiert ist. Ebenfalls unterstützt der objektbasierte Aufbau die Wartbarkeit und Wiederverwendbarkeit auf allen Ebenen. Zum Beispiel kann ein geändertes Datenhaltungssytem durch den Austausch der Daten-Objekt-Ebene leicht realisiert werden.

Die hier verwendete Methode garantiert eine *starke* Kapselung von Daten und Funktionen, d. h. "Wissen" und "Können" gehören zu einem Objekt. Außerdem ist eine *lose* Kopplung zwischen den einzelnen Objekten (Objekte als Ordnungs- und Sortierkriterien) gegeben. Dadurch verbessert sich die Testbarkeit und letztlich die Qualität des gesamten Systems. Es werden dadurch in der Realisierung Programme geschrieben, die jeweils *fachlichen Objekten* zugeordnet werden können.

Vier Ebenen anstreben

Im Zentrum der Phase Analyse/Design steht die Entwicklung der *Architektur* des Systems. Dabei wird das Anwendungssystem aus Objekten mit verschiedenen Eigenschaften aufgebaut. Es wird eine Vier-Ebenen-Architektur angestrebt, die, wie die Erfahrung zeigt, für komplexe Anwendungssysteme ein *Maximum aus Modularität, Flexibilität und Wiederverwendbarkeit* von Bausteinen darstellt. Diese vier Ebenen nennen wir Dialog-, Geschäftsvorfall(GV)-, Funktions- und Datenebene. Im Idealfall wird jedes Objekt einer dieser Ebenen zugeordnet und in ein Programmmodul umgesetzt. Für viele Technologien sind jedoch Anpassungen dieser Architektur nötig, um die Vorteile, die gerade diese konkrete Technologie bietet, richtig nutzen zu können. Dies geschieht allerdings stets auf Kosten der Modularität und Wiederverwendbarkeit und damit auch der Flexibilität und Wartbarkeit. Die Anpassung der Architektur muß daher so geschehen, daß ein *tragfähiger, praktikabler Kompromiß zwischen diesen divergierenden Zielen* erreicht wird. Die vier Schichten der Architektur, die ein *Gerüst zur Orientierung bilden*, werden im folgenden charakterisiert.

Hinweis: Selbstverständlich sind auch Architekturen mit mehr oder weniger als vier Schichten denkbar. Allerdings sind in der Regel vier Schichten optimal: Mehr Schichten führen im allgemeinen zu einem "Wildwuchs" und zum Verlust der fachlichen Zusammenhänge zwischen den Objekten. Der Nachteil von weniger als vier Schichten ist in der hohen resultierenden Komplexität der Objekte zu sehen.

Weiterhin ist es möglich, eine Architektur einen "Monolithen" zu designen. Das ist z. B. für Datenübernahme-, Konvertierungs- oder Statistikprogramme sinnvoll, d. h. für Programme, die fachlich und technisch einfach zu realisieren sind. Man kann auch eine Architektur wählen, in der die gesamte Fachlogik als Monolith realisiert ist, das Datenhaltungssystem sowie die Oberfläche aber separate Schichten bilden, so daß diese beliebig austauschbar sind. Dadurch wird eine hohe Portabilität erreicht. Allerdings sollten dann die fachlichen Abläufe relativ einfach sein. Letztlich muß im Projekt die Entscheidung für eine solche Architektur getroffen werden, die für das zu realisierende System in der konkreten Technologie *angemessen* ist. Im folgenden wird von einer aus vier Schichten bestehenden Anwendungsarchitektur ausgegangen, die die Portabilität und Wiederverwendbarkeit von Objekten optimal unterstützt.

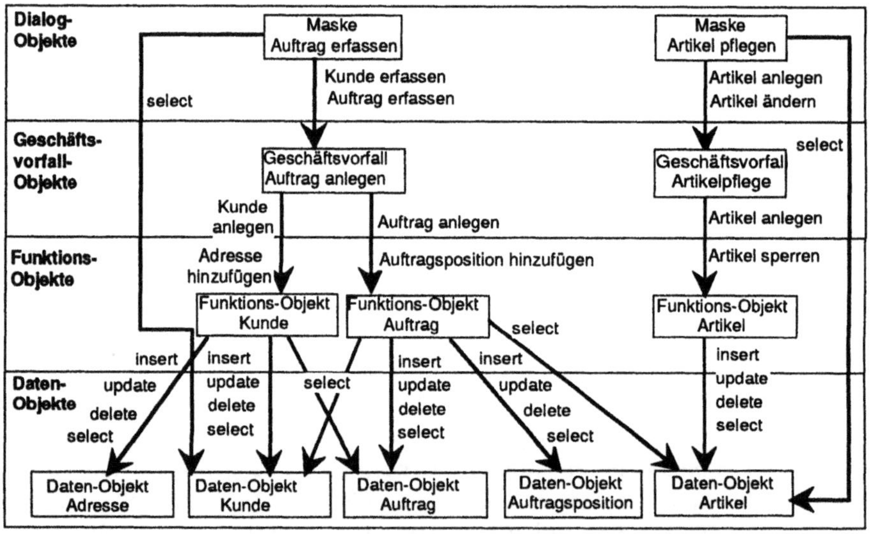

Abb. 3: Die Anwendungsarchitektur gliedert sich in vier Ebenen.

Daten-Objekte

Daten-Objekte stellen die unterste Schicht der Anwendungsarchitektur dar. Sie dienen dazu, logische Tabellen konsistent zu verwalten, d. h. Informationen in diesen Tabellen zu speichern und wiederzufinden. Das "Wissen" eines Daten-Objektes wird durch die Attribute der Tabelle beschrieben. Das "Können" besteht aus den Grundfunktionen einer Tabelle wie "Insert", "Update", "Delete", "Select" und ist für alle Daten-Objekte gleich. Für jede logische Tabelle im System, d. h. für jede Entität im vollständig normalisierten Datenmodell wird ein Daten-Objekt angelegt. Zum Beispiel: In einem Auftragsabwicklungssystem werden für die Entitäten Kunde, Adresse, Auftrag, Auftragsposition und Artikel je ein Daten-Objekt angelegt. Das "Verhalten" eines Daten-Objektes entspricht dem Lifecycle der zugehörigen Entität des Datenmodells. Die Daten-Objekte stellen die Schnittstelle zum DBMS dar.

Funktions-Objekte

Nach den Daten-Objekten werden die Funktions-Objekte definiert. Sie dienen dazu, komplexe fachliche Objekte mit ihrer *fachlichen Funktionalität* zu realisieren und deren *Informationshaushalt* konsistent über Tabellen hinweg zu erhalten. Dazu gehört auch die Sicherstellung der *referentiellen Integrität* für jedes Objekt. Zum Finden von Funktions-Objekten und ihrer Methoden sind folgende Regeln hilfreich:

1. *Fachlich eigenständige Objekte identifizieren:* Funktions-Objekte müssen fachlich eigenständige Objekte sein. Oft hilft es, sich die Objekte als "Formulare" vorzustellen. Alle Objekte, für die ein Formular vorstellbar ist, werden als Funktions-Objekte angelegt. Zum Beispiel: Im Auftragsabwicklungssystem sind Kunde, Artikel und Auftrag eigenständige Objekte. Die Auftragsposition jedoch kann dem Auftrag zugeordnet werden und ist somit kein eigenständiges Funktions-Objekt mehr.
2. *Objekte mit komplexem Lifecycle identifizieren:* Alle Objekte, die ein komplexes Verhalten mit mehreren Zuständen haben, sind Kandidaten für Funktions-Objekte.

3. *Änderungen des Informationshaushaltes identifizieren*: Sämtliche Änderungen auf dem Datenhaltungssystem, das heißt alle Schreibfunktionen für Daten-Objekte, müssen durch Methoden eines Funktions-Objekts erfolgen, jedoch nie direkt aus Geschäftvorfall- oder Dialog-Objekten. Entsprechend müssen zu diesem Zweck Methoden der Funktions-Objekte vorgesehen werden.
4. *Teildaten-Modelle exklusiv verwalten*: Alle Schreibfunktionen für ein Daten-Objekt müssen durch ein einziges Funktions-Objekt veranlaßt sein. Zum Beispiel: Alle "Inserts", "Deletes" und "Updates" für das Daten-Objekt "Auftrag" erfolgen durch das Funktions-Objekt "Auftrag". Ein Funktions-Objekt kann aber durchaus für mehrere Daten-Objekte exklusiv zuständig sein. Zum Beispiel verwaltet das Funktions-Objekt "Auftrag" die Daten-Objekte "Auftrag" und "Auftragposition" unter Einhaltung der referentiellen Integrität. Lesezugriffe auf weitere Daten-Objekte sind aber erlaubt. Ein Funktions-Objekt stellt prinzipiell eine *View* auf Daten-Objekte dar. Deshalb wird der Begriff "View" häufig als Synonym für ein Funktions-Objekt verwendet.
5. *Eine konkrete Ausprägung eines Objektes behandeln:* Ein Funktions-Objekt beinhaltet nur Methoden, die mit *genau* einem Kunden, genau einem Auftrag usw. arbeiten. So kann zum Beispiel eine Methode "Lösche alle Aufträge" nicht zum Funktions-Objekt "Auftrag" gehören, da sie auf viele Aufträge Auswirkungen hat. Die Einhaltung dieser Regel kann auf einfache Weise durch folgende QS-Regel überprüft werden: *Die Input-Parameter für jede Methode müssen mindestens den eindeutigen Schlüssel der zugehörigen Entität enthalten.*

Während die Regeln 3, 4 und 5 stets eingehalten werden müssen, sind die Regeln 1 und 2 eher als Hinweise zur Abgrenzung bzw. Zusammenfassung von Funktions-Objekt-Kandidaten zu verstehen. Zum Beispiel: Sollen für "Auftrag" und "Auftragsposition" eigene Funktions-Objekte angelegt werden oder ist eine Zusammenfassung zu einem Funktions-Objekt "Auftrag" besser? Diese Frage kann am konkreten Einzelfall aufgrund der Regeln 1 und 2 entschieden werden.

Das "Wissen" der Funktions-Objekte beschränkt sich in der Regel auf einen Datenmodellausschnitt, das heißt eine Reihe von Daten-Objekten, die für das Aufgabengebiet des Funktions-Objektes wichtig sind. Das Funktions-Objekt hat oft ein zentrales Daten-Objekt als Ankerpunkt. Zum "Wissen" des Funktions-Objektes gehört häufig ein Statusfeld und einige wenige weitere Attribute, die eine Sicht auf die überwachten Daten-Objekte darstellen oder berechnet werden.

Das "Können" der Funktions-Objekte besteht aus zum Teil komplexen Methoden, die das "Wissen" bearbeiten. Hier liegen die Bausteine der gesamten Funktionalität des Anwendungssystems.

Das "Verhalten" der Funktions-Objekte ist in der Regel nicht sehr komplex und braucht nur in Ausnahmefällen beschrieben werden.

Geschäftsvorfall-Objekte

Geschäftsvorfall(GV)-Objekte beinhalten die Ablauf- und Koordinationslogik für ganze Abschnitte aus den Geschäftsvorfällen der Modellierung. Sie koordinieren mehrere Funktions-Objekte aufgrund von Geschäftsregeln. Ihr "Können" und ihr "Verhalten" ist entsprechend komplex, das "Wissen" dagegen einfach. Geschäftsvorfall-Objekte organisieren die Anwendungsarchitektur. Sie treffen Entscheidungen und delegieren Aufgaben, haben aber wenig eigenes Wissen über die Vorgänge im einzelnen. Methoden eines GV-Objektes "Auftragserfassung" können zum Beispiel sein: "Auftrag erfassen", "Auftrag prüfen". Die GV-Objekte lassen sich aus den Geschäftsvorfällen der Modellierung ableiten und spezifizieren.

Dialog-Objekte

Dialog-Objekte stellen die Kommunikation zwischen Benutzern und den anderen Schichten der Anwendungsarchitektur sicher. Sie entsprechen Objekten auf dem Bildschirm (Fenster, Masken, Menüs etc.). Auf Wunsch des Benutzers stoßen sie Geschäftsvorfälle an und präsentieren dem Benutzer die Verarbeitungsergebnisse. Das entspricht dem "Können" der Dialog-Objekte. Das "Wissen" der Dialog-Objekte beschränkt sich auf die benutzten GV-Objekte. Ihr "Verhalten" entspricht der Bildschirmablauflogik.

Was gehört zur Anwendungsarchitektur?

Unter dem Begriff "Anwendungsarchitektur" sollen hier sämtliche Informationen zusammengefaßt werden, die in der Phase Analyse/Design zusammengetragen werden müssen, um letzlich das Informationsverarbeitungssystem realisieren zu können. *Die Anwendungsarchitektur ist die Realisierungsvorlage.* Zur Anwendungsarchitektur gehören:

- ein (oder mehrere) *Objektkommunikationsdiagramm* (OKD), in dem die Anordnung der Objekte in den Schichten sowie die zwischen den Objekten ausgetauschten Nachrichten grafisch dargestellt sind (Abb. 3),
- ein *Objektübersichtsdiagramm* für jedes Objekt des OKD, in dem das jeweilige "Wissen", "Können" und "Verhalten" repräsentiert wird (Abb. 5),
- eine *Tabelle der Attribute* für jedes "Wissen" eines Objektes,
- eine *Spezifikation* in Form von Strukturtext, Pseudocode, Entscheidungstabellen o.ä. für jede Methode eines Objektes und
- ein *Zustandsübergangsdiagramm* (STD) für jedes nichttriviale "Verhalten" eines Objektes.

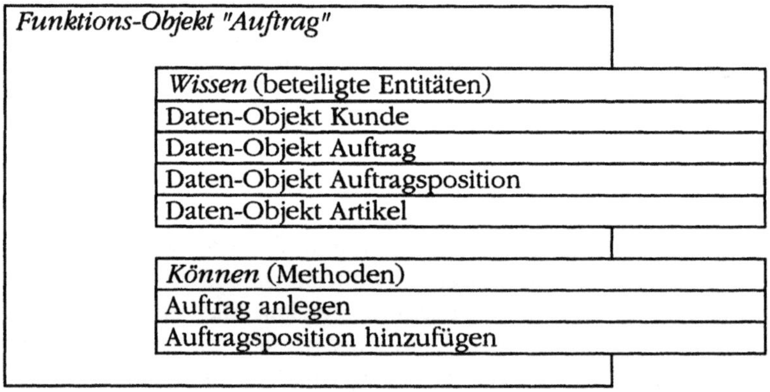

Abb. 4: Beispiel eines Objektübersichtsdiagramms des Funktions-Objektes "Auftrag" (vergleiche Abb. 3).

Themenzentriert arbeiten

Ein wesentlicher Erfolgsfaktor in der Phase Analyse/Design ist das themenzentrierte Arbeiten. Bei der Definition der Anwendungsarchitektur wird nicht streng von den Dialogen hinunter zu den Daten-Objekten bzw. umgekehrt vorgegangen. Stattdessen orientiert man sich an den bereits genauer bekannten Objekten und sucht von dort aus ein *Thema*, das man als nächstes bearbeiten möchte und welches sich über verschiedene Ebenen der Anwendungsarchitektur erstrecken kann. Die Definition der Anwendungsarchitektur ist mit einem Puzzle-Spiel vergleichbar, bei dem man sich jeweils auf die Ausschnitte konzentriert, die am besten überblickbar sind und die am weitesten führen können (Abb. 5). Strategien können etwa sein:

- Sind die Daten-Objekte beschrieben, so kann man mit einem Funktions-Objekt fortfahren, das ein Teildatenmodell über mehrere Daten-Objekte abdeckt. So kann man sich von unten an die Geschäftsvorfälle herantasten ("Bottom-Up-Vorgehen").
- Stattdessen kann man auch direkt mit einem Geschäftsvorfall beginnen und diesen mit allen benutzten Funktions- und Daten-Objekten komplett von oben bis unten beschreiben ("Durchstich"). Dieser kann als Prototyp realisiert werden (vertikaler Prototyp).

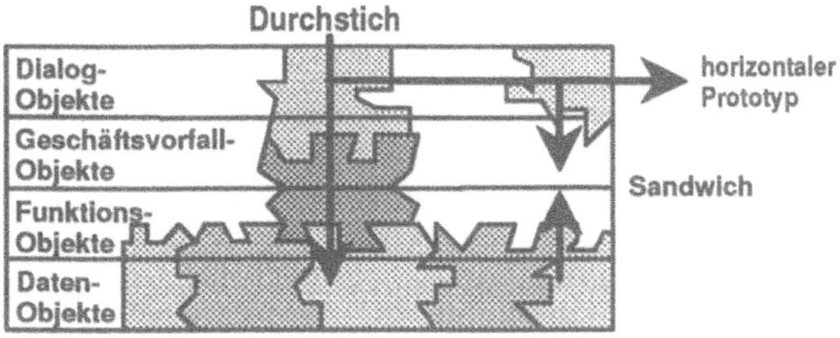

Abb. 5: Die Definition der Anwendungsarchitektur ist ein "Puzzlespiel", bei dem mit unterschiedlichen Strategien vorgegangen werden kann.

- Eine andere Möglichkeit ist, zuerst die Daten- und Geschäftsvorfall-Objekte zu beschreiben und danach die Funktions-Objekte einzufügen ("Sandwich-Vorgehen").
- Man kann auch mit den Dialog-Objekten beginnen. Nachdem diese vollständig fertiggestellt sind, können mit einer der oben erwähnten drei Strategien die übrigen Ebenen bearbeitet werden. So kann unter Verwendung geeigneter Werkzeuge schnell ein "horizontaler" Prototyp (vollständige Benutzeroberfläche ohne Funktionalität) erstellt werden.

Dabei ist die Beschränkung auf *ein* Thema wichtig, das in der Regel fachlich eingegrenzt wird (z. B. Auftragsbearbeitung). Aber auch eine technische Abgrenzung (z. B. Datenbankentwurf) kann sinnvoll sein. Erst danach ist das nächste Thema zu bearbeiten.

Vorteile

Das hier vorgestellte Vorgehen in der Phase Analyse/Design unter Verwendung einer objektbasierten Beschreibung der Anwendungsarchitektur hat folgende Vorteile:

- *Die Methodik ist unabhängig von der Produktionsumgebung einsetzbar.* Obwohl objektbasiert gearbeitet wird, läßt sich die Anwendungsarchitektur in unterschiedlichsten Produktionsumgebungen realisieren (vgl. Beispiele in Abb. 2). Dies gilt sowohl für 3GL-Umgebungen wie COBOL, 4GL-Umgebungen wie NATURAL und PowerBuilder oder 5GL-Umgebungen wie ENFIN. Es lassen sich Regeln aufstellen, die die unabhängige Anwendungsarchitektur in eine zielsystemspezifische Architektur transformieren. Man kann auch durch Beachtung der Regeln direkt eine solche spezielle Architektur erstellen. Dadurch sind auch Anwendungen mit gemischten Produktionsumgebungen (z.B. Client-Server-Architekturen) mit einer einheitlichen Methodik beschreibbar.
- *Fachliche Aspekte können direkter umgesetzt werden.* Weil die Methoden ein problemraumnahes Arbeiten - das heißt ein Arbeiten in der Sprache und Welt des Anwenders - ermöglichen, ist eine bessere Abstimmung mit den Anwendern möglich. Dies gilt sowohl für die statischen als auch dynamischen Komponenten des Problemraums. Beide können gleichermaßen mit der objektbasierten Methodik abgebildet werden. Dadurch verbessert sich die Testbarkeit des Systems und es gibt weniger Strukturbrüche zwischen fachlicher und technischer Welt.

- *Änderungen und Erweiterungen sind einfacher möglich.* Der Hauptvorteil der verwendeten Methodik wird oft erst nach Beendigung eines Projekts in der Wartung ersichtlich. Objektbasiert aufgebaute Systeme sind offen, das heißt es können sehr einfach zusätzliche Objekte (Module) erstellt und in das Gesamtsystem integriert werden. Außerdem können durch die klar definierten Zuständigkeiten der einzelnen Objekte mit genauen gegenseitigen Abgrenzungen Änderungen meist lokal erfolgen.
- Die *Durchgängigkeit der Methoden und Ergebnisse,* die Brüche und doppelte Arbeit vermeidet und die Übertragung von Qualität sichert, wurde bereits vorgängig erläutert.
- Eine *zukünftige Migration in die echte objektorientierte Welt* ist leicht möglich. Trotzdem werden konventionelle Technologien gleichermaßen unterstützt.
- Ist die Produktionsumgebung zu Beginn dieser Phase bereits definitiv festgelegt, kann die *Anwendungsarchitektur zielsystemspezifisch entwickelt* werden.

Mögliche Fallen

Wenn man bisher die funktions- und datenorientierte Methodik und Denkweise gewohnt ist, erfordert die richtige Umsetzung dieser Methoden im Rahmen einer objektbasierten Denkweise ein *Umdenken.* Für diejenigen, die bisher eine stark funktionsorientierte Sichtweise gewohnt waren, stellt dies eine Schwierigkeit dar, die die konsequente Umsetzung der objektbasierten Denkweise insbesondere auf Ebene der Funktions-Objekte erschwert. Der Umgang mit der objektbasierten Methodik erfordert *Übung und Erfahrung,* damit sie erfolgreich eingesetzt werden kann und die erwarteten Vorteile bringt. Außerdem ist eine große *handwerkliche Präzision* notwendig.

Bei dem hier beschriebenen Vorgehen wird man am Anfang der Phase Analyse/Design eine große Anzahl von Funktions-Objekten und deren Methoden finden und spezifizieren. Wie sich gezeigt hat, nimmt die Anzahl der neu gefundenen Funktions-Objekte und Methoden im Laufe der Zeit ab. Oft ist es so, daß nach einem Zeitpunkt (Break Even Point) trotz neuer Geschäftsvorfall-Objekte kaum noch Funktions-Objekte und Methoden dazu kommen.

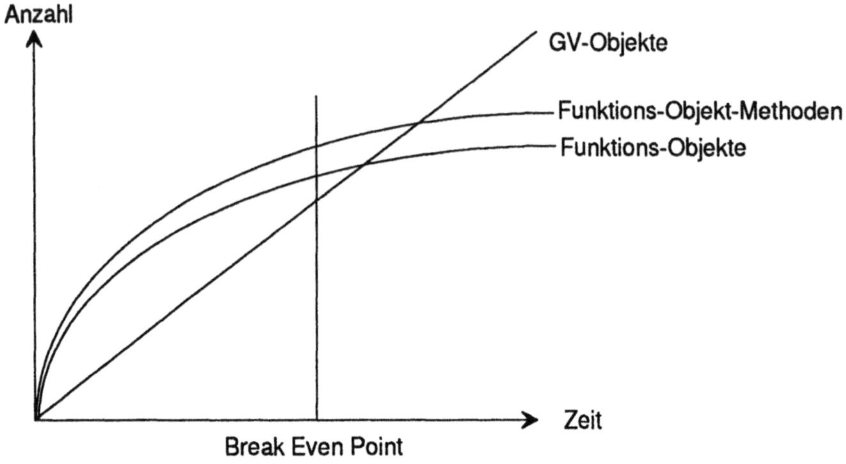

Abb. 6: Erfahrungswerte der im Analyse/Design-Verlauf gefundenen Objekte und Methoden.

Ablauf der Schritte

Die im folgenden beschriebenen Schritte sind *nicht sequentiell sondern iterativ* aufzufassen und zwar immer mit Blick auf die konkreten Projektziele. In der Regel werden die Schritte mehrmals, mit unterschiedlicher Granularität und unter Umständen überlappend und in veränderten Reihenfolgen durchlaufen, bis letzlich eine optimale Realisierungsvorlage entwickelt worden ist. Dabei ist eine ständige Rückkopplung mit bereits vorliegenden Resultaten unerläßlich.

Ablauf Analyse/Design

AD Schritt 1: Architektur festlegen

Die technischen Rahmenbedingungen sind bekannt und in Bezug auf die Umsetzung der Anwendungsarchitektur untersucht. Die Konsequenzen für den Aufbau der Anwendungsarchitektur sind bekannt und die Richtlinien für den Entwurf der Architektur festgelegt.
Hinweis: Dieser Schritt wird einmal pro Technologie und Konfiguration durchgeführt. Er muß nicht in jedem Projekt neu erfolgen, wenn die Technologie gleich bleibt bzw. bekannt ist.

AD Schritt 2: Daten-Objekte entwerfen

Das Datenmodell aus der Phase Modellierung wird zunächst themenbezogen verfeinert und zu einem normalisierten logisches Datenmodell weiterentwickelt. Die Beziehungen und Kardinalitäten werden überprüft, Attribute und Schlüsselattribute festgelegt. Pro Entität wird der "Lifecycle" beschrieben. Die Teildatenmodelle werden integriert und abgeglichen und somit ein Gesamtdatenmodell unter Berücksichtigung der referentiellen Integrität erstellt. Damit sind bereits die Daten-Objekte der Anwendungsarchitektur anhand der Entitäten des Datenmodells gefunden.

Teilschritt 2.1: Datenmodell-Ausschnitt pro Thema bestimmen und verfeinern

Das Datenmodell und die Geschäftsvorfälle eines Themas sind miteinander synchronisiert. Der Informationshaushalt des Systems für ein gewähltes Thema ist bestimmt und im Detail beschrieben. Die Attribute der Entitäten und Beziehungen sind festgelegt und in einem Data Dictionary beschrieben.

Teilschritt 2.2: Datenmodellausschnitt normalisieren

Für ein gewähltes Thema ist ein komplettes, logisches und vollständig normalisiertes Datenmodell erstellt, das heißt ein redundanzfreies Datenmodell liegt vor, um sämtliche Informationen genau einmal im System zu speichern.

Teilschritt 2.3: Datenabhängigkeiten identifizieren

Alle fachlichen Abhängigkeiten der Entitäten voneinander sind bestimmt. Die Entitäten sind zu Subject Areas zusammengefaßt. Alle Bedingungen für die referentielle Integrität des Datenmodells sind festgelegt.

Teilschritt 2.4: Entität-Lifecycle (Statuskonzept) festlegen

Für alle Entitäten mit komplexem Lifecycle ist dieser in Form eines Zustandsübergangsdiagramms (STD) mit Zuständen, Ereignissen und Aktionen beschrieben. Dadurch ist das Statuskonzept der Daten-Objekte bereits definiert.

Teilschritt 2.5: Integration und Qualitätssicherung der Daten-Objekte

Die Teildatenmodelle sind zu einem einheitlichen und vollständig dokumentierten Gesamt-Datenmodell integriert. Die Daten-Objekte sind spezifiziert.

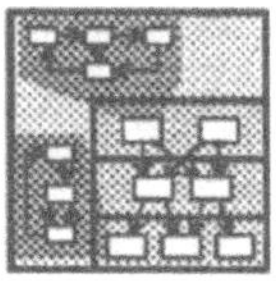

AD Schritt 3: Anwendungsarchitektur entwerfen

Die fachlichen Modelle aus der Phase Modellierung werden zusammen mit den bereits erstellten Datenmodellen in Objekte der Anwendungsarchitektur umgesetzt. Die einzelnen Objekte werden hinsichtlich ihres Wissens, Könnens und Verhaltens spezifiziert. Die Kommunikation der Objekte wird beschrieben. Dieser Schritt ist der zentrale Schritt der Phase Analyse/Design, da die gesamte Anwendungsarchitektur durch geschäftsvorfallorientiertes Arbeiten erstellt wird.

Teilschritt 3.1: System als Geschäftsvorfall-Lifecycle beschreiben

Das Systemverhalten ist als Lifecycle von fachlichen Geschäftsvorfällen beschrieben. Damit sind die Eingriffspunkte für die Benutzer und die unterbrechungsfreien systeminternen Bearbeitungsstrecken festgelegt. Die entwickelten Lifecycles entsprechen dem "Verhalten" der Geschäftsvorfall-Objekte.

Teilschritt 3.2: Teilanwendungsarchitektur für den Geschäftsvorfall konstruieren

Die Anwendungsarchitektur für den fachlichen GV ist entworfen. Alle zur Funktionalität des betrachteten GV-Objekts notwendigen Objekte und deren Methoden sind identifiziert.

Teilschritt 3.3: Objekte beschreiben und Methoden spezifizieren

Die Objekte sind vollständig mit "Wissen", "Können" und "Verhalten" beschrieben. Damit ist eine präzise Realisierungsvorlage erstellt.

Teilschritt 3.4: Integration und Qualitätssicherung der Anwendungsarchitektur

Die Teilsysteme aus GV-Sicht sind zu einem konsistenten, vollständigen Gesamtsystem integriert, wobei gemeinsam benutzte Funktionalitäten nur einmal spezifiziert und realisiert werden müssen. Die Anwendungsarchitektur und ihre Objekte sind optimiert. Gemeinsamkeiten zwischen den Objekten sind dabei ausgenutzt und herausgearbeitet.

AD Schritt 4: Fachliche Testfälle und Testplan festlegen

Ein Testplan für den fachlichen Systemtest (black box test) wird festgelegt. Die durchzuführenden spezifikationsbezogenen Testfälle werden beschrieben. Dabei kann auf den Objekten der Anwendungsarchitektur aufgebaut werden, wodurch das Festlegen und die Dokumentation der Testfälle vereinfacht wird. Ein Orientierungsrahmen für die Phase Integration / Test ist bestimmt.

AD Schritt 5: Organisatorische Optimierung der Prozesse und Arbeitsplätze vornehmen

Die Benutzergruppen, die an der Bearbeitung der Geschäftsvorfälle beteiligt sind, werden identifiziert, beschrieben und ihre Schnittstellen zum System spezifiziert. Die Rechte der Benutzergruppen werden festgelegt. Die Organisation der Prozesse und Arbeitsplätze, die unmittelbar mit dem zu erstellenden DV-System zu tun haben, werden optimiert und mit dem DV-System integriert. Ein Schulungs- und Betreuungskonzept ist erarbeitet.

AD Schritt 6: Dialog-Objekte entwerfen (Dialogdesign)

Es werden aufgaben- und benutzergerechte Dialoge entworfen und in die Anwendungsarchitektur integriert. Bildschirm- und Maskenbeschreibungen werden erstellt und die dazugehörigen Dialog-Objekte festgelegt, beschrieben und mit den Objekten aus der Geschäftsvorfall-Ebene sowie den physischen Objekten der Organisation synchronisiert. Zur Überprüfung können Protoypen erstellt werden. Damit ist die obere Schicht der Anwendungsarchitektur entworfen.

AD Schritt 7: Technische Infrastruktur bereitstellen und optimieren

Die technische Infrastruktur ist für die Realisierung, Integration/Test und Produktion festgelegt, installiert und getestet. Die technischen Komponenten sind standardisiert und beschrieben.

AD Schritt 8: Review durchführen, Realisierung und Integration vorbereiten

Die Anwendungsarchitektur wird unter Berücksichtigung aller fachlichen, organisatorischen und technischen Aspekte einem Review unterzogen und gegebenenfalls optimiert. Der Projektplan und der Qualitätssicherungsplan werden für die nächsten Phasen fortgeschrieben und detailliert. Die Feinplanung für die Phase Realisierung wird erarbeitet.

Meilenstein: Das Ergebnis der Phase Analyse/Design (gegebenenfalls in Form eines Pflichtenhefts) sowie der Projekt- und Qualitätssicherungsplan für die folgenden Phasen werden in einem Meilenstein vom Kunden und vom Controlboard formell abgenommen.

AD Schritt 1: Architektur festlegen

Die technischen Rahmenbedingungen sind bekannt und in Bezug auf die Umsetzung der Anwendungsarchitektur untersucht. Die Konsequenzen für den Aufbau der Anwendungsarchitektur sind bekannt und die Richtlinien für den Entwurf der Architektur festgelegt.

Hinweis: Dieser Schritt wird einmal pro Technologie und Konfiguration durchgeführt. Er muß nicht in jedem Projekt neu erfolgen, wenn die Technologie gleich bleibt bzw. bekannt ist.

Voraussetzungen

1. Das technische Modell aus der Phase Modellierung liegt vor.
2. Die grundsätzlichen Realisierungsalternativen der Anwendungsarchitektur in verschiedenen Umgebungen sind bekannt.

Ergebnisse

1. Die Entscheidung für eine Architektur ist getroffen.
2. Die Richtlinien für den Entwurf der Anwendungsarchitektur sind festgelegt.

Aufgaben

- *Technische Rahmenbedingungen konsolidieren*: Auf Grundlage des technischen Modells der Phase Modellierung werden die technischen Rahmenbedingungen untersucht, präzisiert und festgelegt. Das betrifft vor allem die Realisierungs- und Produktionsumgebung. So muß zum Beispiel geklärt werden, ob ein Programmgenerator eingesetzt werden soll, welches Datenhaltungssystem zugrunde liegt usw..

- *Architektur entscheiden*: Aus den technischen Rahmenbedingungen wird die Entscheidung für die Anwendungsarchitektur abgeleitet. Wird z. B. ein Programmgenerator für die Realisierung eingesetzt, empfiehlt es sich, die Dialog- und Geschäftsvorfallsschicht der Anwendungsarchitektur zusammenzufassen. Es kann auch günstig sein, die Daten-Objekte nicht als eigenständige Module zu realisieren und die Datenbankzugriffe direkt in die Methodenspezifikation der Geschäftsvorfall- und Funktions-Objekte aufzunehmen. Allerdings ist dann in der Regel das Datenhaltungssystem nur schwer austauschbar. Wird in einer objektorientierten Umgebung entwickelt oder sind die technischen Rahmenbedingungen noch offen oder inhomogen, empfiehlt es sich generell, die Anwendungsarchitektur in vier Schichten zu entwerfen.

QS-Hinweise

Die Entscheidung für eine Architektur sollte verantwortungsbewußt und mit hoher Entscheidungskompetenz getroffen werden, da diese entscheidenden Einfluß auf alle weiteren Schritte hat. Für diesen Entscheidungsprozeß wird sowohl Wissen über die Technologien, über Realisierungskonzepte als auch über Methoden benötigt.

In diesem Prozeß müssen die Erfahrungen und das Wissen aus bisher durchgeführten Projekten kreativ eingebracht werden. Die entsprechenden Spezialitäten sind am besten in Form eines Workshops in diese Entscheidungsfindung mit einzubeziehen.

Die Entscheidung für eine technologiespezifische Anwendungsarchitektur geht in der Regel immer zu Lasten der Wiederverwendbarkeit und Wartbarkeit der Objekte. Es gilt stets eine für das konkrete Projekt *angemessene* Lösung zu finden. Selbstverständlich sind bei inhomogenen Realisierungs- und Produktionsumgebungen auch Mischformen verschiedener Architekturtypen möglich. Es sollten bereits frühzeitig Realisierungsvorlagen für die Objekte in konkreten Produktionsumgebungen entwickelt werden.

Methoden & Werkzeuge

Dieser Prozeß muß durch Berater und Spezialisten anderer Bereiche aktiv unterstützt werden. Die getroffenen Entscheidungen sind mit einem Textverarbeitungswerkzeug zu dokumentieren.

AD Schritt 2: Daten-Objekte entwerfen

Das Datenmodell aus der Phase Modellierung wird zunächst themenbezogen verfeinert und zu einem normalisierten logisches Datenmodell weiterentwickelt. Die Beziehungen und Kardinalitäten werden überprüft, Attribute und Schlüsselattribute festgelegt. Pro Entität wird der "Lifecycle" beschrieben. Die Teildatenmodelle werden integriert und abgeglichen und somit ein Gesamtdatenmodell unter Berücksichtigung der referentiellen Integrität erstellt. Damit sind bereits die Daten-Objekte der Anwendungsarchitektur anhand der Entitäten des Datenmodells gefunden.

Teilschritt 2.1: Datenmodell-Ausschnitt pro Thema bestimmen und verfeinern

Ziel

Das Datenmodell und die Geschäftsvorfälle eines Themas sind miteinander synchronisiert. Der Informationshaushalt des Systems für ein gewähltes Thema ist bestimmt und im Detail beschrieben. Die Attribute der Entitäten und Beziehungen sind festgelegt und in einem Data Dictionary beschrieben.

Voraussetzungen

1. Das Datenmodell aus der Modellierung ist bekannt.
2. Die Abläufe der Geschäftsvorfälle aus fachlicher und organisatorischer Sicht sind bekannt.

Ergebnisse

1. Der Teil des Datenmodells, der vom Thema benötigt wird, ist mit Entitäten und Beziehungen bestimmt.
2. Die benutzten Attribute sind bestimmt, den Beziehungen und Entitäten zugeordnet und beschrieben.
3. Die Schlüsselattribute der benutzten Entitäten und Beziehungen sind identifiziert.

Aufgaben

- *Thema festlegen*: Es wird das nächste zu bearbeitende Thema festgelegt. Die am Thema beteiligten Geschäftsvorfälle werden identifiziert.
- *Geschäftsvorfälle durchspielen*: Der fachliche Ablauf des Geschäftsvorfalls wird grob durchgespielt (Geschäftsvorfall als "Testfall" für das Datenmodell). Entitäten und Beziehungen werden identifiziert. Dadurch wird der Scope der Geschäftsvorfälle festgelegt und ein themenzentriertes Arbeiten erreicht. So wird zum Beispiel durchgespielt, was am Bildschirm erfaßt wird, wie die benutzten Formulare aussehen, welche Informationen im System gespeichert werden müssen usw.. Der Ablauf der Geschäftsvorfälle wird danach im Detail erneut durchgespielt. Dies hat das Ziel, die Attribute, die im Thema lesend oder schreibend benutzt werden, zu identifizieren.
- *Attribute beschreiben*: Die Attribute werden inhaltlich beschrieben und mit Typen und Wertebereichen dokumentiert. Diese Informationen werden in einem Data Dictionary abgelegt. In dieser Form des Datenmodells können auch Beziehungen Attribute haben. Bei der Beschreibung der Attribute ist anzugeben:

  - Was ist die fachliche Bedeutung der Attribute ?

  - Was ist der Datentyp der Attribute ?

  - Was sind die Wertebereiche der Attribute ?
- *Schlüssel zuordnen*: Den Entitäten werden eindeutige Schlüssel zugeordnet, diese werden entsprechend gekennzeichnet. Eventuell entstehen so nochmals neue Attribute, die dann ebenfalls im Data Dictionary beschrieben werden. Hinweis: Fremdschlüssel werden im Datenmodell zunächst nicht dargestellt.

QS-Hinweise

1. Durch die Beschränkung auf jeweils ein Thema wird die Übersicht über den gesamten Ablauf gewahrt. Frühzeitig sollten Namenskonventionen festlegt werden, um eine einheitliche Namensgebung über das gesamte System zu erreichen.
2. Es ist praktikabel, vor jedem Attribut ein Präfix anzulegen, das die Ursprungs-Entität kennzeichnet.
3. Man sollte mit den wesentlichen Geschäftsvorfällen beginnen und bei der Detaillierung die Fakten- und Belegsammlung der Phase Modellierung berücksichtigen. Beim Durchspielen der Geschäftsvorfälle muß bereits eine genaue Vorstellung davon entwickelt werden, wie das System arbeiten soll. An dieser Stelle findet prinzipiell ein Review der Modellierungsergebnisse statt, die kritisch untersucht werden müssen. Verbesserungen und Verfeinerungen werden themenbezogen eingearbeitet.
4. In der Regel findet man in dieser Phase wesentlich mehr Entitäten und Attribute als in der Modellierung. Wurde allerdings in der Modellierung sehr detailliert gearbeitet, ist hier nur noch wenig zu tun.
5. Der Schritt ist abgeschlossen, wenn alle Entitäten, Beziehungen und Attribute beschrieben worden sind und klar ist, welche Information wie im System gespeichert werden sollen.
6. Die Erfahrung zeigt, daß in der Modellierung oft die wichtigsten Bewegungstabellen gefunden werden. Dazu kommen etwa genausoviele Parametertabellen, die erst in der Phase Analyse/Design spezifiziert werden. Diese werden bei Aufwandsschätzungen häufig vergessen.
7. Im Gegensatz zur Modellierung hat in Analyse/Design *Präzision* einen wesentlich höheren Stellenwert, da jetzt *das zukünftige System* analysiert und entworfen wird.
8. Es empfiehlt sich, die Ergebnisse dieses Schrittes einem Review zu unterziehen, um fehlende oder falsch verstandene Anforderungen möglichst frühzeitig zu erkennen. Dabei sollten die zukünftigen Benutzer am Prozeß beteiligt werden.

Methoden & Werkzeuge

Als Methode zur Erstellung des Datenmodells eignet sich die E/R-Modellierung.

Für die Dokumentation bieten sich CASE-Werkzeug mit Repository oder andere Data Dictionary-Werkzeuge an.

Teilschritt 2.2: Datenmodellausschnitt normalisieren

Ziel

Für ein gewähltes Thema ist ein komplettes, logisches und vollständig normalisiertes Datenmodell erstellt, das heißt ein redundanzfreies Datenmodell liegt vor, um sämtliche Informationen genau einmal im System zu speichern.

Voraussetzungen

Das Datenmodell für ein gewähltes Thema mit allen Entitäten, Beziehungen, Attributen und Schlüsseln (Schritt 2.1.) ist vorhanden.

Ergebnisse

1. Alle Attribute sind eindeutig einer Entität zugeordnet. Eine Ausnahme bilden über Beziehungen vererbte Schlüssel.
2. Komplexe Beziehungen sind aufgelöst; nur noch 1-zu-X-Beziehungen sind vorhanden.
3. Mehrfachfelder, das heißt Wiederholgruppen, sind aufgelöst.

Aufgaben

- *Attribute den Entitäten zuordnen*: Die Attribute werden jeweils genau einer Entität zugeordnet. Dabei müssen die Attribute genau der Entität zugeordnet werden, von der sie existentiell abhängig sind, d. h. zu der sie aus fachlogischer Sicht gehören. Es ist hilfreich, aus der "Objekt"-Sicht zu fragen: "Wessen Wissen ist dieses Attribut ?" bzw. "Welches Objekt weiß das ?"

  Ausnahme: Schlüssel dürfen entlang Beziehungen vererbt werden (z.B. hat die Entität "Auftragsposition" den Schlüssel "Auftragsnummer").
- *Mehrfachfelder auflösen*: Mehrfachfelder werden durch zusätzliche Entitäten aufgelöst (siehe Anhang A: Methoden).
- *Komplexe Beziehungen auflösen*: Ebenso werden komplexe Beziehungen durch zusätzliche Entitäten aufgelöst (siehe Anhang A: Methoden), d. h. Beziehungen dürfen keine Attribute mehr haben. Die dabei neu entstehenden Entitäten haben meist einen "Status" als Attribut, was auf Bewegungsinformationen hindeutet. Das Data Dictionary wird ergänzt.

QS-Hinweise

1. Auch wenn nachher für das physische Datenmodell wieder denormalisiert wird, sollte die Normalisierung des logischen Datenmodells einmal vollständig durchgeführt werden, weil sonst die systematische Bearbeitung der referentiellen Integrität im nächsten Schritt kaum möglich ist.
2. In der Praxis werden die Teilschritte 2.1 und 2.2 oft gemeinsam durchgeführt.
3. Manchmal ist es schwierig, für die in diesem Schritt neu entstehenden Entitäten einen treffenden Namen zu finden. Dann kann als Name die Zusammenfassung der beiden anderen beteiligten Entitäten gewählt werden (z. B. zwischen "Seminar" und "Referent" die Entität "Seminar-Referent-Zuordnung").
4. Das normalisierte Datenmodell kann unübersichtlich werden. Aus diesen Gründen sollte mit Anwendern immer am nicht-normalisierten Datenmodell diskutiert werden.
5. Obwohl dieser Schritt rein formal ist, werden dabei viele fachliche Fragen berührt, so daß ein weiterer detaillierter Abgleich mit den Anforderungen notwendig ist.

Methoden & Werkzeuge

Es werden E/R-Diagramme verwendet (siehe Anhang A: Methoden). Der Einsatz von CASE-Werkzeugen ist sinnvoll.

Teilschritt 2.3: Datenabhängigkeiten identifizieren

Ziel

Alle fachlichen Abhängigkeiten der Entitäten voneinander sind bestimmt. Die Entitäten sind zu Subject Areas zusammengefaßt. Alle Bedingungen für die referentielle Integrität des Datenmodells sind festgelegt.

Voraussetzungen

Ein vollständig normalisiertes Datenmodell ist vorhanden.

Ergebnisse

1. Ein SERM-Datenmodell ist erstellt und alle Bedingungen referentieller Integrität sind festgelegt, das heißt die Konsistenzbedingungen für das Anlegen, Einfügen bzw. Löschen von Entitäten sind bekannt.
2. Die Subject Areas sind identifiziert.

Aufgaben

- *SERM-Diagramm erstellen*: Die unabhängigen Entitäten werden bestimmt. Diese haben nur 1-zu-X-Beziehungen und sollten im Diagramm links angeordnet werden. Abhängige Entitäten der nächsten Stufe sind jeweils weiter rechts anzuordnen und Beziehungen sind durch Pfeile darzustellen (siehe Anhang A: Methoden). Die Beziehungen zwischen den Entitäten mit ihren Kardinalitäten werden semantisch beschrieben.
- *Integritätsbedingungen definieren*: Die Bedeutung der referentiellen Integrität für Einfügen/Löschen/Anlegen werden interpretiert. Es wird fachlich festgelegt, welche Konsequenzen diese Aktionen haben, z. B. was passiert mit den Entitäten B und C, wenn Entität A gelöscht wird.
- Subject Areas bilden: Fachlich zusammenhängende Entitäten werden zu Subject Areas zusammengefaßt.
- Gegebenenfalls wird eine Klassenbildung von gleichartigen Entitäten vorgenommen (Ober- und Unterklassen, Spezialisierung, Generalisierung). Dadurch erhöht sich die Übersichtlichkeit des Modells.

QS-Hinweise

1. Dieses Vorgehen ist bei großen Datenmodellen mühsam, bringt aber zusätzliche Einsicht in System und Beziehungen. Es ermöglicht dadurch eine genaue Überprüfung sowie eine semantisch übersichtlichere Strukturierung des E/R-Modells, d. h. die SERM-Methode ist eine Qualitätssicherungsmaßnahme für das Datenmodell.
2. Es ist hilfreich, Themengebiete (Subject Areas) zu suchen und zu benennen. Diese können gleichzeitig Grundlage für die Benennung von Teilprojekten sein.
3. Statische Daten (Parametertabellen, Stammdaten) werden im SERM mehr links, Bewegungsdaten mehr rechts angeordnet. Sind Bewegungsdaten links angeordnet, deutet das auf noch fehlende Entitäten hin. In der Literatur gibt es andere Darstellungen als die hier vorgeschlagene. Allerdings hat sich gerade diese bei der Aufdeckung von Fehlern und Mißverständnissen sehr bewährt.
4. *Achtung*: Durch die SERM-Technik gefundene Regeln müssen bei der Spezifikation der Views (AD Schritt 3) beachtet werden, da die Funktions-Objekte diese Regeln überwachen müssen. Die gefundenen Regeln können über mehrere Stufen kaskadieren.

Methoden & Werkzeuge

Es wird die SERM-Methode (Structured Entity Relationship Model) verwendet (siehe Anhang A: Methoden). CASE-Werkzeuge können in diesem Schritt eingesetzt werden.

Teilschritt 2.4: Entität-Lifecycle (Statuskonzept) festlegen

Ziel

Für alle Entitäten mit komplexem Lifecycle ist dieser in Form eines Zustandsübergangsdiagramms (STD) mit Zuständen, Ereignissen und Aktionen beschrieben. Dadurch ist das Statuskonzept der Daten-Objekte bereits definiert.

Voraussetzungen

Ein normalisiertes Datenmodell mit allen Attributen und deren Beschreibungen ist vorhanden.

Ergebnisse

1. Alle Entitäten mit komplexem Lifecycle sind identifiziert.
2. Der Lifecycle dieser Entitäten ist durch ein STD mit Zuständen, fachlichen Ereignissen und Aktionen beschrieben.

Aufgaben

- *Lifecycle beschreiben*: Es sind die Entitäten zu bestimmen, die einen komplexen Lifecycle besitzen. Hinweise dafür sind meist Statusfelder als Attribute der Entität. Prinzipiell haben alle Entitäten einen Lifecycle, viele allerdings einen sehr einfachen (existiert/existiert nicht). Für jede Entität ist der Lifecycle mit Hilfe von STD's zu beschreiben. Die Zustände, Ereignisse und Aktionen werden aus fachlicher Sicht fixiert.
- *Lifecycle synchronisieren*: Die Geschäftsvorfälle werden mit dem Lifecycle der Entitäten synchronisiert. Jeder Zustandsübergang aus dem Entitäten-Lifecycle muß einer Teilstrecke eines Geschäftsvorfalls entsprechen, das heißt es muß einen Geschäftsvorfall geben, der diesen Zustandsübergang leistet. Es muß entschieden werden, ob wirklich alle Zustände für das System wichtig sind (Test gegen Anforderungen).

QS-Hinweise

Zunächst sollte der Hauptpfad im STD beschrieben werden. Ausnahmen werden anschließend ergänzt. Es empfiehlt sich, die Vollständigkeit durch eine Zustandsübergangsmatrix zu überprüfen (Sind alle möglichen Ereignisse in jedem Zustand erfaßt worden ?).

Es ist darauf zu achten, daß Zustandsnamen und Ergebnisse fachlich und präzise sind. Der Entitätsname sollte im Zustandsnamen auftauchen.

Jeder Übergang bzw. jede Teilstrecke im Lifecycle einer Entität muß durch einen fachlichen Geschäftsvorfall bzw. einen Teil eines Geschäftsvorfalles ermöglicht werden. Der Geschäftsvorfall treibt den Lifecycle einer Entität voran. Für das eigentliche Datenmodell bringt dieser Schritt relativ wenig neue Informationen. Allerdings ist das Statuskonzept *themenübergreifend* zu erstellen.

Es werden so die Zustände der Daten-Objekte und deren Zusammenhänge betrachtet. Die Praxis zeigt, daß es oft schwierig ist, bei der Erstellung der Entität-Lifecycles die Sicht der Entität einzunehmen, d. h. festzustellen, was mit der Entität gemacht wird bzw. was die Entität machen muß. Die Lifecycles der Entitäten beschreiben das Herz des Systems und die interne Ablauflogik. Die Erfahrung zeigt, daß es auch in großen Systemen kaum mehr als fünf Entitäten mit Lifecycles gibt. Die im SERM-Diagramm weiter rechts stehenden Entitäten haben häufig einen komplexen Lifecycle.

Der rein intuitive Entwurf eines Systems ohne Lifecycle-Untersuchungen ist (fast) unmöglich.

Methoden & Werkzeuge

Es wird vor allem mit Zustandübergangsdiagrammen (STD) gearbeitet (siehe Anhang A: Methoden). Zur Überprüfung werden auch Zustandsübergangsmatrizen verwendet.

Teilschritt 2.5: Integration und Qualitätssicherung der Daten-Objekte

Ziel

Die Teildatenmodelle sind zu einem einheitlichen und vollständig dokumentierten Gesamt-Datenmodell integriert. Die Daten-Objekte sind spezifiziert.

Voraussetzungen

1. Alle Geschäftsvorfälle aus der Modellierung sind genau bekannt.
2. Teildatenmodelle und Lifecycles für alle Themengebiete sind vorhanden (2.1 bis 2.4 für alle Themengebiete sind durchgeführt).

Ergebnisse

1. Es existiert ein integriertes Datenmodell mit allen Entitäten, Beziehungen, Attributen, Schlüsseln und zugehörigen Lifecycles.
2. Die Daten-Objekte sind in ihrem "Wissen", "Können" und "Verhalten" beschrieben.

Aufgaben

- *Datenmodell integrieren*: Die themenbezogenen Teildatenmodelle werden zu einem Gesamt-E/R-Modell zusammengesetzt. Die Subject Areas (Themenbereiche) sollten grafisch hervorgehoben werden. Zum Finden der Subject Areas sind die SERM-Ergebnisse hilfreich. Alle Schlüssel sind auf Eindeutigkeit zu prüfen. Versteckte Beziehungen müssen explizit dokumentiert werden (Methode: Suchen, wo Schlüssel anderer Entitäten als Nicht-Schlüssel verwendet werden). Alle Kardinalitäten müssen überprüft werden.
- *Datenmodell-Qualität sichern*: Es ist zu prüfen, ob alle Attribute (Typ, Länge, Wertebereich, Beschreibung) beschrieben und die Namenskonventionen für alle Entitäten und Attribute eingehalten sind. Für die fachliche Qualitätssicherung sind alle Geschäftsvorfälle durchzuspielen und zu prüfen, ob alle dazu notwendigen Entitäten Attribute und Beziehungen vorhanden sind.
- *Daten-Objekte spezifizieren*: Für jede Entität des Datenmodells wird ein Daten-Objekt angelegt. Das "Wissen" des Daten-Objektes sind seine Attribute, die detailliert im Data Dictionary beschrieben sind. Der Lifecycle der Entität ist das "Verhalten" des Objektes und kann trivial sein. Das "Können" der Daten-Objekte besteht in der Regel aus den Grundmethoden "Einfügen", "Ändern", "Löschen", "Anlegen", "Lesen" und muß nur einmal für alle Daten-Objekte dokumentiert werden.

QS-Hinweise

Die Integration und Qualitätssicherung muß während des ganzen Schrittes "Daten-Objekte entwerfen" erfolgen, z. B. iterativ je Geschäftsvorfall.

Dazu sollte möglichst früh ein Verantwortlicher (Datenadministrator) benannt werden, der im gesamten Projektablauf für die Konsistenz und die einheitliche Dokumentation des Datenmodells sorgt. Daten-Objekte sollten nie miteinander, sondern nur über die Funktions-Objekte kommunizieren, da so die Einhaltung der referentiellen Integrität gewährleistet wird. Mit diesem Schritt ist die unterste Ebene der Anwendungsarchitektur bereits spezifiziert.

Methoden & Werkzeuge

Die Integration und Qualitätssicherung kann durch ein CASE-Werkzeug mit Repository und Auswertungsmöglichkeiten unterstützt werden.

Zur Dokumentation des E/R-Gesamtmodells ist unter Umständen zusätzlich ein optisches Zeichenwerkzeug notwendig.

AD Schritt 3: Anwendungsarchitektur entwerfen

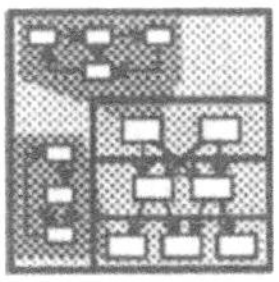

Die fachlichen Modelle aus der Phase Modellierung werden zusammen mit den bereits erstellten Datenmodellen in Objekte der Anwendungsarchitektur umgesetzt. Die einzelnen Objekte werden hinsichtlich ihres Wissens, Könnens und Verhaltens spezifiziert. Die Kommunikation der Objekte wird beschrieben. Dieser Schritt ist der zentrale Schritt der Phase Analyse/Design, da die gesamte Anwendungsarchitektur durch geschäftsvorfallorientiertes Arbeiten erstellt wird.

Teilschritt 3.1: System als Geschäftsvorfall-Lifecycle beschreiben

Ziel

Das Systemverhalten ist als Lifecycle von fachlichen Geschäftsvorfällen beschrieben. Damit sind die Eingriffspunkte für die Benutzer und die unterbrechungsfreien systeminternen Bearbeitungsstrecken festgelegt. Die entwickelten Lifecycles entsprechen dem "Verhalten" der Geschäftsvorfall-Objekte.

Voraussetzungen

1. Die Geschäftsvorfall-Lifecycles aus der Modellierung sind bekannt (Geschäftssicht).
2. Der Lifecycle der zentralen Entität für jeden einzelnen Geschäftsvorfall ist bekannt.
3. Die Dialogstruktur ist grob festgelegt.

Ergebnisse

Die Lifecycles der Geschäftsvorfall-Objekte sind mit Zuständen, Ereignissen und Aktionen aus Systemsicht beschrieben. Die Zustände entsprechen den Benutzer-Eingriffspunkten, die Aktionen sind die System-Aktionen, und die Ereignisse stellen die Benutzer-Entscheidungen dar. Es wird beschrieben, wie das System die fachlichen Abläufe unterstützt (Systemsicht).

Aufgaben

- *Thema festlegen:* Es wird das nächste zu bearbeitende Thema festgelegt (Geschäftsvorfall).
- *Zusammenhängende Bearbeitungsstrecke bestimmen:* Die zentrale Entität ("Anker-Entität"), deren Zustände durch diesen Geschäftsvorfall verändert werden, ist zu bestimmen. Daraus leitet sich der Anfangs- und Endzustand des Geschäftsvorfall-Objekts ab. Der Abschnitt zwischen dem Anfangs- und Endzustand entspricht der zusammenhängenden Bearbeitungsstrecke.
- *Verhalten des Geschäftsvorfall-Objektes beschreiben:* Der Ablauf der identifizierten Bearbeitungsstrecke wird als Zustandsübergangsdiagramm beschrieben. Für den "Normalpfad" des Geschäftsvorfalles werden die Eingriffspunkte für den Benutzer, d. h. die Ruhepunkte im System, definiert. Dieses sind die *Zustände* des Geschäftsvorfall-Lifecycles. Die Auswahl und Entscheidungsmöglichkeiten des Benutzers in jedem Zustand definieren die *Ereignisse* des Geschäftsvorfall-Lifecycles. Die *Aktionen* sind die Systemaktionen, die auf die Benutzerentscheidungen folgen. Zustände, Ereignisse und Aktionen werden gleichermaßen für die Ausnahmefälle ergänzt. Die entwickelten STD entsprechen dem "Verhalten" des Geschäftsvorfall-Objektes. Die Aktionen entsprechen dem "Können" des Objektes.

QS-Hinweise

Die Aktionen des Geschäftsvorfall-Lifecycles müssen an dieser Stelle noch nicht detailliert beschrieben werden. Dies erfolgt in der Regel erst im Teilschritt 3.3. So ist es z. B. nicht notwendig jede Fallunterscheidung durch Zustände und Ereignisse zu dokumentieren.

Die Ereignisse sollten präzise formuliert werden. Entscheidungen des Benutzers können durch das Verb "soll" aus Systemsicht ausgedrückt werden (etwas "soll" geschehen). Ereignisse können auch systeminterne und zeitliche Ereignisse sein.

Dieser Schritt wird oft mit dem Geschäftsvorfall-Lifecycle aus der *Geschäftsperspektive* verwechselt. Zur Unterscheidung hilft es, sich vorzustellen, wie der Benutzer am System arbeitet, d. h. z. B. welche Tasten von ihm betätigt werden. Die darauf folgenden Aktionen sind letztlich die Funktionen, die das System ausführt.

Jeder Geschäftsvorfall kann als Zustandsübergang im Lifecycle einer zentralen Entität aufgefaßt werden, d. h. ein Geschäftsvorfall ändert in der Regel den Zustand einer Entität (z. B. vom Zustand "Auftrag ist erfaßt" in den Zustand "Auftrag ist geprüft".) Die Zustände des Geschäftsvorfall-Lifecycles sind Ruhepunkte, in denen das DV-System auf eine Eingabe wartet. Dieses Verhalten muß aus *Systemsicht* beschrieben werden. Dabei sind folgende Fragestellungen hilfreich:

- Was passiert mit dem System (Ereignisse)?

  Was will der Benutzer vom System (Ereignisse)?
- Was muß das System unterbrechungsfrei bis zum nächsten Ruhepunkt tun (Aktionen)?

Achtung: Um die Komplexität zu reduzieren werden an dieser Stelle Plausibilitätsprüfungen nicht im Detail beschrieben. Ebenso wird die Präsentation durch eine Maske nicht beschrieben, da das die Aufgabe der Dialog-Objekte ist. Es geht in diesem Schritt um die Identifizierung des "Verhaltens" des GV-Objektes sowie um die Festlegung sowohl der Eingriffspunkte von außen als auch der Systemaktionen, die dann den Methoden des GV-Objektes entsprechen. Das "Wie" der Methode ist hier noch nicht entscheidend, so daß der Detaillierungsgrad der Aktionsbeschreibung in STD relativ gering sein kann.

In diesem Schritt muß parallel schon eine detaillierte Vorstellung von der Dialogstruktur des Systems entwickelt werden, da diese die Ereignisse der GV-Lifecycle bestimmt. Das unterstreicht die *Parallelität* der Schritte der Phase Analyse/Design.

Methoden & Werkzeuge:

Die GV-Lifecycles werden mit Zustandübergangsdiagrammen erstellt. Zur Dokumentation können CASE- oder DTP-Werkzeuge eingesetzt werden.

Teilschritt 3.2: Teilanwendungsarchitektur für den Geschäftsvorfall konstruieren

Ziel

Die Anwendungsarchitektur für den fachlichen GV ist entworfen. Alle zur Funktionalität des betrachteten GV-Objekts notwendigen Objekte und deren Methoden sind identifiziert.

Voraussetzungen

1. Der fachliche Geschäftsvorfall und das zugehörige Systemverhalten sind bekannt.
2. Der Lifecycle der Geschäftsvorfall-Objekte für den fachlichen Geschäftsvorfall ist bekannt.
3. Das integrierte Datenmodell ist bekannt.

Ergebnisse

1. Die Funktions- und Daten-Objekte, die durch die Geschäftsvorfall-Objekte benutzt werden, sind bekannt.
2. Die zur Abdeckung der Funktionalität notwendigen Methoden der Objekte sind benannt.
3. Die Kommunikation der Objekte ist in einem Objektkommunikationsdiagramm dargestellt.

Aufgaben

- *Geschäftsvorfall-Objekt-Methoden festlegen*: Die GV-Objekt-Methoden stellen die Dienstleistungen des Geschäftsvorfall-Objekts "nach außen" zur Verfügung, d. h. welche Aufgaben erfüllt das Geschäftsvorfall-Objekt im System. Dieses sind letztlich die unterbrechungsfreien Bearbeitungsstrecken, d. h. jeder Zustandsübergang aus dem Geschäftsvorfall-Lifecycle wird zu einer Methode des Geschäftsvorfall-Objektes.
- *Teildatenmodell je Geschäftsvorfall-Objekt bestimmen*: Das Teildatenmodell beinhaltet alle am fachlichen Geschäftsvorfall beteiligten Entitäten bzw. Daten-Objekte. Die beteiligten Entitäten können durch ein einfaches Review des Geschäftsvorfall-Lifecycle gefunden werden.
- *Funktions-Objekte finden*: Es sind die beteiligten Daten-Objekte (entsprechend dem Teildatenmodell) je Geschäftsvorfall-Objekt bekannt. Die Geschäftsvorfall-Methoden benötigen zur Erfüllung ihrer Aufgaben Funktions-Objekt-Methoden und diese wiederum Daten-Objekt-Methoden. Die Aufrufe dieser Methoden entsprechen Nachrichten und können in einen Objektkommunikationsdiagramm (OKD) dokumentiert werden.

  Pro Geschäftsvorfall-Objekt sind folgende Schritte notwendig:
- *Geschäftsvorfälle durchspielen*: Dafür eignet sich am besten die Darstellung in einem Objektkommunikationsdiagramm. Je Geschäftsvorfall-Objekt-Methode werden die benötigten Methoden von Funktions-Objekten identifiziert, die für den Ablauf des Geschäftsvorfall-Lifecycles notwendig sind und grafisch als Nachrichtenverbindung zwischen Objekten im OKD dargestellt werden.

- *Methode einem Funktions-Objekt zuordnen*: Es muß gleichzeitig entschieden werden, wem jeweils diese Methode gehört (siehe Regeln für Funktions-Objekte im Anhang A: Methoden). Die Methoden werden so fachlich in einem Objekt gekapselt.
- *Input/Output-Parameter festlegen*: Dies muß für alle im GV-Ablauf notwendigen Nachrichten erfolgen. Gleichzeitig wird die Funktionalität der aufgerufenen Methoden grob beschrieben.
- *Object Data Dictionary führen*: Zur Sicherstellung der projektinternen Kommunikation sind alle gefundenen Objekte mit ihrem "Wissen" und "Können" in ein Object-Data-Dictionary zu hinterlegen.

QS-Hinweise

Dieser Schritt ist eine zentrale Aktivität in dieser Phase, die Qualität der hier erzielten Ergebnisse beeinflußt die nachfolgenden Aktivitäten erheblich. Es ist daher sinnvoll, einige Zeit in diesen Schritt zu investieren.

Das *themenzentrierte Arbeiten* ist ein wichtiger Erfolgsfaktor in diesem Schritt und beinhaltet ständige inhaltliche Überprüfungen.

Entscheidend ist, ob sich alle bekannten Geschäftsvorfälle in der Architektur korrekt durchspielen lassen oder ob noch fachliche Aspekte fehlen.

Die einzelnen Objekte müssen miteinander synchronisiert werden. In diesem Schritt kommt vor allem der objektbasierte Ansatz zum Tragen. Fragen wie "Kapselung von Daten und Funktionen" sowie "Information Hiding" spielen in den Schichten eine große Rolle.

Durch die saubere Definition der Funktions- und Geschäftsvorfall-Objekte wird die Wiederverwendbarkeit von Methoden entscheidend beeinflußt. Um die Bedingungen der referentiellen Integrität zu gewährleisten, müssen alle Schreiboperationen auf einem Daten-Objekt von einem Funktions-Objekt ausgehen. Ein Funktions-Objekt bewacht stets exklusiv einen Datenmodellausschnitt.

Achtung: Ein Funktions-Objekt führt immer eine Einzelsatzverarbeitung durch. Zum Beispiel kann ein Funktions-Objekt nicht die Methode "Lösche alle Aufträge" haben.

Im Objektkommunikationsdiagramm sollten nur wichtige fachliche Fehler beschrieben werden. Ansonsten gilt die Konvention, daß jede Methode einen Fehlercode als Returnparameter zurück gibt. Eine Kommunikation auf einer Ebene (z. B. Funktions-Objekt mit Funktions-Objekt) ist in der Regel erlaubt.

Die hier genannten Regeln sind so gewählt, daß für komplexe Systeme möglichst wiederverwendbare Komponenten entworfen werden.

Das Dialogdesign (AD Schritt 6) ist auch hier als parallele Tätigkeit zu verstehen.

Methoden & Werkzeuge

In diesem Schritt werden folgende Methoden verwendet:

- STD zur Beschreibung von Objekt-Lifecycles,
- Zustandsübergangsmatrix zur Überprüfung von Objekt-Lifecycles
- Objektkommunikationsdiagramme zur Beschreibung der Kommunikation der Objekte über Nachrichten.

Wie im vorhergehenden Schritt kommt ein CASE-Werkzeug (evtl. in Verbindung mit einem Textverarbeitungssystem) als Dokumentationswerkzeug in Frage. Das Objekt-Data-Dictionary kann ebenfalls mit einem CASE-Werkzeug verwaltet werden.

Teilschritt 3.3: Objekte beschreiben und Methoden spezifizieren

Ziel

Die Objekte sind vollständig mit "Wissen", "Können" und "Verhalten" beschrieben. Damit ist eine präzise Realisierungsvorlage erstellt.

Voraussetzungen

Die Anwendungsarchitektur ist vollständig entworfen, das heißt alle Objekte sind mit ihren Methoden bekannt.

Ergebnisse

Für jedes Objekt der Anwendungsarchitektur ist eine komplette Spezifikation als Realisierungsvorlage erstellt. Diese beinhaltet:

- das "Wissen", d. h. die Objekte mit denen das beschriebene Objekt kommuniziert sowie eigenen lokalen Attribute des Objekts,
- das "Können", d. h. alle Methoden des Objekts mit einer Schnittstellenbeschreibung und einer Ablaufspezifikation,
- das "Verhalten", d. h. alle Zustände sowie die fachlichen Ereignisse und Aktionen, die den Lifecycle des Objekts ausmachen.

Aufgaben

Die Objekte werden gemäß dem Projekt-Dokumentationsmodell mit "Wissen", "Können" und "Verhalten" beschrieben und synchronisiert:

- *"Können" beschreiben:* Die Methoden der Geschäftsvorfall- und Funktions-Objekte werden spezifiziert. Diese Spezifikation umfaßt:

  - Name der Methode,
  - fachliche Beschreibung der Methode,
  - Input- und Outputparameter,
  - erlaubte Anfangs- und Endzustände für den Aufruf der Methode,
  - Algorithmus-Beschreibung inkl. Nachrichten an andere Objekte.

  Diese Spezifikation der Methoden kann durch Entscheidungstabellen, Freitext, Pseudocode usw. erfolgen. Bei der Spezifikation der Methoden werden meist auch wiederverwendbare Teile der Methodenalgorithmen gefunden. Diese können als *interne Methoden* ausgelagert werden. Interne Methoden sind nur im Objekt selbst bekannt und werden nicht als Dienstleistung nach außen zur Verfügung gestellt.

- *"Wissen" beschreiben*: Spezifikation der Attribute, die von den Methoden des Objektes benötigt werden.
- *"Verhalten" beschreiben*: Die Lifecycles der Funktions- und GV-Objekte werden, sofern noch nicht beschrieben, aus fachlicher Sicht dokumentiert.

QS-Hinweise

Es ist darauf zu achten, daß die Dokumentation von allen Entwicklern im Projekt gleichermaßen angelegt und gepflegt wird, sowohl in Hinblick auf Qualität, Vollständigkeit, Aktualität als auch in Bezug auf den Detaillierungsgrad.

Die gewählten Methodennamen müssen das wiedergeben, was in der Spezifikation der Methode hinterlegt wurde. Nur so ist eine gut verständliche Dokumentation erreichbar. Die Aktionen der Übergänge in den Lifecycles der Objekte müssen Methoden entsprechen, gegebenenfalls sind die Lifecycles zu ändern bzw. anzupassen.

Die Dokumentation muß so präzise sein, daß mit ihrer Hilfe und ohne weitere Kommunikation mit dem Fachbereich die Realisierung erfolgen kann. Der Detaillierungsgrad und die Vollständigkeit der Spezifikation hängt davon ab, *wer* die Realisierung durchführt. So ist zum Beispiel eine detaillierte Spezifikation notwendig, wenn die Realisierung durch externe oder nur für die Phase Realisierung zum Team gehörende Mitarbeiter durchgeführt wird. Andererseits kann ein höheres Spezifikationslevel gewählt werden, wenn der Analytiker/Designer und der Realisierer ein und dieselbe Person ist. Die Frage nach der Spezifikationstiefe muß anhand der konkreten Projektbedingungen verantwortungsbewußt entschieden werden, um die Realisierungsvorlage so detailliert wie nötig zu gestalten, und eine optimale Arbeit in der Phase Realisierung zu gewährleisten.

Methoden & Werkzeuge

Zur Beschreibung des Lifecycles werden Zustandsübergangsdiagramme benutzt.

Für die Methoden-Spezifikation können alle gängigen Beschreibungsmittel wie Entscheidungstabellen, Flußdiagramme, Struktogramme, Pseudocode usw. benutzt werden. Für komplexe Objekte ist es sinnvoll, die Nachrichtenflüsse zwischen den Objekten in Form eines Objektkommunikationsdiagramms darzustellen. Zur Dokumentation der Ergebnisse wird ein CASE-Werkzeug oder in kleineren Projekten ein Dokumentenverarbeitungswerkzeug benötigt.

Teilschritt 3.4: Integration und Qualitätssicherung der Anwendungsarchitektur

Ziel

Die Teilsysteme aus GV-Sicht sind zu einem konsistenten, vollständigen Gesamtsystem integriert, wobei gemeinsam benutzte Funktionalitäten nur einmal spezifiziert und realisiert werden müssen. Die Anwendungsarchitektur und ihre Objekte sind optimiert. Gemeinsamkeiten zwischen den Objekten sind dabei ausgenutzt und herausgearbeitet.

Voraussetzungen

Für alle fachlichen GVs wurde die Anwendungsarchitektur entwickelt und die zugehörenden Objekte mit ihren Methoden sind spezifiziert.

Ergebnisse

Die Anwendungsarchitektur ist über alle Objekte hinweg optimiert und konsistent spezifiziert. Die Objekte sind verallgemeinert, vereinheitlicht und optimiert. Gleichartige Objekte sind in Klassen zusammengefaßt.

Aufgaben

Dieser Schritt ist iterativ über die gesamte Phase Analyse/Design notwendig. Alle GV- und Funktions-Objekte werden schrittweise in das bestehende System integriert:

- *Anwendungsarchitektur integrieren*: Alle bisher entwickelten Teilsysteme der Anwendungsarchitektur werden zu einem Gesamtsystem integriert.
- *Anwendungsarchitektur optimieren*: Die Objekte werden auf Gemeinsamkeiten und Abhängigkeiten bezüglich "Wissen", "Können" und "Verhalten" untersucht. Die Wechselwirkungen zwischen Objekten werden untersucht und dabei gefundene Gemeinsamkeiten und geringfügige Unterschiede in der Architektur optimierend berücksichtigt. Gegebenenfalls werden Objekte neu- oder umkonstruiert, z.B. durch Zusammenfassen, Faktorisieren, Umsortieren von Daten und Funktionen oder durch Verallgemeinerungen von Objekten und Methoden. Für ähnliche Objekte werden Klassen und Klassenhierarchien gebildet, gegebenenfalls auch mehrere Schichten von Objekten auf Geschäftsvorfall- und Funktions-Objekt-Ebene. Die dabei eventuell neu gefundenen Objekte und Methoden werden in die Anwendungsarchitektur eingepaßt.
- *Qualität der Anwendungsarchitektur sichern:* Nach dem Integrations- und Optimierungsschritt ist das Gesamtsystem auf offene Punkte, Redundanzen, Einhaltung der Qualitätskriterien usw. abschließend zu untersuchen.

QS-Hinweise

Dieser Schritt hat einen entscheidenden Einfluß auf die Produktivität der Realisierung, die Wartbarkeit des Systems und die Wiederverwendung von Systembausteinen. Die Klassifizierung von Objekten führt zu einer Ebene höherer Abstraktion, wobei dieses vor allem durchgeführt wird, wenn in einer objektorientierten Realisierungsumgebung realisiert werden soll.

Die Überprüfung der Anwendungsarchitektur auf methodische Korrektheit kann eventuell durch Spezialisten erfolgen. Die fachliche Vollständigkeit und Korrektheit kann durch das Durchspielen der wesentlichen Geschäftsabläufe in mehreren Reviews überprüft werden.

Während dieses Schritts werden die Objekte auf Gemeinsamkeiten hin untersucht und gleichartige bzw. ähnliche Objekte werden zu Klassen zusammengefaßt, um so die Anwendungsarchitektur zu optimieren (Generalisierung). Die Schichten der Architektur trennen dabei in der Regel die Klassen; d. h. es wird Klassen von Geschäftsvorfall-Objekten, Klassen von Funktions-Objekts und Klassen von Daten-Objekten geben.

Methoden & Werkzeuge

In diesem Schritt werden eventuell nochmals neue oder verallgemeinerte Objekte gefunden. Die Integration der Ergebnisse benötigt alle Methoden und Werkzeuge der vorangehenden Schritte.

AD Schritt 4: Fachliche Testfälle und Testplan festlegen

Ein Testplan für den fachlichen Systemtest (black box test) wird festgelegt. Die durchzuführenden spezifikationsbezogenen Testfälle werden beschrieben. Dabei kann auf den Objekten der Anwendungsarchitektur aufgebaut werden, wodurch das Festlegen und die Dokumentation der Testfälle vereinfacht wird. Ein Orientierungsrahmen für die Phase Integration/Test ist bestimmt.

Voraussetzungen

Die Anwendungsarchitektur ist beschrieben, das heißt das "Wissen", "Verhalten" und das "Können" ist für alle Objekte festgelegt.

Ergebnisse

Ein vollständiger fachlicher Testplan ist erstellt und dokumentiert, das heißt:

1. Die Testziele sind festgelegt.
2. Zu jedem Geschäftsvorfall ist beschrieben, welche fachlichen Testfälle (inkl. Testdaten) unter welchen Bedingungen (Testszenarien) getestet werden sollen.
3. Die Phase Integration/Test ist aus fachlicher Sicht vorbereitet.

Aufgaben

- *Testziele festlegen:* Es sind folgende Fragen zu klären:
  - Welche Anforderungen soll das zu erstellende System erfüllen?
  - Was soll getestet werden?
  - Welcher Zusammenhang besteht zwischen Projektzielen und Testzielen?
  - Sind diese widerspruchsfrei?
  - Welche Testgebiete soll der Test abdecken (z. B. Funktionalität, Performance)?
  - Welche Kriterien müssen erfüllt sein, damit die Zielerreichung nachgewiesen werden kann?

- *Testfälle ableiten:* Zu jedem fachlichen Geschäftsvorfall wird ein Testszenario erstellt. Das Zustandsmodell der zu testenden Objekte legt die zulässigen Operationsfolgen einschließlich der Ereignisse und der erwarteten Aktionen und Ergebnisse fest. Zu jedem Testszenario wird eine Menge dazugehöriger Testfälle ermittelt. Jeder Testfall setzt sich in einem Systemanfangszustand aus einer Folge von Benutzeraktionen (als Ereignisse) und einem aufgrund des Zustandmodells zu erwartenden Folge von Aktionen sowie einem Endzustand des System zusammen. Zu jedem Testszenario werden die Geschäftsvorfall-Objekte der Anwendungsarchitektur bestimmt, die miteinander Nachrichten austauschen. Grundlage dafür ist wieder das Zustandsmodell der Geschäftsvorfall-Objekte. Dabei ist darauf zu achten, daß alle beteiligten Funktions- und Daten-Objekte ebenfalls fachlich getestet werden.
- *Testdaten festlegen und bereitstellen:* Es wird geklärt, welche Testdaten benötigt werden und wie auf sie zugegriffen werden kann. Diese werden in der Realisierungsumgebung bereitgestellt.

QS-Hinweise

Der fachliche Testplan ist ein Teil des in der Phase Integration/Test zu erstellenden Integrations- und Testplans. Der Testplan sollte einem Review zusammen mit den Anwendern unterzogen werden.

Oft ist es günstig, daß die Testfälle und Testszenarien nicht von den verantwortlichen Entwicklern selber, sondern von Dritten, in Zusammenarbeit mit den Anwendern, erstellt werden.

Dieser wie auch alle weiteren Schritte kann zunächst themenbezogen durchgeführt und anschließend iterativ vervollständigt werden.

Technische Testfälle werden hier noch nicht beschrieben. Dies ist Gegenstand der Phase Integration/Test.

Methoden & Werkzeuge

Für die Testplanung werden keine speziellen Methoden verwendet und es wird kein spezielles Werkzeug benötigt. Wird für die Dokumentation ein CASE-Werkzeug eingesetzt, so können die Testfälle und Testszenarien ebenfalls damit dokumentiert werden.

AD Schritt 5: Organisatorische Optimierung der Prozesse und Arbeitsplätze vornehmen

Die Benutzergruppen, die an der Bearbeitung der Geschäftsvorfälle beteiligt sind, werden identifiziert, beschrieben und ihre Schnittstellen zum System spezifiziert. Die Rechte der Benutzergruppen werden festgelegt. Die Organisation der Prozesse und Arbeitsplätze, die unmittelbar mit dem zu erstellenden DV-System zu tun haben, werden optimiert und mit dem DV-System integriert. Ein Schulungs- und Betreuungskonzept ist erarbeitet.

Voraussetzungen

1. Das organisatorische und technische Soll-Modell aus der Phase Modellierung sind bekannt.
2. Die wesentlichen Geschäftsvorfall-Objekte der Anwendungsarchitektur sind entworfen.

Ergebnisse

1. Die Benutzergruppen und ihre Rechte sind definiert.
2. Die Integration zwischen Methoden, Wissen und Verhalten des Systems und der beteiligten Organisation ist vorgenommen, synchronisiert und optimiert.
3. Ein Schulungs- und Betreuungskonzept ist erstellt.

Aufgaben

- *Benutzergruppen und Rechte definieren:* Die Rollen werden zu Benutzergruppen zusammengefaßt und deren Rechte definiert. Dabei ist zu klären, "Wer darf was?" und "Wer darf was nicht?". Die Rechte entstehen aus der Funktionalität, die von den Gruppen ausgeführt werden muß. Die Realisierung der Zugriffsrechte muß geplant werden. Dazu ist notwendig, daß Klarheit darüber herrscht, welche Gruppe auf welchem Teildatenmodell arbeitet (Zugriffsrechte auf Tabellen), und welche Gruppe welche Geschäftsprozesse bzw. Geschäftsvorfälle ausführen muß und darf.

- *Ablauforganisation integrieren und optimieren:* Ablauf- und Arbeitsplatzorganisation werden an Testfällen durchgespielt, woraufhin eine sukzessive Optimierung der Organisation erfolgt. Dabei spielen Optimierungsziele wie Effizienz, Ergonomie, Kosten und Qualität eine wesentliche Rolle.
- *Schulungs- und Betreuungskonzept erarbeiten:* Nicht zuletzt sollte ein Schulungs- und Betreuungskonzept erstellt werden, das den Einsatz des neuen Systems und die damit verbundenen Veränderungen am Arbeitsplatz optimal vorbereitet. Das Betreuungskonzept sichert die einsatzbegleitende Unterstützung der Benutzer des neuen Informationsverarbeitungssystems. Bei Bedarf ist ein Organisationshandbuch zu erstellen.

QS-Hinweis

Alle Beteiligten müssen in die Entwicklung der Organisation einbezogen werden. Die Systeme werden nur dann erfolgreich das Geschäft der Nutzer verändern und unterstützen, wenn das System mit den zukünftigen Nutzern gebaut wird, d. h. die Nutzer müssen die Organisation, die Arbeitsplätze und die Rollen mitgestalten. Ziele, Bedürfnisse und Fähigkeiten der Menschen müssen dabei berücksichtigt werden. Grundlage dieser abschließenden Beschreibung der Organisation und der Arbeitsplätze bildet immer das organisatorische Modell der Phase Modellierung. Je detaillierter dort gearbeitet wurde, umso geringer ist der Arbeitsaufwand an dieser Stelle. Er kann sich unter Umständen auf eine Synchronisation mit der Systemarchitektur beschränken.

An dieser Stelle betrachten wir nur die Organisation, die umittelbar mit dem DV-System zu tun hat. Globale Organisationsänderungen sollten in Form von Organisations-Veränderungs-Projekten losgelöst von IV-Projekten durchgeführt werden. Ebenso sollte diese Organisationsveränderung *vor* dem Start damit zusammenhängender IV-Projekte stattfinden.

Methoden & Werkzeuge

Zur Unterstützung dieses Prozesses können die gleichen Methoden und Werkzeuge wie beim organisatorischen Modell der Phase Modellierung eingesetzt werden. Planspiele oder evolutionäres Prototyping können den Prozeß wirkungsvoll begleiten.

AD Schritt 6: Dialog-Objekte entwerfen (Dialogdesign)

Es werden aufgaben- und benutzergerechte Dialoge entworfen und in die Anwendungsarchitektur integriert. Bildschirm- und Maskenbeschreibungen werden erstellt und die dazugehörigen Dialog-Objekte festgelegt, beschrieben und mit den Objekten aus der Geschäftsvorfall-Ebene sowie den physischen Objekten der Organisation synchronisiert. Zur Überprüfung können Protoypen erstellt werden. Damit ist die obere Schicht der Anwendungsarchitektur entworfen.

Voraussetzungen

1. Die Organisation und Optimierung der Prozesse und Arbeitsplätze ist zumindest themenbezogen vorgenommen. Die Rollen und Profile der Endbenutzer sind über die zum Thema gehörenden Geschäft bekannt und beschrieben.
2. Der Ablauf aller fachlichen systemunterstützenden Geschäftsvorfälle ist bekannt.

Ergebnisse

1. Alle Bildschirme, Masken, Dialogabläufe und benutzten bzw. erzeugten Listen und Formulare sind aufgaben- und benutzergerecht entworfen und als Dialog-Objekte beschrieben. Das Layout und das Verhalten des Dialogs wird entweder auf *Papier* oder in Form eines *horizontalen Prototyps* der Oberfläche dokumentiert. Die Dialog-Objekte sind mit den übrigen Ebenen der Anwendungsarchitektur synchronisiert und mit dem organisatorischen Ablauf abgeglichen.
2. Alle *Dialogsteuerungsmeldungen* der Anwendung sind mit ihren Parametern dokumentiert (Kommunikation zwischen Geschäftsvorfall- und Dialog-Objekten). Es wird angegeben, welche Dialog-Objekte auf diese Meldungen reagieren.
3. Mindestens für einen Geschäftsvorfall ist ein *vertikaler Prototyp* erstellt.

Aufgaben

- *Dialog-Objekte und ihre Präsentation rollenbezogen über alle beteiligten GVs entwerfen:* Aufbauend auf den im vorherigen Schritt identifizierten Rollen und deren Aufgaben im System muß die *Technologie der Arbeitsstationen* (Bildschirme, BDE-Terminals, Scanner usw.) angemessen gewählt werden. Gemäß dem CUA-Standard eignen sich Textbildschirme besonders für eingabe- oder zwangsgesteuerte Anwendungen und GUI für individuelle Anwendungen wie z. B. die Dokumentverarbeitung oder Informationssysteme. Die *Masken und Bildschirme* müssen *aufgabengerecht entworfen* werden, d.h. die Arbeitsabläufe, Objekte, Werkzeuge, Methoden und Rahmenbedingungen aus den Rollenbeschreibungen müssen adäquat dargestellt werden. Dies kann auf Papier oder mit einem Dialogeditor geschehen (horizontaler Prototyp). Die *Masken und Bildschirme* müssen andererseits auch *benutzergerecht* gestaltet sein, d.h. die Eigenschaften der Benutzergruppe müssen entsprechend berücksichtigt werden. Das gilt natürlich auch für die Navigation durch das System. Weiterhin müssen die vom System produzierten Listen, Formulare etc. in ihrem Layout festgelegt werden. Die Dialog-Objekte werden *rollenbezogen entworfen.*
- *Dialogstruktur konstruieren:* Die Navigation zwischen den Bildschirmen wird mit Hilfe von Dialognetzwerken beschrieben.
- *Objektabhängigkeiten finden und mit Geschäftsvorfall-Objekten synchronisieren:* In diesem Optimierungsschritt werden die Dialog-Objekte optimal in das System eingepaßt, ohne dabei die rollenbezogene Optimierung aufzuheben. In die Geschäftsvorfall-Ebene der Anwendungsarchitektur werden *Dialogsteuerungsmeldungen* eingebaut, auf welche die Dialog-Objekte mit einer Bildschirmneudarstellung reagieren können. Dialogsteuerungsmeldungen beinhalten keine Informationen über die Dialog-Ebene, nur über die Veränderungen der eigentlichen Anwendungsdaten.
- *Dialog-Objekte spezifizieren:* Die gefundenen Dialog-Objekte werden hinsichtlich ihres "Wissens", "Könnens" und "Verhaltens" detailliert spezifiziert. Zusätzlich wird die Präsentation der Objekte abschließend beschrieben.
- *Dialogabläufe integrieren und qualitätssichern:* Das gesamte System wird hinsichtlich der Dialogabläufe integriert und Qualität gesichert (Review mit Benutzern). Ein *vertikaler Prototyp* (Durchstich mit allen Ebenen) wird für einen zentralen Geschäftsvorfall erstellt, um die Handhabung mit realen Daten überprüfen zu können.

QS-Hinweise

Die Dialogentwürfe müssen gemeinsam mit den zukünftigen Endbenutzern erarbeitet werden. Dies hilft bei der Entwicklung von aufgaben- und benutzergerechten Systemen und erhöht die Akzeptanz der Systeme. Die Evaluation der Prototypen geschieht ebenfalls gemeinsam mit den Endbenutzern.

Mit Hilfe der DIN-Norm 66234 Teil 8 und einer entsprechenden Checkliste können Dialoge in einem Review auf grobe Mängel überprüft werden.
In einem Review muß sichergestellt werden, daß die Dialoge den CUA-Standards genügen. Dies garantiert ein einheitliches Aussehen für alle Anwendungen. Es empfiehlt sich, vorab Stile Guides zu erstellen bzw. einen existierenden festzulegen.

Dieser Schritt kann bereits gleich zu Beginn der Phase Analyse/Design begonnen und parallel zu den anderen Schritten dieser Phase fortgeschrieben werden. Das betrifft zumindest die Festlegung und Beschreibung der Masken und Dialogabläufe. Dies ist ein möglicher Weg, um frühzeitig gemeinsam mit den Benutzern die Dialogabläufe zu entwerfen.
Es besteht ein enger Zusammenhang zwischen GV-Objekten, Dialog-Objekten und Benutzer-Rollen im System. Deshalb ist es günstig, diese Ergebnisse nicht nacheinander, sondern iterativ miteinander zu erarbeiten.

Methoden & Werkzeuge

Es werden Dialognetzwerke zur Beschreibung der Dialognavigation (entspricht dem Verhalten von Dialog-Objekten) verwendet. Diese können mit einem CASE-Werkzeug beschrieben werden. Für Masken- und Bildschirmentwürfe können Dialogeditoren eingesetzt werden, eventuell kann auch ein Zeichenprogramm genügen. Für die Erstellung horizontaler Oberflächenprototypen sind Dialogeditoren mit eingebauten Simulationsmöglichkeiten sinnvoll. Für die Erstellung vertikaler Prototypen (Oberfläche und Funktionalität) eignen sich besonders objektorientierte 5GL-Werkzeuge.

AD Schritt 7: Technische Infrastruktur bereitstellen und optimieren

Die technische Infrastruktur ist für die Realisierung, Integration/Test und Produktion festgelegt, installiert und getestet. Die technischen Komponenten sind standardisiert und beschrieben.

Voraussetzungen

1. Das technische Soll-Modell der Phase Modellierung ist erstellt.
2. Die Organisation und die Optimierung der Prozesse und Arbeitsplätze ist vorgenommen.
3. Der Ablauf aller fachlichen systemunterstützenden Geschäftsvorfälle ist bekannt.

Ergebnisse

Die technische Infrastruktur für die Realisierung, Integration/Test und Produktion ist als Konfiguration mit ihren einzelnen Komponenten (Systemstücklisten) inklusive deren Zusammenspiel bekannt.

Aufgaben

- *Technische Komponenten identifizieren:* In diesem Schritt muß auf Grundlage der bereits bekannten Funktionalität der Arbeitsplätze endgültig die Frage geklärt werden, was technisch gebraucht wird, um diese Funktionalität zu erfüllen. Ausgangspunkt ist das technische Sollmodell der Phase Modellierung, das nun verfeinert und endgültig festgelegt wird. Je intensiver dieses Modell bereits erarbeitet wurde, umso kürzer wird der Schritt hier ausfallen. Die Identifizierung der technischen Komponenten muß über alle Geschäftsvorfälle erfolgen und umfaßt die Festlegung der Arbeitsplatzsysteme (Terminals, Workstation, PC), die Festlegung der benötigter Serversysteme, die Festlegung der Ausstattung der Systeme mit Hardware (z. B. Hauptspeicher) und Software (Betriebssystem, DBMS, Standardsoftware u.s.w.) und die Festlegung der Netzverbindung.

- *Systemkonfiguration entwerfen:* Es werden die endgültige Systemkonfiguration für die Realisierung, Integration/Test und Produktion entworfen bzw. überarbeitet. Diese müssen hinsichtlich Funktionalität, Performance, Datensicherheit, Betriebssicherheit u.s.w. den jeweiligen Anforderungen genügen. Aus der Funktionalität der Arbeitsplätze wird auf die benötigten Objekte geschlossen, und festgelegt, auf welchen technischen Komponenten diese liegen. Damit ist die Systemkonfiguration entworfen. Die Gesamtinstallation der Umgebung muß ebenso wie die Prozessorzuordnung (Was läuft auf welcher technischen Komponente?) bestimmt sein.
- *Technische Komponenten standardisieren und beschreiben:* Die verschiedenen Komponenten werden standardisiert, d. h. es werden Typen von technischen Komponenten definiert (z. B. Arbeitsplatztypen, Netztypen). Dies kann rollenbezogen oder rollenübergreifend geschehen. Die technischen Komponenten bzw. Typen werden beschrieben, d. h. es muß z. B. eine Stückliste inklusive Bestell- und Relaese-Nummer angefertigt werden. Das gilt auch für gegebenenfalls neu zu fertigende Komponenten (z. B. spezielle Schnittstellen). Die benötigten technischen Komponenten müssen beschafft werden.
- *Infrastrukturen installieren und testen:* Dieser Schritt wird an dieser Stelle initiiert und muß spätestens mit Beginn der jeweiligen Phase beendet sein, in der die konkrete Infrastruktur benötigt wird. Der Test der Infrastrukturen erfolgt am besten in Stufen, z. B. Test des Servers, Arbeitsplatzeinzeltest, Einzelintegrationstest. Ein Verbundtest muß durch Einbettung der Organisation erfolgen.
- *Realisierungs- und Programmierungsstandards festlegen:* Dazu gehören Festlegungen bezüglich des Maskenaufbaus, der Tastenbelegung, der Namensgebung, des Programmrahmens, des Memory-Management-Konzeptes, der Systemsteuerung, der Fehlerbehandlung usw. Für die Systementsprechungen von Objekten in Form von Modulen, Tabellen, Feldern, Subroutinen usw. muß eine systemweite Namenskonvention festgelegt werden, die die Eindeutigkeit regelt. Die technischen Komponenten eines Systems können sehr heterogen sein. Ebenso ist es möglich, daß Objekte bereits als wiederverwendbare Bausteine (Katalog, Bibliothek) zur Verfügung stehen. Es kann auch die Notwendigkeit bestehen, daß das Objekt neu entwickelt werden muß. Zu diesem Zweck werden Realisierungsvorgaben für jedes Objekt bzw. für jeden Objekttyp festgelegt, die beschreiben, wie das Objekt in der jeweiligen Produktionsumgebung abgebildet werden soll.

QS-Hinweise

Die Vollständigkeit der Infrastruktur kann anhand der Dialog- und GV-Objekte der Anwendungsarchitektur und der Organisationsbeschreibung getestet werden. Als Qualitätssicherungsmaßnahme muß außerdem der Check gegen bereits bestehende und erprobte technische Standards im Unternehmen und darüber hinaus erfolgen. Zentrale Beschaffungskonditionen sind zu berücksichtigen und zu nutzen. Nur in Ausnahmefällen sollte davon abgewichen werden. Es ist auf Kompatibilität bzw. Nichtkompatibilität der Komponenten untereinander zu achten.

Methoden & Werkzeuge

Als Werkzeuge kommen in diesem Schritt Textverarbeitungswerkzeuge und Grafiktools in Frage. Für die Festlegung und Verwaltung der namenskonventionen und Systemobjekte kann ein Data Dictionary in Verbindung mit einem CASE-Tool benutzt werden.

AD Schritt 8: Review durchführen, Realisierung und Integration vorbereiten

Die Anwendungsarchitektur wird unter Berücksichtigung aller fachlichen, organisatorischen und technischen Aspekte einem Review unterzogen und gegebenenfalls optimiert. Der Projektplan und der Qualitätssicherungsplan werden für die nächsten Phasen fortgeschrieben und detailliert. Die Feinplanung für die Phase Realisierung wird erarbeitet.

Voraussetzung

1. Die Anwendungsarchitektur ist mit allen Objekten vollständig beschrieben.
2. Die fachliche Testplanung ist durchgeführt.
3. Die Ablauforganisation und die technische Infrastruktur sind bekannt.

Ergebnisse

1. Die Anwendungsarchitektur ist in endgültiger Fassung als Realisierungsvorlage erstellt.
2. Der Projekt- und Qualitätssicherungsplan ist für die folgenden Phasen angepaßt und detailliert.
3. Die Ergebnisse der Phase Analyse/Design sind einem Review unterzogen worden und gegebenenfalls in einem Pflichtenheft zusammengefaßt.

Meilenstein

Das Ergebnis der Phase Analyse/Design (gegebenenfalls in Form eines Pflichtenhefts) sowie der Projekt- und Qualitätssicherungsplan für die folgenden Phasen werden in einem Meilenstein vom Kunden und vom Controlboard formell abgenommen.

Aufgaben

- *Qualität der Anwendungsarchitektur sichern:* Dieser Schritt bildet den Abschluß des ganzheitlichen Vorgehens der Phase Analyse/Design und steuert den gesamten Prozeß. Insbesondere müssen z. B. die Ergebnisse von einzelnen Teams in Form von Teilsystemen endgültig integriert werden. Alle fachlichen, technischen und organisatorischen Aspekte müssen in der Architektur Berücksichtigung finden. Dieser Schritt ist entscheidend für die Qualität von Analyse/Design und für die Programmiervorlage als Input der Phase Realisierung.
- *Realisierungs- und Integrationsplan erstellen:* Inbesondere für die Phase Realisierung muß eine präzise Feinplanung mit genauen Terminen und Aufwänden vorliegen. Dazu kann die Programmiervorlage in Form der Anwendungsarchitektur benutzt werden und der Aufwand anhand der vorliegenden Erfahrungswerte aus bisherigen Projekten relativ genau geplant werden. Der Testplan und die Testfälle bilden die Grundlage für die Feinplanung der Phase Integration/Test. Im Projektplan werden die Aktivitäten mindestens für die Phase Realisierung im Detail mit genauen Terminen und Aufwänden festgeschrieben. Die Aktivitäten werden zu sinnvollen Arbeitspaketen zusammengefaßt. Diesen Paketen werden Personen und Ressourcen zugeordnet. Im Qualitätssicherungsplan werden die Qualitätssicherungsmaßnahmen für die Phasen Realisierung und Integration/Test im Detail mit Aufwänden und Terminen geplant. Der Projekt- und Qualitätssicherungsplan wird vom Controlboard verabschiedet.
- *Review durchführen und Pflichtenheft erstellen:* Die Ergebnisse der Phase Analyse/Design werden in einem Review aller Beteiligten (Anwender, Entwickler) verabschiedet. Die Ergebnisse dienen als Planungsgrundlage für die nächste Phase und können als Pflichtenheft zusammengestellt werden. Ziel der Review-Sitzungen ist es, die letzten fachlichen Unklarheiten zu beseitigen und entsprechende Änderungen und Korrekturen vorzunehmen.

QS-Hinweise

Der Aufwand für die Phasen Realisierung und Integration/Test läßt sich für alle fachlichen Fragen aufgrund von Erfahrungswerten sehr genau planen. Für technische Fragen (Realisierung und technische Systemtests) müssen bei neuen *unbekannten Technologien* Risiko-Zuschläge berechnet werden.

Das Review bzw. die Erstellung des Pflichtenhefts ist die letzte Möglichkeit für den Auftraggeber, fachliche Änderungen ohne allzu große Folgekosten einzubringen. Danach bedeuten alle fachlichen Änderungen Wartungs- und Nachbesserungsarbeit und werden teuer. Dem Kunden muß seine Verantwortung an dieser Stelle transparent gemacht werden, damit das Review und die Abnahme gewissenhaft erfolgt. Für den Kunden lohnt es sich in jedem Fall, in diese Abnahme einen gewissen Aufwand zu investieren.

Methoden & Werkzeuge:

Werden der Projektplan und der Qualitätssicherungsplan mit einem *Projektmanagement-Werkzeug* verwaltet, so kann die Detaillierung und Fortschreibung der beiden Pläne mit diesem Werkzeug erfolgen.

Das eigentliche Review erfolgt in kleinen Review-Gruppen, welche Teilbereiche des Pflichtenhefts überprüfen.

Die Ergebnisse dieses Reviews werden in einem Review-Workshop vorgestellt. Dort werden notwendige Änderungen beschlossen.

Phase 4: Realisierung

Orientierung Realisierung

Standards und wiederverwendbare Programmrahmen (Templates und Frames) werden implementiert und stehen bei der Modulrealisierung als Musterkomponenten zur Verfügung. Die Datenbank auf Basis des physischen Datenbankdesigns wird implementiert und mit Testdaten gefüllt. Die in sich abgeschlossenen, ablauffähigen Objekte der Anwendungsarchitektur werden gemäß den Projektkonventionen realisiert und getestet. Es entstehen in der Zielumgebung implementierte und getestete Module, die in der Phase Integration/Test zu einem Gesamtsystem integriert werden.

Kreativer Prozeß

Für die Phase Realisierung kann eine allgemeingültige Vorgehensweise angegeben werden. Die Anwendungsarchitektur mit den darin enthaltenen Objekten und deren Spezifikationen muß kreativ in die Zielumgebung mit den dort zur Verfügung stehenden Elementen abgebildet werden. Die Realisierung hängt zum einen von in der Phase Analyse/Design erarbeiteten Vorgaben und Umsetzrichtlinien, zum anderen aber auch von dem Programmierstil der Entwickler, ihren Vorkenntnissen und ihrem Erfahrungsschatz sowie von (offiziellen und inoffiziellen) Teamkonventionen ab. Dennoch kann für diese Phase eine Leitlinie vorgegeben werden, an der der konkrete Prozeßverlauf gemessen werden kann.

Plattformabhängigkeit

Die Realisierungsumgebung und die Zielumgebung beeinflussen den Realisierungsprozeß in starkem Maße. Faktoren wie Betriebssystem, Ablaufumgebung, Rechen- und Speicherkapazität, Programmiersprache, Entwicklungs- und Testwerkzeuge und anderes mehr sind entscheidend für die konkreten Aktivitäten der Entwicklungsteams.

Die Zielumgebung ist im allgemeinen in der Phase Analyse/Design durch die Anwendungsarchitektur bereits berücksichtigt worden, da nur so die effiziente Realisierung der den Projektzielen entsprechenden Programme garantiert wird. In der Phase Realisierung sind vergessene oder verschobene Entscheidungen bezüglich der Anwendungsarchitektur nur schwer in die Programme einzuarbeiten.

Realisierungsthema

Bei der Realisierung werden nacheinander Themen bestimmt, für die die Systemarchitektur in Programmodule überführt und optimiert werden soll. Ein Thema legt den nächsten Bearbeitungsgegenstand fest, auf den man sich konzentriert und den man abarbeitet. Solche Themen können sein:

1. *Ein Geschäftsvorfall als Durchstich mit allen benötigten Objekten.* Dies ist z.B. sinnvoll für die Optimierung von zeitkritischen Batches und häufig benutzten komplexen Geschäftsvorfällen als Ganzes. Die Häufigkeit eines Geschäftsvorfalls ist aus dem Mengengerüst der Phase Modellierung ersichtlich.
2. *Eine Schnittstelle zu einem System-Service (TP-Monitor, DBMS etc.) oder zu einem externen System für alle von Objekten der Anwendungsarchitektur benötigte Dienstleistungen dieser Systeme.* Diese Themen sind dann sinnvoll, wenn die externen Systeme oder System-Services performance-kritisch sind.
3. *Eine Schicht der Anwendungsarchitektur (z.B. Dialog-Objekte, Daten-Objekte) einschließlich ihrer Schnittstellen zu den anderen Schichten der Anwendungsarchitektur.* Solche Themen sind dann sinnvoll, wenn auch in der Realisierung Wert auf ein einheitliches Design der Objekte gelegt wird, z.B. um die Wartbarkeit und Wiederverwendbarkeit zu sichern.
4. *Ein Objekt der Anwendungsarchitektur*, wenn es eine zentrale Rolle im Kontext einnimmt (im allgemeinen nur für Geschäftsvorfall-Objekte und wiederverwendbare Funktions-Objekte sinnvoll).

Bei der Auswahl des nächsten Themas sollten die Themen berücksichtigt werden, die bereits am besten verstanden sind oder die für das Gesamtsystem am wichtigsten sind. Auf diese Weise wird das gesamte System Thema für Thema bearbeitet. Nach jedem Thema müssen die neu erarbeiteten Ergebnisse (Module) mit den schon vorhandenen *integriert und als Ganzes optimiert* werden.

Übergang zur Phase Integration/Test

Diese Module werden laufend an die Phase Integration/Test übergeben. Damit ist der Übergang zwischen den Phasen Realisierung und Integration/Test fließend. So ist gesichert, daß die realisierten Module bereits frühzeitig im Verbund getestet werden können. Fertige Teilsysteme können bereits in die technische Infrastruktur und die Organisation zum Test übergeben werden. Damit sind die damit verbundenen Organisationsveränderungen ebenfalls schrittweise durchführbar. Diese Aktivitäten sind der Phase Integration/Test zuzuordnen.

Realisierungsziele

Die in der Phase Projektinitialisierung festgelegten Projektziele sind während des Projektverlaufs naturgemäß dynamischen Änderungen unterworfen. Der Abgleich der Ziele mit den Projektaktivitäten und Ergebnissen ist wichtiger Bestandteil des Projektmanagements. Für die Phase Realisierung ergeben sich aus den Projekt- und Qualitätssicherungs-Zielen realisierungsrelevante Ziele, die sich unter Umständen erheblich widersprechen können.

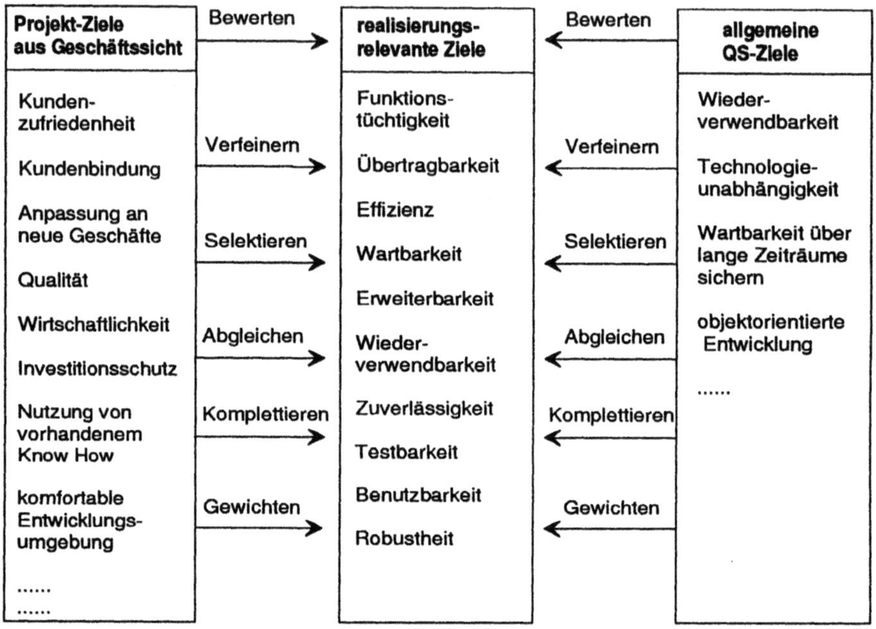

Abb. 1: Ableitung realisierungsrelevanter Ziele

Es muß eine Gewichtung und ein Abgleich dieser Ziele mit den tatsächlichen Projektanforderungen erfolgen. In der Praxis werden oft alle Ziele wie z.B. Wiederverwendbarkeit, Wartbarkeit, Performance, Benutzerfreundlichkeit gleich hoch bewertet. Erst in der Realisierung erfolgt aufgrund der Kostensituation eine Relativierung und Priorisierung. Besser ist es, über die Phasen Modellierung und Analyse/Design möglichst früh Anwendungsarchitektur-Varianten gegen die Projektziele zu gewichten und so eine Entscheidung für Realisierungsziele frühzeitig zu treffen.

Ablauf Realisierung

RE Schritt 1: Standards und Programmrahmen realisieren

Die festgelegten Standards und Konventionen hinsichtlich Maskenaufbau, Objekt-Programmrahmen, Kommunikationswegen und ähnlichem werden in Form von Musterkomponenten implementiert und sind allen Projektmitarbeitern bekannt. Pro Schicht der Anwendungsarchitektur sind die Gemeinsamkeiten der jeweiligen Objekte bestimmt und vorrealisiert. Dadurch ist redundanzfreies Arbeiten der am Projekt beteiligten Entwickler möglich. Es gelingt eine nahtlose Implementierung in der Zielumgebung und ein optimales Erreichen der Realisierungsziele.

RE Schritt 2: Physisches Datenbankdesign realisieren

Die in der Phase Analyse/Design entworfenen Daten-Objekte werden in ein physisches Design und die konkrete Datenbank umgesetzt und optimiert. Die Datenbank wird mit Testdaten gefüllt und steht für die weitere Realisierung zur Verfügung.

RE Schritt 3: Themen der Anwendungsarchitektur realisieren

Die in der Phase Analyse/Design konstruierte Anwendungsarchitektur wird themenweise realisiert. Die zum Thema gehörenden Objekte werden gegebenenfalls durch Füllen der entsprechenden Musterkomponenten realisiert. In der Regel wird pro Objekt der Anwendungsarchitektur ein ablauffähiges und getestetes Modul erzeugt.

RE Schritt 1: Standards und Programmrahmen realisieren

Die festgelegten Standards und Konventionen hinsichtlich Maskenaufbau, Objekt-Programmrahmen, Kommunikationswegen und ähnlichem werden in Form von Musterkomponenten implementiert und sind allen Projektmitarbeitern bekannt. Pro Schicht der Anwendungsarchitektur sind die Gemeinsamkeiten der jeweiligen Objekte bestimmt und vorrealisiert. Dadurch ist redundanzfreies Arbeiten der am Projekt beteiligten Entwickler möglich. Es gelingt eine nahtlose Implementierung in der Zielumgebung und ein optimales Erreichen der Realisierungsziele.

Voraussetzungen

Die technische Infrastruktur für die Phase Realisierung ist bekannt und bereitgestellt.

Ergebnisse

1. Ablauffähige Programmrahmen für jede Schicht der Systemarchitektur sind vorhanden (inkl. Hilfesystem, Abbruch- und Fehlerbehandlung).
2. Die globalen Navigationsfunktionen der Masken sind funktionsfähig.
3. Die Verwaltung der globalen Systemspeicherbereiche ist ablauffähig.
4. Die Ausgabe von Meldungen, Hinweisen und Fehlertexten ist vorbereitet.
5. Anwendungsübergreifende Funktionalitäten wie z.B. das Berechtigungskonzept sind realisiert.

Aufgaben

- *Dialog-Konzept realisieren:* Der Maskenaufbau (z.B. Maskenkopf, Veranlassungsteil, Anzeige, Funktionstasten), die Maskensteuerung (Tasten, Veranlassung, Optionen) sowie die Navigation durch die Masken (Verarbeitungsreihenfolgen, Wirkung der Tasten) werden realisiert.
- *Programmrahmen für Objekte implementieren:* Der Programmrahmen für die einzelnen Objekttypen (Geschäftsvorfall-, Funktions-, Daten-Objekte) wird implementiert und gegebenenfalls als Kopiervorlage bereitgestellt. Dazu gehört die Festlegung der Programmstruktur, Standardschnittstellen, Standardparameter und die Berücksichtigung von Programmierstandards.

- *Kommunikationsmechanismen festlegen:* Die Kommunikationsmechanismen der Objekte bzw. Module gleicher und verschiedener Schichten werden festgelegt.
- *Behandlung von Fehlern und Systemmeldungen vorbereiten und realisieren.*
- *Standardfunktionen realisieren:* Die anwendungsübergreifenden Standardfunktionen werden realisiert bzw. zur Verfügung gestellt.

QS-Hinweise

Dieser Schritt sollte bereits parallel zur Phase Analyse/Design begonnen werden, damit die Musterkomponenten rechtzeitig vorliegen. Eine Anpassung und Ergänzung der Komponenten während der Realisierungsphase an die aktuellen Erfordernisse sollte von vornherein einkalkuliert werden.

Für die Erstellung und Wartung der Standards und Programmrahmen sind personelle Verantwortlichkeiten festzulegen.

Alle Entwickler sind spätestens zu Beginn der Realisierung in Bezug auf die Standards und Konventionen zu schulen.

Bei kleineren Projekten braucht dieser Schritt unter Umständen nur in geringem Umfang durchgeführt werden. Wird ein Prototyp entwickelt, können aus diesem die Musterkomponenten abgeleitet werden.

Methoden & Werkzeuge

Programmgeneratoren, Editoren, Testwerkzeuge, Versionsverwaltungssysteme usw. werden in diesem Schritt je nach zur Verfügung stehender technischer Infrastruktur eingesetzt.

RE Schritt 2: Physisches Datenbankdesign realisieren

Die in der Phase Analyse/Design entworfenen Daten-Objekte werden in ein physisches Design und die konkrete Datenbank umgesetzt und optimiert. Die Datenbank wird mit Testdaten gefüllt und steht für die weitere Realisierung zur Verfügung.

Voraussetzung

Die Daten-Objekte der Anwendungsarchitektur aus der Phase Analyse/Design liegen vor.

Ergebnisse

Das Datenbankdesign ist umgesetzt und in Hinblick auf die konkrete Datenbank optimiert.

Aufgaben

- *Tabellen anlegen:* Die Tabellen sind angelegt und die Indizes gesetzt. Die Tabellenzugriffe sind möglich.
- *Testdaten füllen:* Die Tabellen werden mit den für den Modultest benötigten Testdaten gefüllt.
- *Fehlerbehandlung und Zugriffsschutz festlegen:* Die Datenintegrität im Fehlerfall bzw. bei gleichzeitigem Zugriff von mehreren Benutzern wird sichergestellt. Ebenso wird ein Berechtigungssystem erstellt.

QS-Hinweise

Die Datenbank sollte mit einfachen Ein- und Ausgabedialogen gestestet werden. Dieser Schritt wird durch den Datenbank-Administrator durchgeführt.

Methoden & Werkzeuge

Es können Datenbank-Editoren und Realisierungstools genutzt werden. Bei CASE-Werkzeugen ist oft eine Generierung aus dem Data Dictionary möglich.

RE Schritt 3: Themen der Anwendungsarchitektur realisieren

Die in der Phase Analyse/Design konstruierte Anwendungsarchitektur wird themenweise realisiert. Die zum Thema gehörenden Objekte werden gegebenenfalls durch Füllen der entsprechenden Musterkomponenten realisiert. In der Regel wird pro Objekt der Anwendungsarchitektur ein ablauffähiges und getestetes Modul erzeugt.

Voraussetzungen

1. Die Objekte der Anwendungsarchitektur und ihre Kommunikation sind bekannt.
2. Die Standards und Programmrahmen sind realisiert. Die Umsetzungsrichtlinien sind bekannt.

Ergebnisse

1. In sich abgeschlossene, ablauffähige und getestete Module als Bausteine des zu konstruierenden Systems sind realisiert.
2. Von der Ablaufumgebung bereitgestellte und benötigte Funktionen sind gegebenenfalls in die Module integriert.
3. Der lokale Datenhaushalt ist pro Modul festgelegt und realisiert.

Aufgaben

Die Realisierung findet prinzipiell in zwei Zyklen statt (siehe Abb. 2) Der äußere Zyklus betrachtet das Thema der Systemarchitektur, der innere Zyklus einzelne Objekte, die in Module überführt werden:

- ❒ *Thema der Anwendungsarchitektur festlegen.*
- ❒ *Module realisieren:* Zunächst empfiehlt es sich, ein zentrales Objekt des Themas als "Ankerpunkt" zu bestimmen. Dieses Objekt wird als Modul realisiert, das heißt das Wissen, Können, Verhalten des Objektes und bei Dialog-Objekten ebenfalls die Benutzeroberfläche wird mit Hilfe einer Programmiersprache in die Realisierungsumgebung abgebildet.

Die Module enthalten die konkrete Programmlogik (Ablaufsystem). Die Module werden getestet und notwendige Korrekturen werden eingebaut. Anschließend werden die weiteren zum Thema gehörende Objekte bestimmt und dieser innere Zyklus für jedes Objekt wiederholt.

- *Module synchronisieren:* Alle bisher entwickelten Module werden miteinander synchronisiert. Dieser Schritt kann auch schon realisierungsbegleitend erfolgen.

Anschließend wird das nächste Thema der Anwendungsarchitektur festgelegt und die genannten Aufgaben werden wiederholt.

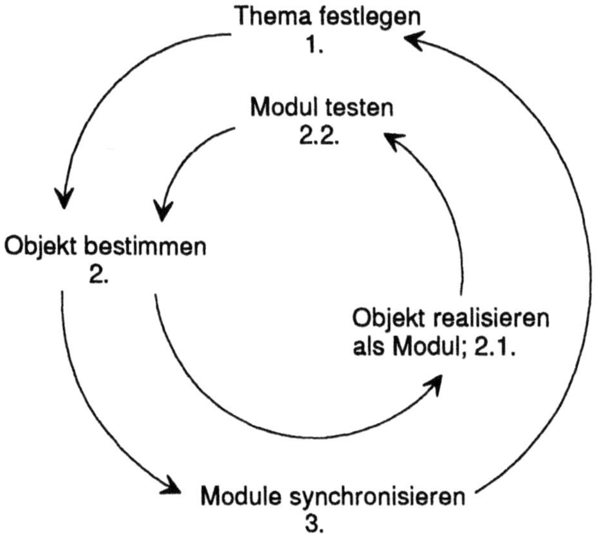

Abb. 2: Innerer und äußerer Zyklus der Realisierung

QS-Hinweise

Die Realisierung und der Test von Modulen sollte grundsätzlich von zwei verschiedenen Personengruppen vorgenommen werden.

Der Programmiercode ist so zu gestalten, daß er transparent und gut strukturiert ist. Eventuell notwendig gewordene Designänderungen, individuelle Anpassungen und Tuningmaßnahmen sind zu dokumentieren. Gegebenenfalls muß ein Rücksprung in die Phase Analyse/Design erfolgen.

Bei der Umsetzung von Objekten der Systemarchitektur in Module der konkreten Zielumgebung sind vorhandene projektteamübergreifende Erfahrungen zu nutzen (Erfahrungsaustausch, Workshops, Konsultationen, u.s.w.).

Es ist vor der Realisierung des jeweiligen Objekts zu klären, ob es bereits laufende (Teil-) Systeme gibt, die die Anforderungen erfüllen, oder ob Standardsoftware ganz oder teilweise eingesetzt werden kann.

Es sind parallel zur eigentlichen Realisierung Maßnahmen zur Erreichung der Realisierungsziele durchzuführen, z. B.:

- Reduzierung der Datenbank-Zugriffe.
- Tuning der Datenbank-Installations-Parameter.
- Optimierung der internen Abläufe in einem Modul.

Diese Maßnahmen sind stark von der jeweiligen Produktionsumgebung abhängig.

Die Bearbeitung der einzelnen Aufgaben erfolgt ganzheitlich und in Zyklen. Es läßt sich keine Abfolge der Aufgaben festlegen. Die Resultate der einzelnen Aktivitäten müssen synchronisiert, integriert und abgeglichen werden.

Methoden & Werkzeuge

Programmgeneratoren, Editoren, Testwerkzeuge, Versionsverwaltungssysteme usw. werden in diesem Schritt je nach zur Verfügung stehender technischer Infrastruktur eingesetzt.

Phase 5: Integration/Test

Orientierung Integration/Test

Die in der Phase Realisierung erstellten Komponenten, Teilsysteme und Module werden zusammengebaut, d.h. integriert und dann getestet. Parallel werden die Produktionsumgebung (Hardware und Software) bereitgestellt sowie Schulungen für die Endanwender durchgeführt. Nach Testabschluß folgt die Integration in das evtl. bestehende Produktionssystem und der Start des neuen Systems.

Die Schlüsselergebnisse der Phase Integration/Test sind:

1. Die Organisation ist auf den Einsatz des neuen Systems vorbereitet. Organisatorische Änderungen sind initiiert worden. Die Akzeptanz der zu erwartenden organisatorischen und technischen Lösung ist hergestellt worden; Schulungskurse haben stattgefunden.
2. Die notwendigen Daten stehen für den produktiven Betrieb des neuen Systems zur Verfügung.
3. Das neue Gesamtsystem ist vollständig fertig und ausgetestet, so daß die Endanwender produktiv mit dem neuen System arbeiten können.

Arbeitsfluß

Die in der Programmierumgebung in der Phase Realisierung erstellten Module werden in die Testumgebung transferiert, wo sie zu größeren Teilsystemen zusammengefügt und getestet werden (inkrementelle Integration). Anschließend wird das Gesamtsystem in die Produktionsumgebung überführt (Abb. 1).

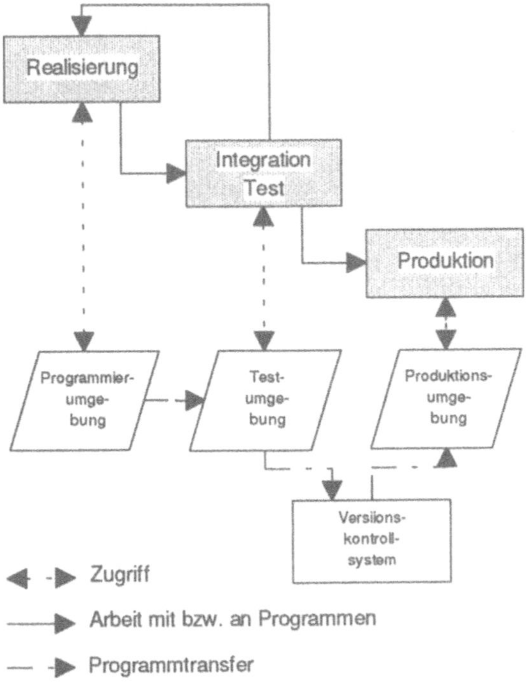

Abb. 1 : Orientierung der Phase Integration/Test

Integration

Die Integration ist das Zusammenfügen von Modulen zu größeren Komponenten. Wie dies im einzelnen geschieht, hängt u. a. von den Modulen selbst, der Test- sowie der späteren Produktionsumgebung und von den zur Verfügung stehenden Werkzeugen ab.

Integrationsreihenfolge

Es muß geklärt werden, in welcher Reihenfolge die Module von der Programmier- in die Testumgebung überführt und dort getestet werden. Bei der Integrationsreihenfolge von Modulen empfiehlt sich ein themenorientiertes Vorgehen, d. h. die zu integrierenden Module werden nach einem festgelegten Thema wie z. B. Schnittstellen zu anderen Systemen, Geschäftsvorfällen oder auch Verarbeitungsart (Batch und Dialog) ausgewählt.

Test

Durch den Test wird sichergestellt, daß mit Hilfe der erstellten Software die spezifizierten Geschäftsvorfälle fachlich korrekt und den Anforderungen entsprechend durchgeführt werden können. Testen bedeutet somit, den Abgleich zwischen den dokumentierten Anforderungen und den vorliegenden Modulen durchzuführen. Ein Test ist dann erfolgreich, wenn er dazu beiträgt, Fehler zu beseitigen bzw. nicht erfüllte Anforderungen zu erkennen.

Teststruktur

Für die Durchführung des Tests werden zunächst fachliche Testziele erarbeitet (siehe Phase Analyse/Design), aus denen sich eine Teststrategie, Testmethoden sowie Testkriterien ableiten lassen (Abb.2).

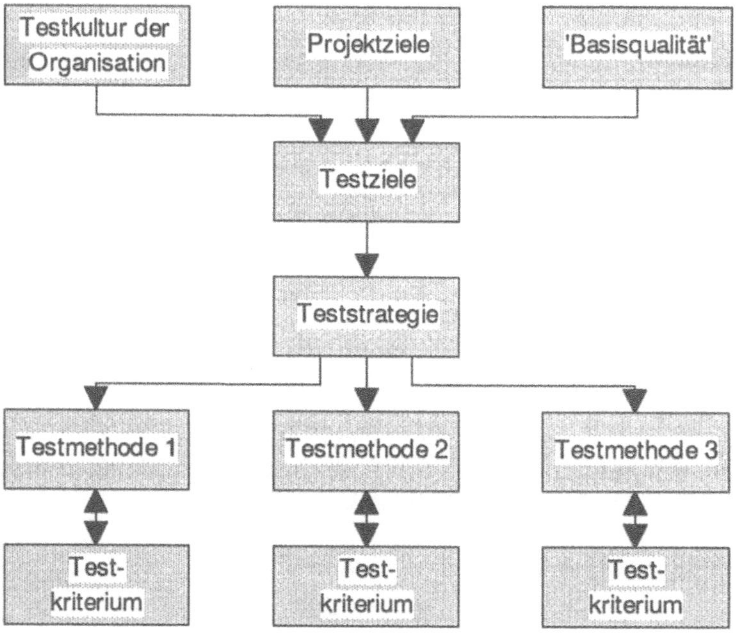

Abb. 2: Struktur des Testens.

Testziele

Testziele sind die Anforderungen, denen das erstellte System genügen muß. Mit der Durchführung der Tests und der Anwendung der Testkriterien wird ermittelt, ob die Anforderungen erfüllt sind oder nicht.

Für die Formulierung der Testziele bzw. der Anforderungen gibt es wichtige Informationen, die beachtet werden müssen:

- Falls in den Projektzielen oder im Projektauftrag ausdrücklich zu testende Systemeigenschaften, Testverfahren oder Abnahmekriterien festgelegt worden sind, muß dies in den Testzielen berücksichtigt werden. Falls dies nicht der Fall ist, müssen die Testziele in Absprache mit dem Auftraggeber abgeleitet werden.
- Hinweise zur Erarbeitung der Testziele ergeben sich auch aus der 'Testkultur' der beteiligten Organisationen. Eventuell bestehen auch betriebliche Regeln zum Testen oder standardisierte Testverfahren.
- Die Testziele in bereits abgeschlossenen Projekten, die zu einer - wie auch immer gearteten - 'Basisqualität' geführt haben, können bei der Festlegung der neuen Testziele ebenfalls berücksichtigt werden.
- Die Testziele sind so zu formulieren, daß sie überprüfbar sind. Ist dies nicht der Fall, so müssen diese Ziele gegebenenfalls verfeinert werden.

Teststrategie

Die Teststrategie wird auf der Basis der Testziele erarbeitet. Die besteht aus einer Liste von Testmethoden und den zugehörigen Testkriterien. Mit den gewählten Testmethoden sollen die Testziele erreicht werden. Die Ermittlung der Teststrategie bzw. der Testmethoden aus den Testzielen bedarf einiger Erfahrung:

- Die zur Verfügung stehenden Ressourcen (Personen und die geplante Zeit) müssen möglichst effektiv bei der Fehlersuche eingesetzt werden.
- Je wichtiger für den Geschäftsablauf und je sicherheitsrelevanter eine Anwendung ist, umso sorgfältiger muß getestet werden und umso größer ist in der Regel der notwendige Testaufwand.
- Teilsysteme können in Bezug auf ihre strategische Sensibilität für den Geschäftsprozeß bzw. Sicherheitsrelevanz klassifiziert werden. Pro Teilsystem bzw. Klasse ist auf dieser Klassifikation aufbauend eine eigene Teststrategie zu definieren.

Testmethoden

Die Testmethoden legen fest, in welcher Art das fertige technische und organisatorische System zu testen ist. Für jede Testmethode muß es ein Testkriterium geben, das festlegt, wann das Testende erreicht ist.

Es existieren folgende Testmethoden:

- *Intuitives Testen:* Dies ist die am weitesten verbreitete Testmethode. Der Entwickler geht mit dem Endanwender anhand der Geschäftsvorfälle die zu testende Software durch und überprüft die Ergebnisse.
- *Statische Testmethoden*: Sie basieren darauf, daß der erstellte Modulcode gelesen und auf Fehler überprüft wird. Codeinspektion und Walk-Through.
- *Dynamischen Testmethoden*: Dazu gehören z. B. der Black- und der White-Box-Test. Beim Black-Box Test wird nur das externe Verhalten des Objektes untersucht, während beim White-Box-Test die objektinterne Verarbeitung getestet wird.

Bei der Auswahl der Testmethoden für eine Teststrategie sollten alle drei Testmethoden berücksichtigt werden, da jede der verwendeten Testmethoden Vor- und Nachteile hat: Das intuitive Testen anhand der Geschäftsvorfälle erlaubt z. B. einen relativ schnellen, aber ungenauen Test während die statischen und dynamischen Testmethoden einerseits einen beträchtlichen Zeitaufwand darstellen andererseits aber auch zuverlässiger und systematischer sind.

Die Einbindung der späteren Endanwender in den Testprozeß (Intuitives Testen) hat neben den erwähnten Eigenschaften weitere Vorteile: Es schafft Akzeptanz und ersetzt teilweise eine Schulung.

Testorganisation

- Es muß ein Testkoordinator benannt werden, der die Teststrategie mit den Beteiligten umsetzt, den Testzyklus koordiniert, für den Programmtransfer zwischen den verschiedenen Umgebungen verantwortlich ist und den Integrations- und Testplan im Sinne der Testergebnisdokumentation (Testprotokoll) fortschreibt (Abb. 3).
- Für den systematischen Test von Teilsystemen empfiehlt es sich, ein spezialisiertes Testteam aufzustellen.
- Für den Programmtest in der Fachabteilung ist es sinnvoll, die Tests mit einer kleinen Gruppe zu beginnen. Je nach Grad der Fertigstellung von Teilsystemen wächst dieses Testteam dann an.
- Die Mitarbeiter des Auftraggebers, die an der Spezifikation mitgearbeitet haben (fachliche Entscheidungsträger), entscheiden über eventuell notwendige Änderungen in der Spezifikation (Abb.3).

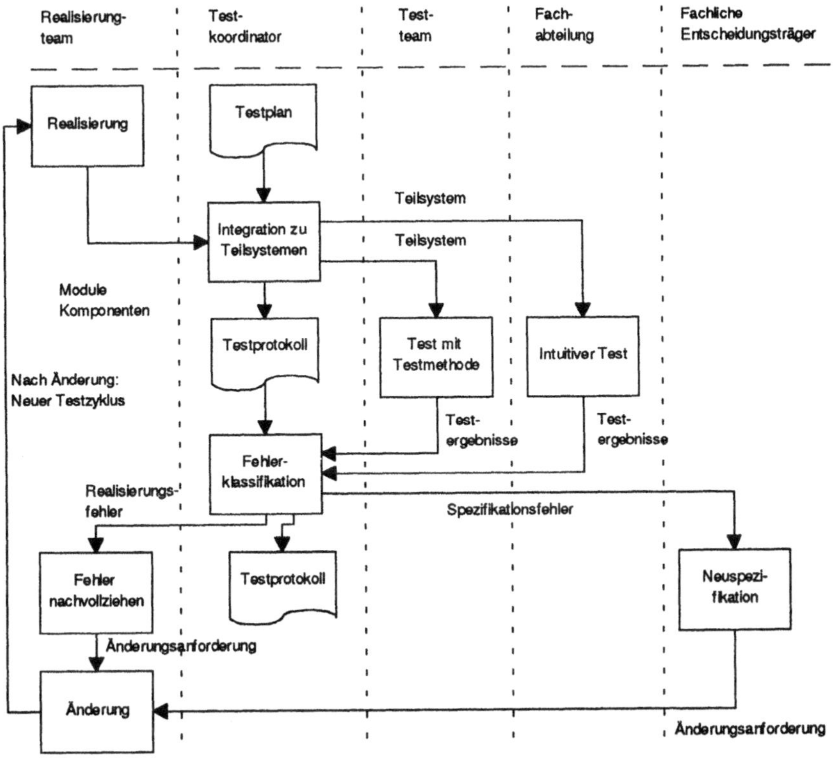

Abb. 3: Testorganisation und Testablauf über einen Testzyklus

Mögliche Fallen

Obwohl die Phase Integration und Test im Phasenmodell erst auf die Phase Realisierung folgt, sollte man beachten, daß alle früheren Projektergebnisse der formalen und inhaltlichen Überprüfung bedürfen. "Qualität" kann nicht in ein fertiges System hineingetestet werden. Es kommt darauf an, im Sinne einer konstruktiven Qualitätssicherung durch ein richtiges Vorgehen die Rahmenbedingungen für korrekte Ergebnisse zu erstellen. Der Test in dieser Phase sollte dann eher ein Nachweis sein, daß in den früheren Phasen gründlich gearbeitet worden ist.

Der Aufwand für Integration und Test wird häufig unterschätzt. Wenn trotz Terminverzuges das Einsatzdatum eingehalten werden soll, wird der Zeitverlust häufig in der Phase Integration/Test eingespart. Dies hat zur Folge, daß ein mangelhaft getestetes System in Produktion genommen wird und über einen nicht kontollierbaren Zeitraum falsche Daten liefert. Bei Fehlerentdeckung müssen diese Dateninkonsistenzen mühsam manuell oder durch speziell anzufertigende Programme korrigiert werden. Diese Tätigkeiten können nicht geplant werden und stellen in Bezug Umfang und auf mögliche Folgen ein hohes Risiko dar. Mit anderen Worten: Man verschiebt die Probleme in die Phase Produktion / Wartung.

Es ist wichtig, zwischen Testkriterien und Abnahmekriterien sorgfältig zu unterscheiden. Letztere werden mit dem Auftraggeber im Rahmen des Projektauftrages vereinbart. Die Testkriterien dagegen sind für die projektinterne Arbeit relevant. In der Praxis kann es vorkommen, daß ein Abnahmekriterium auf einer oder mehreren Testmethoden und dazugehörigen Testkriterien basiert.

Ablauf Integration/Test

IT Schritt 1: Integrations- und Teststrategie planen und festlegen

Zu Beginn der Phase Integration/Test muß auf den Testzielen aufbauend die Teststrategie erarbeitet und die weiteren Tätigkeiten geplant werden. Dies geschieht auf Grundlage des in der Phase Analyse/Design erstellten fachlichen Testplanes und der anderern Projektergebnisse.

IT Schritt 2: Test- und Produktionsumgebung bereitstellen

Die notwendige Hard- und Basissoftware für die Integration und den Test sowie für den späteren Produktionsbetrieb muß komplett zur Verfügung gestellt werden.

IT Schritt 3: Datenvorbereitung

Für den Test der Produktionsumgebung, einen problemlosen Systemeinsatz und für praxisnahe Testfälle müssen die vorhandenen aktuellen Daten aus einem eventuell bestehenden Vorgängersystem zur Verfügung gestellt werden. Die vorhandenen Daten müssen umstrukturiert und gegebenenfalls bereinigt werden. Dieser Schritt fällt weg, wenn keine Daten übernommen werden müssen.

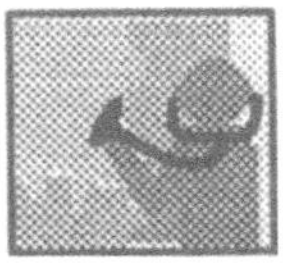

IT Schritt 4: Komponenten integrieren und Integrationstest durchführen

Anhand der Integrationsreihenfolge werden Module zu Teilsystemen zusammengefügt und anhand der Teststrategie getestet. Der Test geschieht unter Einbeziehung der späteren Endanwender.

IT Schritt 5: Organisatorische Abläufe anpassen

Mit dem Einsatz eines neuen Systems ergeben sich einige organisatorische Änderungen in der Fachabteilung, die vorbereitet und eingeführt werden müssen.

IT Schritt 6: Abnahme und Übergabe in Produktion

Das getestete System wird für den Produktionsbetrieb vorbereitet. Wenn die Abnahmekriterien erfüllt und alle notwendigen Daten und Programme auf der Produktionsumgebung bereitstehen, erfolgt der Startschuß für den produktiven Einsatz des erstellten Systems.

IT Schritt 1: Integrations- und Teststrategie planen und festlegen

Zu Beginn der Phase Integration/Test muß auf den Testzielen aufbauend die Teststrategie erarbeitet und die weiteren Tätigkeiten geplant werden. Dies geschieht auf Grundlage des in der Phase Analyse/Design erstellten fachlichen Testplanes und der anderern Projektergebnisse.

Voraussetzungen

Ein in der Phase Analyse und Design erstellter *fachlicher Testplan* mit den Testzielen, den Testabnahmekriterien und den zu testenden Geschäftsvorfällen liegt vor.

Ergebnisse

Ein abgestimmter Integrations- und Testplan liegt vor.

Aufgaben

Der Integrations- und Testplan wird in einem Workshop gemeinsam mit allen Vertretern der am Projekt beteiligten Gruppen erstellt. Das *Drehbuch* dieses Workshops umfaßt:

- *Teststrategie erarbeiten*: Aus den Testzielen wird die Teststrategie erarbeitet bzw. verfeinert. Dazu gehört die Festlegung der Testmethoden sowie der Testkriterien. Dabei sind die in der Phase Analyse/Design festgelegten Ergebnisse zu berücksichtigen.
- *Testorganisation festlegen*: Die Testorganisation wird festgelegt, so z.B. der Testkoordinator und das Testteam.
- *Integrations- und Testreihenfolge festlegen*: Es wird ein Integrations- und Testablauf erarbeitet: Welche Teile der Applikation sollen zuerst getestet und zusammengefügt werden und welche danach? Dabei ist eine themenorientierte Vorgehensweise zu wählen.

- *Integrations- und Testplan erstellen*: Auf Grundlage des Testplans aus der Phase Analyse/Design wird vom Testkoordinator in Abstimmung mit der Projektleitung ein Integrations- und Testplan erstellt u.a. mit folgendem Inhalt:
  - Dokumentation der Testziele und der Teststrategie,
  - Beschreibung der Testmethoden inklusive der Testkriterien, Testwerkzeuge, des Fehlermanagements und der Testdokumentation,
  - Integrations- und Testreihenfolge der Komponenten,
  - Überblick über die Testorganisation und den Testablauf,
  - Beschreibung der notwendigen Voraussetzungen für den Abnahmetest durch den Auftraggeber (Abnahmekriterien),
  - Beschreibung der Test- und Produktionsumgebung,
  - Auflistung und Beschreibung aller Datenbestände, die zur Abwicklung des bisherigen Geschäftes notwendig waren und die weiterhin für den Geschäftsprozeß wichtig sind,
  - Auflistung der fachlich notwendigen Testszenarien, Testfälle und Testdaten,
  - Auflistung der technisch notwendigen Testfälle (Test von technischen Komponenten bzw. der Basissoftware),
  - Überblick über die betroffenen Organisationen, Arbeitsplätze und Geschäftsabläufe.

QS-Hinweise

Der Integrations- und Testplan ist für die Abwicklung dieser Phase von großer Wichtigkeit. Der abgearbeitete Plan kann als Grundlage für das Abnahme-Testat des Auftraggebers angesehen werden. Bei der Erstellung sollte daher auf dessen Beteiligung Wert gelegt werden. Die schwierige Umsetzung von Testzielen in konkrete Testmethoden und Testkriterien bedarf der Unterstützung von erfahrenen Mitarbeitern.

Methoden & Werkzeuge

Die Erstellung der Integrations- und Teststrategie findet hauptsächlich in einem oder mehreren *moderierten Workshops* statt. Die Verfeinerung und Dokumentation des Integrations- und Testplanes erfolgt mit Hilfe eines Textverarbeitungssystems oder eines Projektmanagementwerkzeuges.

IT Schritt 2: Test- und Produktionsumgebung bereitstellen

Die notwendige Hard- und Basissoftware für die Integration und den Test sowie für den späteren Produktionsbetrieb muß komplett zur Verfügung gestellt werden.

Voraussetzungen

Das technische und das organisatorische Soll-Modell liegt vor.

Ergebnisse

Die Test- und Produktionsumgebung stehen inklusiv aller notwendigen Hard- und Basissoftwarekomponenten sowie der Testdaten und den Systemparametern zur Verfügung.

Aufgaben

- *Testumgebung bereitstellen*: Die Testumgebungen inklusive aller Systemkomponenten und Systemeinstellungen wie z.B. Laufzeitumgebungen, Datenbanken und Testwerkzeuge muß bereitgestellt werden.
- *Testdaten bereitstellen*: Die an den Testfällen orientierten Testdaten werden unter Einbeziehung der Endanwender erarbeitet und bereitgestellt.
- *Zugriff für Entwickler ermöglichen*: Zugriffsberechtigungen sowie Spezialregelungen (Standardmenüs, Recoverymöglichkeiten, Operatingunterstützung) für das Test- und Produktionssystem sind zu klären und umzusetzen.
- *Produktionsumgebung bereitstellen*: Die Produktionsumgebung inklusive der Datenbanken, Programmbibliotheken, Versionskontrollmechanismen u. a. wird bereitgestellt.
- *Modulübergabe vorbereiten*: Alle Mechanismen zur Modulübergabe von der Test- in die Produktionsumgebung inklusive Versionskontrollmechanismen, Konfigurationsmanagementsystem und notwendigen Transferprogrammen müssen verfügbar sein.
- *Produktionsumgebung testen*: Die Produktionsumgebung wird getestet, indem die vorbereiteten Daten geladen und testweise soweit wie möglich verarbeitet werden.

QS-Hinweise

Dieser Schritt steht in engem Zusammenhang mit dem Schritt Datenvorbereitung und muß in Bezug auf die zu erstellenden Produktionsdaten verzahnt mit diesem verlaufen.

Methoden & Werkzeuge

Die notwendigen Tätigkeiten erfordern genaue Hard- und Basissoftwarekenntnisse, so daß die Mitarbeit von Spezialisten notwendig ist.

IT Schritt 3: Datenvorbereitung

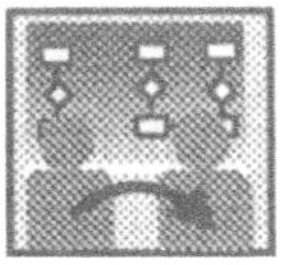

Für den Test der Produktionsumgebung, einen problemlosen Systemeinsatz und für praxisnahe Testfälle müssen die vorhandenen aktuellen Daten aus einem eventuell bestehenden Vorgängersystem zur Verfügung gestellt werden. Die vorhandenen Daten müssen umstrukturiert und gegebenenfalls bereinigt werden. Dieser Schritt fällt weg, wenn keine Daten übernommen werden müssen.

Voraussetzungen

1. Die Datenstruktur sowie wichtige Parametereinstellungen der 'alten' technischen Lösung sind bekannt
2. Es besteht die Notwendigkeit, vorhandene Datenbestände im neuen System verfügbar zu machen
3. Das logische Datenmodell des zu erstellenden Systems liegt vor.

Ergebnisse

1. Die Übernahmeprogramme sind erstellt und getestet, mit deren Hilfe die Daten aus einem täglich im Einsatz stehenden Vorgängersystem in das neue System überführt werden können.
2. Auf das neue System zugeschnittene Parametereinstellungen liegen vor.

Aufgaben

- *Konversionsregeln erarbeiten*: Konversionsregeln vom alten ins neue Datenmodell müssen erarbeitet und mit allen Beteiligten abgestimmt werden. Wenn die Dokumentation unzureichend ist, muß gegebenenfalls das alte Datenmodell nachmodelliert werden.
- *Datenbereinigung durchführen*: Der gewünschte Datenbereinigungseffekt muß sichergestellt werden: Die Eleminierung von Dubletten, das Ausfiltern veralteter Daten, das Löschen unnötiger Attribute sowie Nummernkreise und weitere Datenoperationen müssen abgestimmt werden.
- *Datenübernahmeprogramme erstellen*: Bei der Übernahme vorhandener Altdaten müssen die erarbeiteten Konversionsregeln sowie die Datenbereinigungsfunktionen in Form von Übernahmeprogramme geschrieben und getestet werden.

- *Verarbeitungsparameter übernehmen*: Die Produktionsumgebung muß vorbereitet werden. Dazu gehört die Übernahme aller Verarbeitungsparameter, Fehlertexte, Zugriffsberechtigungen, Einstiegsmenüs sowie die konvertierten Alt-Daten aus dem Vorgängersystem.
- *Übernommene Daten überprüfen*: Die konvertierten und bereinigten Daten werden durch die späteren Endanwender überprüft oder als Testdaten herangezogen. Dabei auftretende Fehler bedingen in der Regel eine Veränderung der Konversions- bzw. Datenbereinigungsprogramme.
- *Massentest durchführen*: Mit dem gesamten Altdatenbestand erfolgt ein Massentest auf der Produktionsumgebung, um Aussagen über die Stabilität der verwendeten Basissoftware sowie den Datenbanken zu erhalten.

QS-Hinweise

Die Datenvorbereitung ist ein eigenes, unter Umständen umfangreiches, Teilprojekt und muß dementsprechend geplant und mit Ressourcen versehen werden. Dieses Teilprojekt hat entscheidenden Einfluß auf den Gesamtprojekterfolg: Ein Scheitern oder ein Verzug bedeutet Scheitern oder Verzug für das Gesamtprojekt. Es sollte daher von entsprechend qualifizierten Mitarbeitern durchgeführt werden, die sowohl in der "alten" als auch in der "neuen" Welt zuhause sind.

Die Datenübernahme kann gestartet werden, sobald das logische Datenmodell aus Analyse/Design vorliegt. Sie läuft bei größerem Umfang parallel zu den Phasen Analyse/Design und Realisierung.

Die Tests mit den Endanwendern sind sehr viel erfolgreicher, wenn ein 'vertrauter' Testdatenbestand zu Verfügung steht. Daher sollten die ersten konvertierten Daten vorliegen, wenn mit entsprechenden Tests begonnen wird.

Die Konversion erfolgt meist nicht 1:1, insofern muß die Abbildung des alten auf das neue Datenmodell frühzeitig durchgeführt werden. Bei Systemen mit umfangreichen parametrisierbaren Verarbeitungsschritten ist auf diese ein besonderes Augenmerk zu richten und mit den Endanwendern abzustimmen.

Werden Daten aus einem täglich in Einsatz stehenden Produktionssystem übernommen, muß die Datenübernahme teminlich günstig geplant werden (z. B. am Wochenende). In diesem Fall sind auch Performance-Tests für die Übernahme notwendig, um sicherzustellen, daß die Übernahme in diesem Zeitraum auch möglich ist.

Methoden & Werkzeuge

Die Konversionsregeln sollten in einem Workshop mit Vertretern des Auftraggebers bzw. mit Endanwendern erörtert werden. Als Diskussionsgrundlage ist die Dokumentation des bisherigen und des neue Datenmodells unverzichtbar.

Für die Erstellung der Konversions- bzw. Datenbereinigungsprogramme wird die Programmierumgebung mit ihren Werkzeugen benötigt. Die Datenübernahme erfolgt in der Regel durch Batch-Programme zum Lesen der alten und Laden der neuen Datenbank (datenbankspezifische Serviceprogramme). Für die Tests der Datenübernahme werden Abfrage- und Analysewerkzeuge eingesetzt.

IT Schritt 4: Komponenten integrieren und Integrationstest durchführen

Anhand der Integrationsreihenfolge werden Module zu Teilsystemen zusammengefügt und anhand der Teststrategie getestet. Der Test geschieht unter Einbeziehung der späteren Endanwender.

Voraussetzungen

1. Die Module sind von den Entwicklern und von dem Testkoordinator für Integration und Test freigegeben worden.
2. Der Integrations- und Testplan liegt vor.
3. Der Testdatenbestand basiert auf den übernommenen und bereinigten Daten.

Ergebnisse

1. Für ein Teilsystem ist der Test beendet worden. Aufgrund der Testkriterien ist klar, ob einzelne Module noch verändert werden müssen oder ob das Teilsystem für die Produktionseinführung freigegeben werden kann.
2. Dem Testkoordinator ist der Teststatus der betreffenden Module des Teilsystems bekannt.

Aufgaben

- *Module zusammenfügen*: Gemäß dem Integrations- und Testplan müssen die als nächstes zu testenden Module mit dem Ziel eine neue testbare Komponente bzw. ein Teilzusystem zu erhalten, zusammengefügt werden.
- *Komponente testen*: Für jede neu zusammengestellte und testbare Komponente müssen folgende Schritte durchlaufen werden:
  - Absprache mit dem Testkoordinator über den Testbeginn,
  - Modultest mit den in der Teststrategie festgelegten Testmethoden,
  - Fachlicher Test mit dem Testteam anhand der möglichen Geschäftsvorfälle,

- Fehlerklassifikation und Erstellen von Testprotokollen im Rahmen der Testdokumentation. Evtl. ist bei einem festgestellten Fehler die Rückgabe eines oder mehrerer Module in die Phase Realisierung notwendig.
- Die Test wird beendet, wenn das Testkriterium erreicht ist. Das Testende muß dem Testkoordinator mitgeteilt werden.

QS-Hinweise

Um für die Fachabteilung neben ihrer Tagesarbeit genügend Freiräume für die Testdurchführung zu schaffen, kann es notwendig sein, alle Ebenen bis zum Geschäftsführer von der Notwendigkeit der Endanwendertest zu überzeugen. Wichtige Argumente sind dabei der verminderte Schulungsaufwand, eine problemlosere Einführungsphase sowie die Vermeidung von später anfallenden umfangreichen Datenbereinigungsaktivitäten.

Bei erneuter Vorlage eines korrigierten Moduls muß gegebenenfalls der gesamte Test von vorne durchgeführt werden.

Es kann unter Umständen passieren, daß einige Spezialfälle (z. B. Jahresabschlußarbeiten) bis zur Produktionseinführung noch nicht getestet werden können.

Methoden & Werkzeuge

Neben Testhilfen (Debugging, Dumpanalyse) können weitere Testunterstützungswerkzeuge wie z. B. zur Testfalleingabewiederholung für den Dialog eingesetzt werden.

IT Schritt 5: Organisatorische Abläufe anpassen

Mit dem Einsatz eines neuen Systems ergeben sich einige organisatorische Änderungen in der Fachabteilung, die vorbereitet und eingeführt werden müssen.

Voraussetzungen

1. Das organisatorische Soll-Modell ist festgelegt worden.
2. Die einzusetzende Software steht für Schulungs- und Testzwecke zur Verfügung.

Ergebnisse

Die Endanwender und die Organisation sind auf den Systemeinsatz vorbereitet.

Aufgaben

- *Schulungen durchführen*: Schulungen, in denen anhand von Geschäftsvorfällen die Funktionsweise der Software durchgespielt wird, müssen mit den Endanwendern durchgeführt werden.
- *Organisatorische Änderungen planen*: Organisatorische Änderungen müssen mit allen daran beteiligten Gruppen geplant werden.
- *Organisatorische Änderungen durchführen*: Änderungen und Vorbereitungen in der Organisation müssen durchgeführt werden, wie z.B. die Bereitstellung von Arbeitsmaterialien (z. B. Formulare), die Ausstattung der Arbeitsräume, Umzüge sowie Regelungen zum Jobenrichment und zur Pausenzeitenregelung.

QS-Hinweise

Dieser Schritt sollte möglichst frühzeitig begonnen werden. Eine Systementwicklung, die ohne Einbeziehung der Endanwender erfolgt, kann spätestens hier zu projektgefährdenden Problemen führen. Es ist daher eine echte partnerschaftliche Kooperation von Endanwendern und EDV-Fachleuten gefordert. Eine solche 'Partizipation' der Endanwender am gesamten Softwareersttellungsprozeß führt automatisch zu einer benutzerfreundlicheren Gestaltung des Systems sowie zu einer optimalen Integration in die organisatorischen Abläufe. Vorraussetzung dafür ist, daß der Endanwender als Experte für sein Fachgebiet und nicht als 'EDV-Laie' von Seiten der Software-Spezialisten angesehen wird.

Methoden & Werkzeuge

Für die Schulung ist eine weitgehende Funktionsfähigkeit der zu erstellenden Software notwendig.

IT Schritt 6: Abnahme und Übergabe in Produktion

Das getestete System wird für den Produktionsbetrieb vorbereitet. Wenn die Abnahmekriterien erfüllt und alle notwendigen Daten und Programme auf der Produktionsumgebung bereitstehen, erfolgt der Startschuß für den produktiven Einsatz des erstellten Systems.

Voraussetzungen

1. Alle Teilsysteme sind gemäß dem Integrations- und Testplan getestet worden.
2. Der Altdatenbestand ist bereinigt worden.
3. Alle Datenübernahmeprogramme sind getestet worden und stehen zur Verfügung.

Ergebnisse

Das Gesamtsystem ist vom Auftraggeber abgenommen und einsatzfertig.

Aufgaben

- *Abnahmekriterien prüfen*: Die Projektleitung legt dem Auftraggeber dar, ob und in welcher Weise die Abnahmekriterien erfüllt sind. Falls es wider Erwarten dabei zu Unstimmigkeiten kommt, müssen diese geklärt werden.
- *Fertiges System bereitstellen*: Alle noch notwendigen Module oder Teilsysteme werden von der Testumgebung in die Produktionsumgebung transferiert.
- *Versionskontrollsystems einsetzen*: Wenn das komplette System auf der Produktionsumgebung vorhanden ist, muß ein Versionskontrollsystem eingesetzt werden. Die Gründe hierfür sind:
  - Die Konsistenz der Gesamtanwendung muß gewährleistet sein (Passen die Module in ihren Versionen zueinander?).
  - Den Anforderungen an die Revisionssicherheit muß genügt werden (Wer hat wann Änderungen durchgeführt?).
- *Datenübernahmeprogramme aktivieren*: Mit den Datenübernahmeprogrammen wird der aktuelle Datenbestand des Vorgängersystems in die Produktionsumgebung eingespielt.
- *Beteiligte informieren*: Alle Beteiligten werden über die erfolgreiche Produktionseinführung des erstellten Systems informiert.

Methoden & Werkzeuge

Neben einem Versionskontrollsystem werden die Werkzeuge der Test- und Produktionsumgebung sowie die Transferprogramme benötigt, mit denen die erstellte Software von der Test- in die Produktionsumgebung überstellt wird. Eventuell muß die Datenbank nach dem letzten Funktionstest noch einmal mit Hilfe von datenbankspezifischen Sicherungsmechanismen zurückgesetzt werden.

Phase 6: Produktion/Wartung

Orientierung Produktion/Wartung

Während dieser Phase befindet sich das erstellte System im produktiven Einsatz. Um das System einsatzfähig zu halten oder zu verbessern, muß es gewartet werden. Wartung bedeutet hier Weiterentwicklung und Optimierung bestehender Software. Dabei darf der Einsatz des Systems nicht durch Wartungsarbeiten behindert oder gestört werden.

Die Effizienz der Geschäftsunterstützung durch ein laufendes System ist in hohem Maße von der Qualität des Wartungsprozesses abhängig. Dementsprechend ist Wartung eine anspruchsvolle und beratungsorientierte Dienstleistung. Die Schlüsselergebnisse der Phase Produktion/Wartung sind:

1. *Die Weiterentwicklung von Systemen hinsichtlich der Anforderungen des Geschäfts*: Im Einsatz stehende Anwendungssysteme werden technisch und fachlich weiterentwickelt und an sich ändernde Anforderungen angepaßt.
2. *Die Sicherstellung und Optimierung des Systembetriebs*: Der ständige, ordnungsgemäße Betrieb von Anwendungssystemen muß sichergestellt werden, d. h. bestehende Fehler müssen korrigiert und die Systeme optimiert werden.
3. Die Sicherstellung der *Wartbarkeit der Anwendungssysteme*: Die Systeme müssen über den gesamten Einsatzzeitraum übersichtlich und "wartbar" gehalten werden, d. h. die Systeme müssen strukturiert weiterentwickelt und die Dokumentation aktuell gehalten werden.

All diese Aktivitäten müssen *wirtschaftlich durchgeführt* werden, d. h. die Wartungsaktivitäten müssen so organisiert sein, daß sie effizient und effektiv durchgeführt werden können.

Anforderungen an bestehende Systeme

Gründe zur Weiterentwicklung und Optimierung des Systems ergeben sich aus verschiedenen Anlässen des Business Development Lifecycle (siehe Abschnitt A):

- Das Geschäft hat sich geändert.
- Die Organisation hat sich geändert.
- Die Funktionalität der Anwendung soll geändert werden.
- Die Technik soll verbessert werden.
- Die laufenden Produktionskosten sollen gesenkt werden.

Es entstehen so Anforderungen an das System, die auf unterschiedlichen Ebenen liegen. Diese müssen im Rahmen von Wartungsaktivitäten verwirklicht werden.

Vier Ebenen der Wartungsanforderungen

Es gibt generell unterschiedliche Ebenen von neuen Anforderungen:

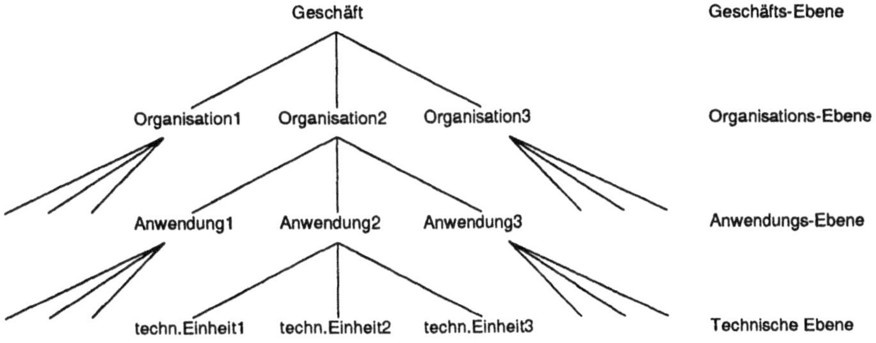

Abb. 1: Ebenen der Anforderungen

Zu hohe Kosten haben ihre Ursache in einer der dargestellten vier Ebenen. Sie können beispielsweise durch eine falsche Technologie oder eine ineffiziente Organisation verursacht werden. Um dies zu erkennen, muß die vorgebrachte Anforderung beim Kunden hinterfragt werden.

Von großer Wichtigkeit ist die Zuordnung einer Anforderung auf die ***richtige*** Ebene, da sonst das System auf einer falschen Stufe modifiziert wird und eine effiziente Wartung nicht möglich ist.

Im einzelnen können die Ebenen, aus denen sich Anforderungen an ein produktives System ergeben, wie folgt erklärt werden:

- *Systeme an eine geänderte Geschäftsausrichtung anpassen*: Anwendungssysteme müssen angepaßt werden, wenn in der Organisationseinheit neue Geschäfte getätigt werden bzw. die Ausrichtung existierender Geschäfte geändert werden soll (z.B. andere Produkte oder anderer Markt) .
- *Systeme an eine geänderte Geschäftsorganisation anpassen*: Anwendungssysteme müssen ebenfalls angepaßt werden, wenn die Geschäftsausrichtung gleich bleibt, sich jedoch die Organisation im Ablauf dieser Geschäfte, insbesondere die Struktur der Geschäftsprozesse ändert.

- *Funktionalität der Systeme anpassen/erweitern*: Änderungen können auch notwendig werden, wenn die Funktionalität des Systems erweitert werden soll, um eine stärkere Abdeckung der Geschäftsprozesse durch das Anwendungssystem zu erreichen, z. B. durch einen höheren Automatisierungsgrad.
- *Technische Systemänderungen durchführen*: Auch bloße technische Änderungen können sinnvoll sein (z. B. verbesserte Hardware, Tuning von Software). Voraussetzung ist allerdings, daß die technischen Änderungen die Wirtschaftlichkeit des Anwendungssystems verbessern.

Probleme in der Wartung

Von IV-Verantwortlichen und Anwendungsentwicklern, die heute Wartungsaktivitäten betreiben, werden folgende Probleme oder Schwachstellen genannt:

- *Fehlende Methodik*: Selbst wenn für Neuentwicklungen und größere Projekte ein Vorgehensmodell und ein Methodenkonzept eingesetzt wird, werden für die Wartung oft keine Methoden benutzt.
- *Unzureichendes Testkonzept*: Das Testen von Änderungen, insbesondere der Integrationstest erweist sich als schwierig, weil die Änderungen im gesamten System Auswirkungen haben können (Fernwirkungen).
- *Unkoordiniertes Arbeiten:* Die Anforderungen werden unkoordiniert und ohne Releasekonzept bearbeitet, dadurch wird der Abstimmungsaufwand für die Entwickler stark erhöht und das Fehlerpotential größer.
- *Unzureichende Dokumentation*: Die Dokumentation ist oft nicht vorhanden, nicht aktuell oder auf einer zu tiefen, systemnahen Ebene. Insbesondere die fachliche Übersichtsdokumentation, die die Gesamtzusammenhänge darstellt, fehlt in vielen Fällen.
- *Fehlende Anerkennung*: Wartung gilt für viele Entwickler und Vorgesetzte im Vergleich zu Neuentwicklungen als ein unattraktives Geschäft, da die Anerkennung von Auftraggeber- und von Vorgesetztenseite oft aus bleibt. Erfolgserlebnisse sind nur schwer zu vermitteln, weil der "Berg" von noch nicht erledigten Anforderungen nie abzunehmen scheint.

- *Einarbeitung von Entwicklern schwierig*: Für Systeme, die bereits über einen langen Zeitraum eingesetzt werden, können nur sehr schwer neue Entwickler eingearbeitet werden, weil "Kopfmonopole" existieren und die Dokumentation unzureichend ist.
- *Wartung wird gleichgesetzt mit Fehlerkorrektur*: Softwarewartung wird häufig mit Fehlerkorrektur gleichgesetzt. Die korrigierende Wartung erscheint deshalb als wichtigste Wartungsaufgabe; diese Annahme ist jedoch falsch. Eine wesentlichere Rolle spielt das Anpassen des Systems an geänderte Voraussetzungen, die u. U. erhebliche Änderungen im System zur Folge haben.

Wartung als beratungsorientierte Dienstleistung

Um eine optimale Unterstützung der Geschäftsprozesse und einen kunden- und bedarfsorientierten Einsatz eines Systems zu erreichen, ist ein permanenter Abgleich der Anforderungen mit der sich ständig weiterentwickelden Methodik und Technik notwendig.

Der Entwickler ist somit nicht nur für die Korrektur von dringenden Fehlern, sondern in zunehmenden Maße für die Beratung des Kunden hinsichtlich des optimalen Einsatzes seines Systems zuständig.

Einarbeitung von Entwicklern

Nur gut geschulten, fachlich involvierten Mitarbeiten ist es möglich, ein System fachgerecht zu warten; die Einarbeitung sollte deshalb gut strukturiert sein und Zusammenhänge des Systems herausstellen.

Grundlage der Einarbeitung sollte ein *Einarbeitungsplan* mit Zielen und Aktivitäten sein (Gespräche, Schulungen, Einsatz in Projekten). Ferner hat sich das Patenprinzip als gute Einarbeitungsmaßnahme herausgestellt; ein "Pate" unterstützt den neuen Entwickler bei der "Abarbeitung" des Einarbeitungsplans und steht ihm für fachliche und technische Fragen zur Seite.

Der Einstieg in das bestehende System sollte anhand einer *Übersichtsdokumentation* für das System erfolgen. Ist diese nicht erstellt worden, so kann der neue Entwickler diese im Rahmen einer Einarbeitungsmaßnahme erarbeiten.

Motivation von Entwicklern

Erfolgserlebnisse, Lob und Anerkennung der Arbeit sind zur Motivation der Entwickler unerläßlich.

Es sollte deshalb *in regelmäßigen Abständen* ein Controlling mit Erfolgs-Feedback für Einzelaktivitäten stattfinden. Die Mitarbeiter müssen nachvollziehen können, welche Aufträge sie bearbeitet haben. Oft wird nur die Liste der offenen Aufträge dargestellt. Diese wird nie kleiner; Erfolgskontrolling ist so nicht möglich. Eine positiv verlaufende Einarbeitung trägt ebenfalls zur Motivation neuer Entwickler bei.

Rotation zwischen Prozessen (Neuprojekt, Erweiterungsprojekt, Trouble-Shooting) ist nötig. Wenn ein Entwickler zu lange in einem Wartungsprozeß tätig ist, ergeben sich für ihn keine neuen Perspektiven mehr. Aufgabe des Projektleiters ist es, dies zu erkennen und den Entwickler in einen neuen Wartungsprozeß zu integrieren.

Wartung als Organisationsthema

Wartung methodisch durchführen heißt nicht, daß neue oder zusätzliche Vorgehensmodelle und Methodenkonzepte benötigt werden. Es geht vielmehr darum, die anfallenden Aktivitäten durch eine adäquate und effiziente Organisationsform abzuwickeln.

Das Vorgehensmodell der Anwendungsentwicklung und das Methodenkonzept werden in gleicher Form auch für Wartungsaktivitäten eingesetzt. Wartung ist daher kein Methodenthema, sondern ein Organisationsthema.

Wenn Wartung methodisch betrieben werden soll, muß man sich folgende Fragen stellen:

- *Was kennzeichnet Wartungsaktivitäten?* Was sind die besonderen Merkmale, die Aktivitäten als Wartungsaktivitäten klassifizieren?
- *Wie können diese Aktivitäten organisiert werden,* damit eine effektive und effiziente Abwicklung möglich ist? Wie muß die Ablauforganisation aussehen? Wie muß die Aufbauorganisation aussehen? Und wie müssen die Aufgaben auf die Entwickler aufgeteilt werden, damit ein effektives Zeitmanagement für die Entwickler möglich ist?

Darauf aufbauend muß eine Organisation entwickelt werden, die den Wartungsprozeß optimal unterstützt.

Der Wartungsprozeß

Der Wartungsprozeß ist von der Struktur her wie das gesamte Phasenmodell aufgebaut. Es gibt eine zentrale Schiene, die für jede Einzelanforderung sequentiell und für Anforderungsbündel iterativ durchlaufen wird. Um einen optimalen Ablauf des Wartungsprozesses zu unterstützen, sind die Rahmenprozesse 'Wartungsumgebung bereitstellen' und 'Wartbarkeit des Anwendungssystems sicherstellen' notwendig.

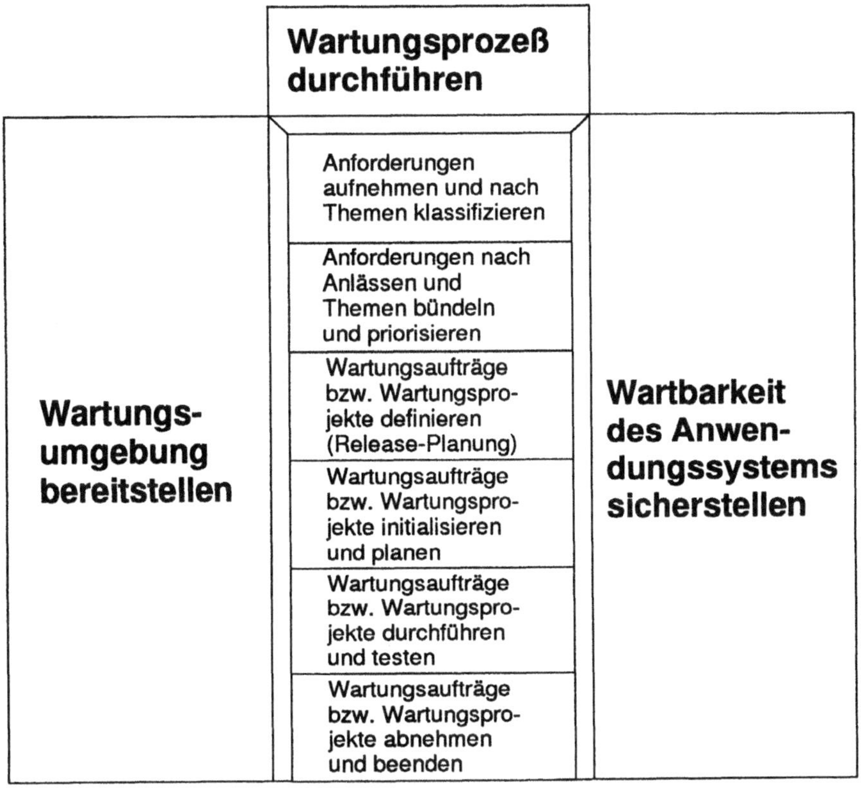

Abb. 2: Der Wartungsprozeß

In diesem Sinne kann man in der Wartungsphase auch nicht von "Schritten" sondern muß von "Prozessen" sprechen. Wir weichen deshalb an dieser Stelle von der bisherigen Präsentation einzelner Phasenschritte ab und erläutern die drei Teilprozesse des Wartungsprozesses näher:

PW Teilprozeß 1: Wartungsumgebung bereitstellen

Aus technischer Sicht setzt sich der Wartungsprozeß aus den Schritten Systemmodifikation, Komponententest, Integrationstest und Übergabe in die Produktion zusammen. Um die o.g. Schritte durchführen zu können ist die Wartungsumgebung aus den Komponenten

- *Programmierumgebung,*
- *Testumgebung* und
- *Produktionsumgebung* aufgebaut.

Diese wurden schon in den Phasen Realisierung und Integration/Test benötigt und können beim Wartungsprozeß erneut genutzt werden.

Es gibt eine Reihe von Werkzeugen (z. B. Daten-/Programmlogik-/Cross-Referenzen-Tracer, Debugger, Beautifier, etc.), die den Wartungsprozeß unterstützen.

Da in den meisten Reengineering-Werkzeugen nur gut strukturierte Systeme brauchbar dargestellt werden, müssen sie vom Entwicklerteam hinsichtlich ihrer Effektivität und Effizienz untersucht werden. Da ein Ziel stets die Optimierung des Kosten-Nutzen-Verhältnisses ist, sollte die Auswahl und der Einsatz eines solchen Werkzeuges wohlüberlegt und geplant erfolgen.

PW Teilprozeß 2: Wartbarkeit des Anwendungssystems sicherstellen

Die Wartbarkeit eines Anwendungssystems wird nachhaltig durch eine klare Systemstruktur und eine aktuelle Dokumentation unterstützt. Bei einem Vorgehen nach dem Phasenmodell zur Anwendungsentwicklung wird ein objektbasiertes System entwickelt, das fachliche Information und Funktionalität kapselt. Es ist so relativ leicht möglich, anhand der fachlichen Zusammenhänge, die Stellen in dem Modul bzw. den Modulen zu bestimmen, an denen Modifikationen vorgenommen werden müssen.

Die Struktur der Systemdokumentation ist von ebenso entscheidender Bedeutung. Sie sollte nicht nur Detailwissen, sondern auch gut Übersichten vermitteln, damit die Einordnung einer Anforderung leicht möglich ist. Da die Pflege der Dokumentation bei einzelnen Aktivitäten schwierig und bei Projekten leicht ist, sollten möglichst viele Änderungen gebündelt in Projektform (Release) behandelt werden.

Die aus den Anforderungen abgeleiteten Systemmodifikationen müssen so durchgeführt werden, daß sich weder die System- noch die Dokumentationsstruktur stark ändert; nur so ist eine Wartbarkeit des Anwendungssystems über den gesamten Lifecycle möglich.

PW Teilprozeß 3: Wartungsprozeß durchführen

In diesem Teilprozess sind folgende Aufgaben zu erfüllen (siehe Abb. 2):

- *Anforderungen aufnehmen und nach Themen klassifizieren:* Zunächst werden die Einzelanforderungen von einer zentralen Anlaufstelle aufgenommen und hinsichtlich ihres Themas und ihrer Dringlichkeit klassifiziert. Es ist wichtig, daß
  - das Antragsverfahren für Einzelanforderungen für die Fachabteilung transparent ist,
  - eine Steuerung der Dringlichkeit möglich ist,
  - eine Anlaufstelle als Koordinator und "Verteiler" für Fehlerkorrekturen ständig verfügbar ist; dieser ist in der Lage dringende Anforderungen sofort in Maßnahmen umzuwandeln und an einen Entwickler weiterzuleiten.
- *Anforderungen nach Anlässen und Themen bündeln und priorisieren:* Diese Aktivität dient der Bündelung der Einzelanforderungen, da sie sich dann effektiver realisieren lassen. Eine weitere Aufgabe ist die Einordnung in die richtige Ebene des Business Development Lifecycles und die Priorisierung der geforderten Eigenschaften. Dazu kann z. B. jede Anforderung mit ihrer Priorität in die folgende Tabelle eingetragen:

Thema / Ebene	Thema1	Thema2	Thema3	...	ThemaN
Geschäft		Anforderung5 Anforderung6			Anforderung13 Anforderung14
Organisation	Anforderung1 Anforderung2	Anforderung7 Anforderung8			Anforderung15
Anwendung			Anforderung9 Anforderung10 Anforderung11		
Technik	Anforderung3 Anforderung4				

Abb. 3: Bündelung der Anforderungen

Anschließend kann nun jedem Anforderungsbündel eine Priorität zugewiesen werden. Dies ist Grundlage für die Bearbeitungsreihenfolge.

Von entscheidender Bedeutung ist die Zuordnung einer Anforderung in die richtige Ebene, da nur so das System tatsächlich an der Stelle modifiziert wird, wo es nötig ist.

- *Wartungsaufträge bzw. Wartungsprojekte definieren (Release-Planung):* Aus nach Ebenen und Themen gebündelten Anforderungen werden Wartungsaufträge oder Wartungsprojekte definiert. Ist der Umfang der zu einem Thema gefundenen Anforderungen nicht groß genug, um ein Wartungsprojekt aufzusetzen, so wird ein *Wartungsauftrag* formuliert, der auf die Anforderungen zugeschnitten ist. Die Realisierung der Anforderungen in Auftragsform sollte in der Regel nur geschehen, wenn diese zeitkritisch sind und das System bei nur einem Kunden eingesetzt ist. Eine stärkere Nutzung von Synergien läßt sich durch das Aufsetzen von *Wartungsprojekten* oder die Planung von neuen *Releases* erreichen, da sich bei einer großen Änderung die Dokumentation leichter pflegen läßt als bei vielen kleinen Änderungen. Auch die Effektivität und Qualität der Software läßt sich durch die Bündelung und gemeinsame Bearbeitung von vielen Einzelanforderungen in größeren Projekten steigern. Sämtliche Anforderungen, die nicht den kritischen Faktoren für die Bearbeitung in Auftragsform genügen (insbesondere wenn keine schnelle Reaktionszeit erforderlich ist), sollten daher gebündelt werden und im System als neues Release eingebaut werden. Eine Releaseplanung zwingend erforderlich, wenn das gleiche System an mehr als einem Standort und für mehr als eine Fachabteilung installiert ist. Ein mögliches Verfahren zur Releaseplanung wird im folgenden kurz vorgestellt: Die Releaseplanung wird durch ein Planungs-Gremium erarbeitet, das sich aus Mitarbeitern der Datenverarbeitung, Organisation und den Fachbereichen zusammensetzt. Dieses Gremium:

  - sollte allen Mitarbeitern *bekannt sein*,
  - führt in *regelmäßigen* Abständen die *Releaseplanung* durch,
  - *sammelt, priorisiert und bündelt* technische und fachliche *Anforderungen* (evtl. via elektronisches Kommunikationsmedium),

- definiert *Projektaufträge* und Anforderungen *für die Release-Projekte*,
- wartet nicht nur auf die Anforderungen aus den Fachbereichen, sondern *geht aktiv auf die Fachbereiche zu*, um frühzeitig im Vorfeld potentielle Anforderungen zu identifizieren und diese in die Planung aufzunehmen.

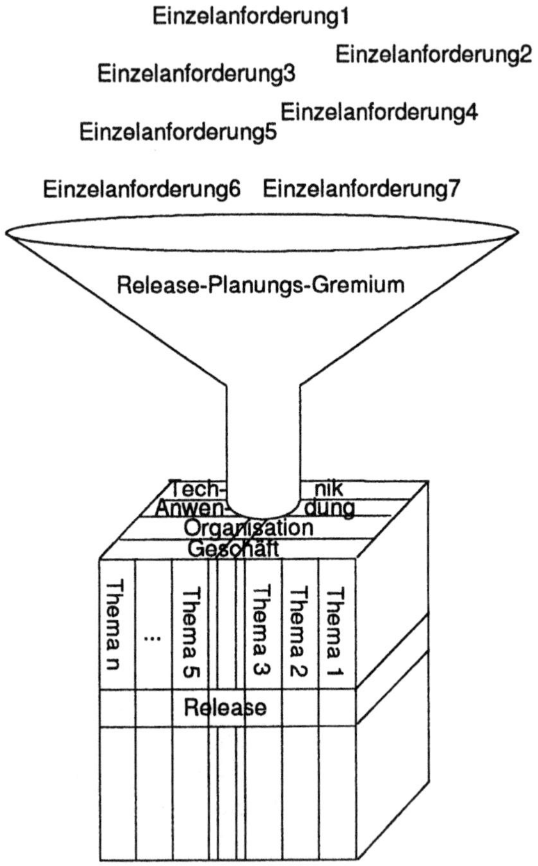

Abb. 4: Release-Planung

Abschließend werden aus den so bestimmten Releases Wartungsprojekte definiert.

- *Wartungsaufträge bzw. Wartungsprojekte initialisieren und planen:* Die zuvor definierten Wartungsaufträge oder Wartungsprojekte werden in diesem Schritt gestartet. Zuvor muß jedoch festgestellt werden, um welche Art von Wartungsaktivität es sich handelt, da verschiedene Aktivitäten unterschiedliche Ziele und kritische Erfolgsfaktoren besitzen (Abb. 5).

  Neuentwicklungs- und Änderungs-Projekte sind komplex, haben Einmalcharakter und treten seltener auf als die beiden anderen Aktivitäten in Abb. 5. Sie entstehen durch Veränderungen auf der Geschäftsseite und sollten in Projektform gemäß dem Phasenmodell organisiert und durchgeführt werden. Die Bearbeitungszeiten für so organisierte Aktivitäten müssen nicht besonders kurz sein (oft einige Monate bis über ein Jahr), dafür ist eine hohe Planungssicherheit erforderlich (Termin- und Kostentreue für Gesamtprojekt).

  Änderungs-Aufträge und Trouble-Shooting sind dagegen sich häufig wiederholende Aktivitäten, die in gleicher oder ähnlicher Form immer wieder vorkommen und standardisiert bearbeitet werden können. Sie entstehen meist durch neue technische Anforderungen an das System und sind nicht besonders komplex, müssen aber schnell bis sehr schnell (einige Stunden bis einige Tage) bearbeitet werden. Die Projektform ist hier nicht angemessen, eine koordinierte Auftragsabwicklung in einer Linienorganisation ist vorzuziehen.

  Diese unterschiedlichen *Aktivitätstypen* verlangen sehr unterschiedliche Arbeitsweisen von den Entwicklern. Um eine effektive und effiziente Abwicklung dieser Typen gleichzeitig sicherzustellen, ist daher eine organisatorische Trennung und personelle Entkopplung notwendig. Die Organisationseinheit für die Anwendungsentwicklung sollte nach Aktivitätsmerkmalen in mindestens zwei (auch personell) unabhängige Einheiten aufgeteilt werden:

  - eine Einheit für die *projektbezogene Arbeit*, d. h. für größere Ände rungs- und Entwicklungsprojekte
  - eine Einheit für die *auftragsbezogene Arbeit*, d. h. für Troubleshooting, kurzfristige Änderungen und kurzfristige Anforderungen

  Die oft übliche Aufteilung der Entwickler nach fachlichen Themengebieten ist in der Abwicklung der Aufträge nicht so effizient wie die oben vorgestellte prozeßorientierte Aufteilung und erscheint nur bei sehr kleinen Einheiten (unter fünf Personen) gerechtfertigt.

  Durch die Verwendung des Phasenmodells als Leitfaden wird die Aktualität der Dokumentation stark unterstützt.

Aktivität Ziele	Kritische Erfolgsfaktoren
Neuentwicklungs-Projekte - Neue, relativ unabhängige Teilsysteme zu bestehenden Systemen hinzufügen	- Beherrschung des Projekt-Managements - Hohe Planungssicherheit - Neues Thema fachlich durchdringen und ausarbeiten - Schnittstellen zu bestehendem System sauber definieren
Änderungs-Projekte - Technische oder fachliche Änderungen oder Anpassungen bestehender Komponenten mit umfassenden Auswirkungen auf das Gesamtsystem durchführen	- Beherrschung des Projekt-Managements - Hohe Planungssicherheit - Auswirkungen auf Gesamtsystem komplett verstehen und Änderungen konsistent durchführen
Änderungs-Auftrag/Ad-hoc-Anforderung - Lokale technische oder fachliche Änderungen durchführen - Einfache, kurzfristig benötigte Komponenten ergänzen (z.B. Auswertungsprogramme)	- Schnelle und korrekte Durchführung sämtlicher Aufträge - hoher Durchsatz - Auswirkungen auf Gesamtsystem komplett verstehen und nachvollziehen - Hohe Standardisierung bei der Abwicklung
Trouble-Shooting - Lokale Fehler korrigieren - Tuning-Maßnahmen durchführen	- Permanente Ansprechbereitschaft während des Systembetriebs - Probleme schnell lokalisieren und beheben - Auswirkungen auf Gesamtsystem komplett verstehen und nachvollziehen

Abb. 5: Wartungsaktivitäten

- *Wartungsaufträge bzw. Wartungsprojekte durchführen und testen:* Bei *Wartungsaufträgen* werden die beschriebenen Änderungen durchgeführt und die Dokumentation aktualisiert. Die Dokumentation der durchgeführten Änderungen ist ein Muß, da nur so eine konsistente und aktuelle Dokumentation für Folgeaktivitäten vorhanden ist. Da die Dokumentation hier nur mit großen Aufwand zu pflegen ist, muß es harte und überprüfbare Regeln bezüglich der Fortschreibung und Nachführung geben. Anschließend werden die Änderungen auf Fehler getestet. Eine Testumgebung mit realen Daten ist dazu hilfreich. Generell sollten nur Programme in die Produktion übergeben werden, wenn die Änderungen in der Dokumentation nachgeführt wurden.

  Bei *Wartungsprojekten* wird anhand des Projektplans an einem bestimmten Punkt im Phasenmodell neu aufgesetzt und das Projekt bis zur Phase Integration/Test durchlaufen.

- *Wartungsaufträge bzw. Wartungsprojekte abnehmen und beenden:* Ist ein Wartungsauftrag bzw. Wartungsprojekt bearbeitet, so werden die durchgeführten Änderungen von der Fachabteilung mit den gestellten Anforderungen verglichen.

  Stellen sich Differenzen heraus, so werden sie als Einzelanforderungen neu aufgenommen und beim Wartungsprozesses positioniert. Entspricht das System den Anforderungen, so ist der Wartungsprozeß abgeschlossen.

Abschnitt C: Weiterführende Aspekte von IV-Projekten

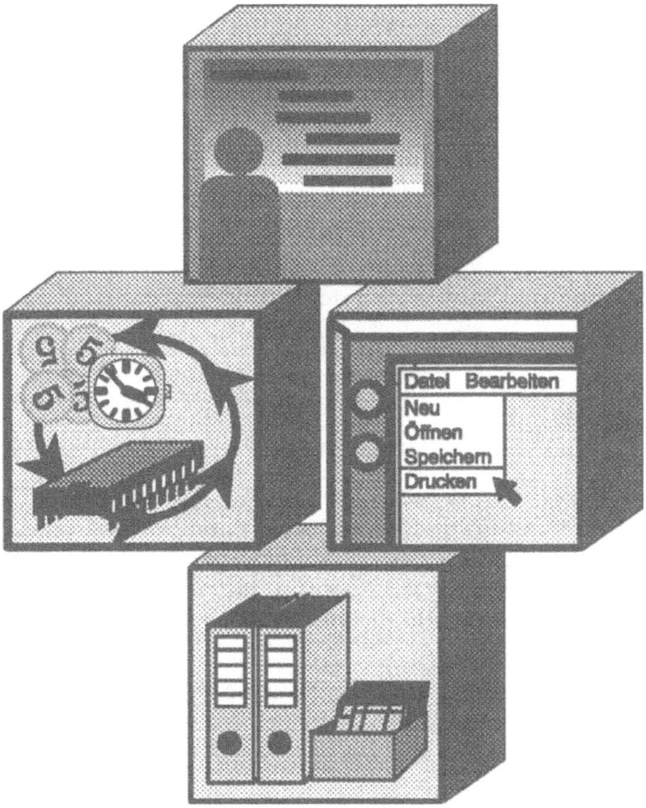

Überblick

Projektmanagement

Projektmanagement umfaßt eine Reihe von Aktivitäten, die phasenübergreifend während der ganzen Dauer des Projekts ausgeführt werden und drei Hauptziele verfolgen:

1. Das Festlegen, Abstimmen und Fortschreiben von *Projektzielen, insgesamt* das Festlegen, Anpassen und Fortschreiben eines *Projektplans*, der alle Aktivitäten im Projekt fixiert und koordiniert.
2. Die *Steuerung* und *Regelung* des Projekts, d. h. die Veranlassung von Aktivitäten und die fortlaufende Überprüfung von Ergebnissen.
3. Die *Sicherung* aller im Projekt gemachten Erfahrungen und Dokumentation und Auswertung der Projektergebnisse (Projektabschluß).

Standardsoftware

Der Einsatz von IV-Systemen ist heute ein kritischer Erfolgsfaktor in jedem Unternehmen. Die technologische Entwicklung in diesem Bereich hat zu einer Veränderung des CPU-zentrierten Weltbildes der Anwendungsentwicklung geführt. Der Benutzer mit seinen Tätigkeiten und Aufgaben rückt bei der Gestaltung von IV-Systemen immer stärker in den Mittelpunkt:

- Die IV-Systeme sind als Dienstleistung zur optimalen Unterstützung der wertschöpfenden Geschäftsprozesse zu betrachten.
- Sie dienen als ein Instrumentarium zur permanenten Verbesserung der Geschäftsabläufe und zur Steigerung der Produktivität der Benutzer.
- Der Einsatz von neuen IV-Systemen ist untrennbar verbunden mit einer Geschäfts- und Organisationsentwicklung (Business Process Reengineering) im Unternehmen.

Die Auswahl und der Einsatz von Standardsoftware ist vor diesem Hintergrund zu betrachten. Ein umfassender Modellierungsansatz ist notwendig, damit neben den kurzfristig angestrebten Zielen wie Zeit- und Kostenerparnis auch langfristig die Anforderungen des Geschäfts beim Einsatz von Standardsoftware unterstützt werden können.

Prototyping

"Prototyping" ist ein vieldeutiger und damit oft mißverständlicher Sammelbegriff für eine Reihe von Methoden, Techniken und Vorgehensweisen in der Anwendungsentwicklung. Je nach Autor wird unter "Prototyping" bzw. "Prototyp" etwas völlig anderes verstanden.

"Prototyp" bedeutet im Griechischen "erstes Bild". Das heißt "Prototyping" ist ein Verfahren, bei dem "erste Bilder" von einem System entwickelt werden. Üblicherweise ist erst dann von einem Prototyp die Rede, wenn dieses "erste Bild" auf einem Rechner realisiert ist. Die Ergebnisse der Phasen Modellierung und Analyse/Design sind aber auch "erste Bilder", werden jedoch in der Regel nicht als Prototyp bezeichnet.
Diese "ersten Bilder" können ganz unterschiedliche Ausschnitte des Systems darstellen, wie z. B. technische oder fachliche Aspekte. Prototyping kann im Rahmen des hier vorgestellten Phasenmodells in den Phasen Analyse/Design und Realisierung zu verschiedenen Zwecken eingesetzt werden.

Dokumentation in IV-Projekten

Die in den einzelnen Phasen erzeugten Ergebnisse eines Projektes müssen in geeigneter Form abgelegt werden. Dazu dient in den meisten Fällen eine Dokumentation in textueller Form oder die Ablage von Projektergebnissen in einer gemeinsamen Datenbasis (Repository).

Wichtig ist es, eine an das Phasenmodell angepaßte Strukturierung der Dokumentation zu erreichen. Aus dem so erstellten Dokumentationspool können dann die unterschiedlichen Sichten von verschiedenen Zielgruppen auf die Dokumentation abgebildet werden.

C1: Projektmanagement in IV-Projekten

Orientierung Projektmanagement

Projektmanagement umfaßt eine Reihe von Aktivitäten, die phasenübergreifend während der ganzen Dauer des Projekts ausgeführt werden und drei Hauptziele verfolgen:

1. Das Festlegen, Abstimmen und Fortschreiben von *Projektzielen, insgesamt* das Festlegen, Anpassen und Fortschreiben eines *Projektplans,* der alle Aktivitäten im Projekt fixiert und koordiniert.
2. Die *Steuerung* und *Regelung* des Projekts, d. h. die Veranlassung von Aktivitäten und die fortlaufende Überprüfung von Ergebnissen.
3. Die *Sicherung* aller im Projekt gemachten Erfahrungen und Dokumentation und Auswertung der Projektergebnisse (Projektabschluß).

Zielgerichtet planen und regeln

Orientierungspunkt aller Projekt- und Projektmanagement-Aktivitäten sind die Projektziele. Projektmanagement ist ein komplexer, zielorientierter Planungs- und Regelungsprozeß, der die Erreichung der Projektziele während der ganzen Dauer des Projektes sicherstellt. Das Projektmanagement umfaßt alle den Anwendungsentwicklungsprozeß begleitenden Maßnahmen und Aktivitäten, die keine fachlichen Ergebnisse produzieren. Es läßt sich in drei Hauptabschnitte einteilen (Abb. 1):

1. *Projekt-Vorlauf*: Dieser Teil des Projektmanagements befaßt sich vor allem mit der Übersichtsplanung für das Projekt. Es handelt sich dabei um eine Reihe von Aktivitäten, die im Anschluß an die Projektinitialisierung, aber vor der eigentlichen Projektarbeit (Phase Modellierung) durchgeführt werden. Ein Projektplan wird erstellt, der die Projektziele, die Projektorganisation, den Projektablauf sowie Aufwände und Termine für das ganze Projekt grob beschreibt. Dieser grobe Projektplan ist das Gerüst für sämtliche folgenden Projektaktivitäten, er dient also vorwiegend zur *Planung* und Fortschrittskontrolle des Projekts.
2. *Projekt-Abwicklung*: Aufgrund des im Projekt-Vorlauf erarbeiteten Projektplans werden alle Projektaktivitäten veranlaßt und durchgeführt. Die Projektergebnisse werden überprüft und so der Status des Projektes fortgeschrieben. Je nach Ergebnissen und Status des Projektes müssen Änderungen des Projektplans vorgenommen werden, um die Erreichung der Projektziele sicherzustellen. Projekt-Durchführung ist somit eine ständige *Initialisierung und Regelung* von Prozessen: Aufgrund von Vorgaben werden Ergebnisse produziert (Feed-Forward), aufgrund der Ergebnisse werden wiederum die Vorgaben angepaßt (Feed-Back).

3. *Projekt-Nachlauf*: Nach Abschluß der eigentlichen Projektarbeit werden im Rahmen des Projekt-Nachlaufs die Projektergebnisse und das Projekt-Vorgehen dokumentiert und *ausgewertet*. Dies dient insbesondere dazu, einen projektübergreifenden Erfahrungsaustausch zu ermöglichen und letztlich in einem projektübergreifenden Regelkreis das Vorgehensmodell zu optimieren.

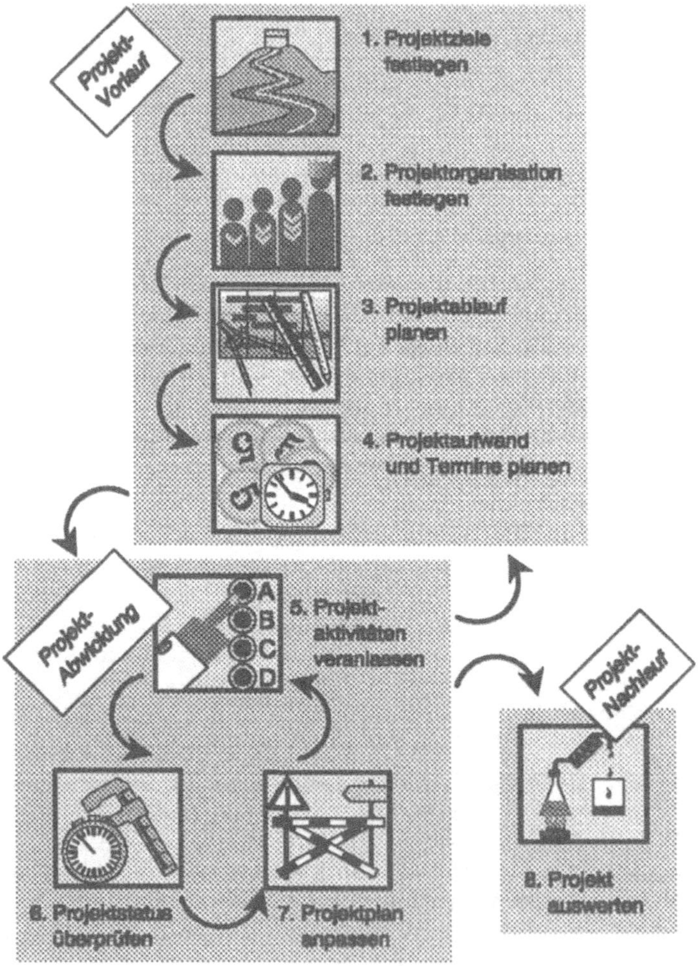

Abb. 1: Projektmanagement ist ein komplexer Steuerungs- und Regelungsprozeß in drei Abschnitten.

Projektplan

Das zentrale "Werkzeug" und Hilfsmittel des Projektmanagements ist der Projektplan. Er ist anhand der Aufgaben des Projektmanagements gegliedert und enthält:

1. die Projektziele
2. die Projektorganisation
3. den Projektablauf (auf Detaillierungsebene Arbeitspakete)
4. die Projektaufwände und Termine
5. die zu veranlassenden Aktivitäten und Arbeitspakete je Phase (Arbeitspläne)
6. die Ergebnisse von Aktivitäten und Arbeitspaketen je Phase (Arbeitsergebnisse)
7. die Dokumentation der Plan-Anpassungen (Änderungsanträge)
8. die Auswertung der Projektergebnisse und -abwicklung (Abschlußbericht).

Der Projektplan ist kein statisches Dokument, sondern wird im Projektverlauf ständig ergänzt, verfeinert, geändert und dem aktuellen Stand angepaßt. Aus dem Projektplan muß stets der *aktuelle Status* des Projekts ablesbar sein.

Änderungen des Projektplans können weitreichende Folgen für den ganzen Projektverlauf haben. Deshalb bedarf eine Änderung des Projektplans in der Regel der Zustimmung des Controlboards. Dazu ist ein *Berichtsweg* festzulegen, welcher das Vorgehen bei Projektplanänderungen regelt. In diesem Berichtsweg ist festgelegt, welche Änderungen des Projektplans durch den Projektleiter in eigener Verantwortung durchgeführt werden können, (z. B. das zeitliche Vertauschen zweier Projektaktivitäten) und welche Änderungen die Zustimmung des Controlboards erfordern (z. B. Verschiebung eines Meilensteins).

Meilensteine

Ein wesentliches Hilfsmittel zur *Synchronisation* von Projektaktivitäten sind Meilensteine. Ein Meilenstein legt einen bestimmten *Termin* fest, an dem das Projekt einen bestimmten *Status* haben soll, d.h. an welchem Projektergebnisse in einer bestimmten Form bzw. von einer bestimmten Qualität vorliegen müssen. Dadurch werden die verschiedenen Sichten auf den Projektplan (Termine und Ergebnisse) miteinander zur Deckung gebracht. Zu jedem Meilenstein sollte daher ein Soll-Meilensteinergebnis beschrieben werden.

Projektleiter

Im Zentrum allen Handelns des Projektleiters steht die Dienstleistung bzw. das *Produkt* für den Kunden, das Ziel des Projektes ist. Deshalb muß ein Projektleiter die Zielsetzung verfolgen, *ein qualitativ hochwertiges Produkt abzuliefern.* Er muß unternehmerisch denken. Entsprechend muß er dann auch unternehmerisches Handeln zeigen, d. h. er sollte eine Idee haben, wie er dieses Produkt entwickeln wird. Zur Umsetzung dieser Idee muß er administrative Tätigkeiten (Infrastruktur, Projektmitarbeiter organisieren etc.), planerische Tätigkeiten (Projektplanung pro Phase), Controlling- oder Steuerfunktionen ("Wie weit ist mein Produkt fortgeschritten? Gibt es evtl. Änderungen oder Abweichungen zu meinem ursprünglichen Plan?" etc.) sowie Führungstätigkeiten gegenüber seinen Projektmitarbeitern wahrnehmen.

Der Projektleiter ist *verantwortlich* für das Projekt. Insbesondere ist er verantwortlich für den fachlichen, technischen und wirtschaftlichen Projekterfolg sowie die Qualität des Produktes. Ausgestattet mit dieser Verantwortung führt der Projektleiter das Projekt mittels Planung und *Koordination* der Projektmanagement-Aktivitäten, d. h. der Erarbeitung und Fortschreibung des Projektplans. Er achtet auf die *Durchführung* des gesamten Projekts gemäß Projektplan, d. h. die Einhaltung von Terminen und Kosten sowie die Qualität der Ergebnisse. Der Projektleiter muß aus eigenem Interesse dafür sorgen, daß der Projektplan realistisch erstellt und aktuell gehalten wird. Vom Controlboard müssen ihm die notwendigen Befugnisse eingeräumt werden, damit er seine Aufgaben korrekt erfüllen kann. Der Projektleiter darf nur soweit zur Verantwortung gezogen werden, wie er im Rahmen seiner Befugnisse handeln kann.

Die Befugnisse und Entscheidungskompetenzen des Projektleiters müssen in einem *Projektleiter-Auftrag* geregelt werden. In diesem Auftrag wird festgelegt:

- Die *fachlichen Befugnisse* des Projektleiters, d. h. welche Änderungen des Projektplans in eigener Verantwortung vorgenommen werden dürfen.
- Die *Budgetverantwortung* des Projektleiters, z. B. ein gewisses Kontingent für externe Beratung und Schulung, über die der Projektleiter in eigener Entscheidung verfügen kann.
- Die *Personalverantwortung* des Projektleiters, z. B. die Übertragung der Urlaubskoordination der Mitarbeiter auf den Projektleiter während der Dauer des Projekts, bzw. ein Mitentscheidungsrecht über Mitglieder des Projektteams.

Die *Qualifikationen* des Projektleiters, auf die bei der Personalentwicklung zu achten ist, müssen folgende Aspekte umfassen:

- *Planungsfähigkeiten.* Der Projektleiter muß fundierte Kenntnisse und möglichst Erfahrungen im Projektmanagement, d. h. in der Erstellung, Abarbeitung und Fortschreibung des Projektplans haben und das Instrument Projektplan sicher und gezielt einsetzen können.
- *Fachliche Fähigkeiten.* Die fachlichen Fähigkeiten, d. h. Kenntnisse des Phasenmodells und der zugehörigen Methoden sind eine wesentliche Voraussetzung für die Planungsfähigkeit. Ohne fundierte fachliche Kenntnisse ist keine realistische Planung möglich.
- *Fähigkeiten des Team- und Konfliktmanagements.* Ein Projektleiter darf zur Erreichung der Projektziele keine Kompromisse eingehen, sondern muß stets zielgerichtet unter den jeweiligen Randbedingungen optimale Lösungen für Projektprobleme anstreben und seine Teammitglieder und Projektbeteiligte auf die Projektziele hinführen. Er muß ausgeprägte Moderationsfähigkeiten auf allen Ebenen der Moderation besitzen. Der Projektleiter hat in dieser wie auch in fachlicher Hinsicht eine Vorbild- und Tutorfunktion für alle am Projekt Beteiligten.

Projektauftrag

Während der Projektplan eher ein Arbeitskonzept ist, das im Laufe des Projekts verfeinert, verändert und angepaßt wird, hat der Projektauftrag vertraglichen Charakter und ist für Auftragnehmer und Auftraggeber verbindlich. Der Projektauftrag muß mindestens Projekt- und Qualitätsziele enthalten. Diese legen fest welche *Dienstleistung* bzw. welches *Produkt* in welcher *Qualität* vom Auftragnehmer für den Auftraggeber erbracht bzw. erstellt wird. Dazu kann es unter Umständen nötig sein, die angestrebte Qualität eines Produktes bzw. einer Dienstleistung bereits sehr genau festzulegen. In diesem Fall müssen die Qualitätsziele sowie Beurteilungsverfahren und Soll-Werte im Projektauftrag festgelegt werden. Das bedeutet, daß Teile des *Qualitätssicherungsplans* in den Projektauftrag integriert werden. Der Projektauftrag gibt dem Dienstleister die Möglichkeit festzulegen, unter welchen Voraussetzungen er seine Dienstleistungen erbringt (z. B. unter Einhaltung der Basisqualität gemäß dem Phasenmodell). Die sorgfältige Formulierung eines Projektauftrags trägt viel zur *Klärung der gemeinsamen Ziele* von Auftraggeber und Auftragnehmer bei und stellt sicher, daß ein Projekt von Anfang an richtig aufgesetzt wird. Auf die so festgelegten Ziele können sich alle am Projekt Beteiligten immer wieder stützen. Allerdings dürfen insbesondere bei externen Projekten die juristischen Aspekte eines Projektauftrags nicht vernachlässigt werden. Die Einbeziehung eines juristisch erfahrenen Experten ist bei solchen Projekten sinnvoll.

Wartung als Projekt

Ein Projekt ist eine Organisationsform für Aktivitäten, die einmalig und komplex sind. Neuentwicklungen von Anwendungssystemen werden daher fast immer in der Projektform durchgeführt. Bei der Wartung und Weiterentwicklung von Anwendungssystemen handelt es sich jedoch um kontinuierliche Tätigkeiten, die häufig nicht in Projektform, sondern als Linientätigkeit durchgeführt werden.

Trotzdem empfiehlt es sich, auch *Wartung und Weiterentwicklung in der Projektform* durchzuführen und für Wartungsprojekte einen Projektauftrag und einen Projektplan zu erstellen. Änderungsvorschläge werden dann nicht fortlaufend realisiert, sondern gesammelt, strukturiert und im Rahmen eines Wartungsprojekts zusammen umgesetzt. Dadurch kann eine saubere *Releaseführung* erzielt werden. Ein so gewartetes System ist im allgemeinen besser strukturiert und auch in Zukunft besser wartbar. Kurzfristige Lösungen (auch "Patches" genannt) sollten immer einem Release zugeordnet werden.

Projektmoderation

Die Aufgabe des Projektleiters umfaßt weit mehr als "nur" die Verantwortung für die plangemäße Durchführung des Projekts. Projektmanagement findet in einer Organisation mit anderen Menschen statt und ist eigentlich die zielgerichtete *Moderation* eines höchst komplexen Prozesses. Dabei muß auf folgendes besonders geachtet werden:

1. Die *Projektziele* müssen allen Beteiligten klar sein. Alle Beteiligten müssen diese Ziele akzeptiert haben und an deren Umsetzung interessiert sein. Dafür zu sorgen, daß die Ziele wirklich von allen Beteiligten gewollt werden, ist eine der wichtigsten und auch schwierigsten Aufgaben des Projektmanagements.
2. Der Prozeß der *Zielerreichung* findet nicht nur auf einer rein fachlichen Ebene statt, sondern spielt sich auf vier Ebenen ab:

   Sachebene: Es muß dafür gesorgt werden, daß alle am Projekt Beteiligten ein gemeinsames Verständnis der fachlichen Ziele haben und sich über ein fachliches Thema verständigen können. Dabei haben z. B. die Kunden einen anderen fachlichen Kontext als die Anwendungsentwickler.

   Verfahrensebene: Alle Beteiligten müssen ein gemeinsames Verständnis über die Verfahren und Vorgehensweisen im Projekt bekommen und diese diszipliniert einhalten.

   Beziehungsebene: Diese Ziele können nur erreicht werden, wenn die Beziehungen zwischen den Beteiligten einigermaßen konfliktfrei sind.

Wenn nötig, müssen Beziehungskonflikte im Projekt auch angesprochen werden.

Persönliche Ebene: Alle Beteiligten bringen in das Projekt auch ihre persönliche Ziele und Voraussetzungen ein, z. B. Arbeitsbelastung oder berufliche Weiterentwicklung bzw. persönliche Qualifikationen. Auch diesen muß der Projektleiter Rechnung tragen.

Der Projektleiter ist stets mit der Aufgabe konfrontiert, die Ziele verschiedener Personen auf unterschiedlichen Ebenen miteinander in Einklang zu bringen. Er muß in der Lage sein, in Diskussionen diese Ebenen zu erkennen und zwischen diesen Ebenen zu wechseln.

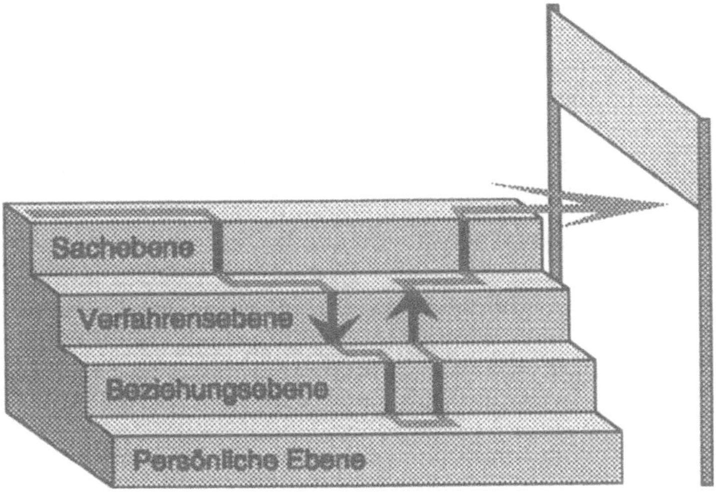

Abb. 2: Projektmanagement ist eine zielgerichtete Moderation auf vier Ebenen.

Kontinuität im Projekt

Einer der wesentlichen Erfolgsfaktoren in einem Projekt ist die Kontinuität auf allen vier Ebenen der Zielerreichung.

- Kontinuität auf der *Sachebene*: Die fachlichen Ziele sollten im Projekt konstant bleiben und nicht ständig geändert werden. Dies kann nur dadurch gewährleistet werden, daß die gemeinsame Zielfindung (Phasen Projektinitialisierung und Modellierung) sauber und vollständig durchgeführt wird und nicht als nebensächlich betrachtet wird.
- Kontinuität auf der *Verfahrensebene*: Die Verfahren und Vorgehensweisen dürfen nicht ständig wechseln und aufgehoben werden. Die Verwendung des Phasenmodells stellt sicher, daß die Verfahren auch eine projektübergreifende Kontinuität haben.

- Kontinuität auf der *Beziehungsebene*: Die Kontinuität auf der Beziehungsebene wird dadurch gewährleistet, daß ein Kern-Projektteam über die gesamte Projektdauer mitarbeitet. Ständiger Wechsel von Projektmitgliedern oder sogar vollständiger Wechsel des Projektteams beim Übergang in eine neue Projektphase verhindert die Kontinuität auf der Beziehungsebene und stört den Projektablauf erheblich. Dies schließt die Kontinuität der Verantwortlichkeiten einzelner Rollenträger (z. B. Organisator, Fachbereichsvertreter, Anwendungsentwickler, fachliche/technische Experten, Rechenzentrum) über die gesamte Projektlaufzeit ein. Dabei kann der zeitliche Anteil der Projektmitwirkung sich durchaus verändern.
- Kontinuität auf der *persönlichen Ebene*: Auf der persönlichen Ebene kann eine Kontinuität gesichert werden, wenn die Belastungssituation der Projektmitarbeiter (z. B. durch Aktivitäten außerhalb des Projekts) konstant bleibt. Die Beiträge von Projektmitarbeitern, die durch einzelne projektfremde Aufgaben plötzlich absorbiert werden, sind nicht planbar.

Die mangelnde Kontinuität auf irgendeiner der vier Ebenen ist einer der Hauptgründe dafür, daß Projekte schlecht laufen und Projektziele nicht erreicht werden können, seien es fachliche, terminliche oder Qualitätsziele. Das Augenmerk des Auftraggebers, des Projektleiters und des Controlboards muß daher in erster Linie darauf gerichtet sein, daß die Kontinuität auf allen vier Ebenen gewährleistet ist.

Ablauf Projektmanagement

PM Schritt 1: Projektziele und Rahmenbedingungen festlegen: Die Ziele und Rahmenbedingungen für ein Projekt werden auf der Basis der Ergebnisse aus der Phase Projektinitialisierung ausgearbeitet. Die Konsequenzen, die sich möglicherweise aus Zielen und Rahmenbedingungen ergeben, werden mit allen Beteiligten diskutiert und so transparent gemacht. Die Projektziele werden vorwiegend in der Phase Projektinitialisierung festgelegt und in der Phase Modellierung allenfalls verfeinert.

PM Schritt 2: Projektorganisation festlegen: Die am Projekt beteiligten Personen und Gremien werden bestimmt und deren Aufgaben und Verantwortlichkeiten festgelegt. Regeln für die Projektkommunikation wie Berichtswege, Meetings etc. werden festgelegt. Die Projektorganisation wird im wesentlichen in der Phase Projektinitialisierung festgelegt, die Zusammensetzung des Projektteams muß aber vor jeder Phase neu geklärt werden.

PM Schritt 3: Projektablauf planen: Ein Projektablaufplan wird erstellt, welcher den logischen Ablauf der Projektaktivitäten beschreibt. Als Grundgerüst dazu dient das Phasenmodell. Es werden Arbeitspakete definiert, für welche Aktivitäten und erwartete Ergebnisse beschrieben und Verantwortliche festgelegt werden. Die Grobplanung findet vorwiegend in der Phase Projektinitialisierung statt. Die Feinplanung muß vor jeder Phase neu gemacht werden.

PM Schritt 4: Projektaufwand und Termine planen: Für die Arbeitspakete und Aktivitäten, die im Projektplan aufgeführt sind, wird eine konkrete Termin- und Aufwandsplanung durchgeführt. Der Projektaufwand wird zum ersten Mal in der Phase Projektinitialisierung geschätzt, vor jeder Phase erfolgt eine Verfeinerung. Im Rahmen der Phase Modellierung wird der Aufwand für die übrigen Phasen zwecks Erstellung eines Angebots möglichst präzise bestimmt.

PM Schritt 5: Projektaktivitäten veranlassen: Die Projektaktivitäten und -aufgaben werden vom Projektleiter gemäß Projektplan veranlaßt bzw. selbst durchgeführt. Diese Aufgabe zieht sich über den ganzen Projektablauf hin und wird wiederholt durchgeführt. In jeder Phase werden die entsprechenden Aktivitäten gemäß Phasenmodell bzw. Projektplan veranlaßt.

PM Schritt 6: Projektstatus überprüfen: Nach dem Abschluß von Arbeitspaketen wird aufgrund der Arbeitsergebnisse der Projektstatus nachgeführt. An diesen Stellen kann der Projektfortschritt überprüft werden, z. B. durch Terminvergleiche oder analytische Qualitätssicherungsmaßnahmen. Zeichnet sich ab, daß das Projekt nicht wie geplant weitergeführt werden kann, so muß über den Berichtsweg eine Änderung des Projektplans angestossen werden. Der Projektstatus wird in jeder Phase, besonders vor Meilensteinen, überprüft. Die *Projektsteuerung* ist die *Umsetzung eventueller Änderungen* im Projektplan, d. h. die Werte werden neu gesetzt und *entsprechende Aktivitäten veranlaßt*. Hierbei kommen vor allem *Koordinationsmechanismen* zum Tragen, wie die Einbeziehung aller Beteiligten in Meetings und Reviews als auch ein ausführlicher Nachrichtenaustausch in Form von Dokumenten, Memos, Hinweisen etc. In besonderen Fällen (vom Aufwand abhängig) müssen Änderungsanträge an das Controlboard gestellt werden.

PM Schritt 7: Projektplan anpassen: Wenn die Erreichung von Projektzielen oder die Einhaltung des Projektplans gefährdet ist, müssen entsprechende Maßnahmen veranlaßt werden. Diese stellen stets eine Änderung des Projektplans dar, können sich auf alle Bereiche des Projektplans (Ziele, Organisation, Arbeitspakete, Termine, Aufwände) beziehen und müssen in der Regel vom Controlboard beschlossen werden. Der Projektplan wird in jeder Phase, besonders vor Meilensteinen und vor einer neuen Phase, angepaßt.

PM Schritt 8: Projekt auswerten: Sobald das letzte Arbeitspaket des Projekts abgeschlossen und vom Kunden abgenommen ist, ist die eigentliche Projektarbeit beendet. Es liegt dann der vollständige Projektplan mit allen Ergebnissen vor. Aus diesen Unterlagen erstellt der Projektleiter einen Erfahrungsbericht, die die wesentlichen Erfahrungen aus diesem Projekt darstellt. Dieser Bericht wird anderen Projekten zum Erfahrungsaustausch zur Verfügung gestellt. Das Projekt wird am Projektende vollständig ausgewertet. Der Projektleiter sollte aber auch Zwischenauswertungen jeweils am Phasenende durchführen.

PM Schritt 1: Projektziele und Rahmenbedingungen festlegen

Die Ziele und Rahmenbedingungen für ein Projekt werden auf der Basis der Ergebnisse aus der Phase Projektinitialisierung ausgearbeitet. Die Konsequenzen, die sich möglicherweise aus Zielen und Rahmenbedingungen ergeben, werden mit allen Beteiligten diskutiert und so transparent gemacht. Die Projektziele werden vorwiegend in der Phase Projektinitialisierung festgelegt und in der Phase Modellierung allenfalls verfeinert.

Voraussetzungen

1. Die *Projektinitialisierung* ist erfolgt, insbesondere sind erste Ziele und Rahmenbedingungen festgelegt.
2. Das Protokoll der *Kick-Off-Sitzung* ist vorhanden und in Umlauf gebracht. Erste Anregungen für das Projekt liegen vor.

Ergebnisse

1. Die Ziele sind gruppengerecht aufbereitet, strukturierte *Zielkataloge* bzw. *Zielbäume* sind erstellt.
2. Ein "*Mission Statement*", d. h. eine kurze Beschreibung der groben Stoßrichtung des Projekts, ist erarbeitet.
3. Eine *Projektvision*, d. h. ein ganzheitliches und für alle verständliches Bild der Ziele, liegt vor.
4. Die *Rahmenbedingungen* sind gruppengerecht aufbereitet.
5. Die möglichen *Konsequenzen* der Ziele und Rahmenbedingungen sind abgeleitet und diskutiert.

Aufgaben

- *Zielkatalog erstellen:* Die *Ziele*, welche im Rahmen der Projektinitialisierung (Phase 1) erarbeitet wurden, werden analysiert. Dabei werden Abhängigkeiten zwischen Zielen bestimmt und die Ziele zu Gruppen geclustert. Die Vollständigkeit bzw. die Widersprüchlichkeit von Zielen wird überprüft. Die Ziele werden gegebenenfalls vervollständigt und neu formuliert. So wird ein strukturierter *Zielkatalog* erstellt.
- *Mission statement formulieren:* Für das Projektteam wird ein "*Mission Statement*" formuliert. Dieses umreißt kurz und prägnant die generelle Stoßrichtung des Projektes und die Richtschnur für das Projektteam.

- *Projektvision formulieren:* Es wird versucht, eine *Projektvision* zu formulieren. Diese beschreibt bildhaft die Hauptziele bzw. das wesentliche Ergebnis des Projekts und soll der Orientierung während der Projektarbeit dienen.
- *Randbedingungen festlegen:* Die *Randbedingungen* des Projekts werden analysiert und auf Vollständigkeit und Widersprüchlichkeit (auch gegenüber den Projektzielen) geprüft. Die Randbedingungen werden wie die Ziele zu Gruppen zusammengefaßt.
- *Konsequenzen ausarbeiten:* Eine Liste von *Konsequenzen*, die sich aus den Zielen und Randbedingungen ergeben, wird angefertigt. Diese beschreibt, welche globalen Maßnahmen zu treffen sind und was dabei besonders zu beachten ist. Die Konsequenzen können sich auf die Aufgaben im Projekt, den Ablauf des Projekts oder auf die Projektorganisation beziehen.
- *Kritische Erfolgsfaktoren benennen:* Eine erste Liste von *Chancen* und *Risiken* für das Projekt wird erstellt und in einem ständig fortgeschriebenen Speicher für Chancen und Risiken beschrieben (kritische Erfolgsfaktoren).

QS-Hinweise

Der Projektleiter muß für diese Aufgabe eine *visionäre Rolle* übernehmen. Er muß die Vorstellungen des Kunden und des Projektteams so aufnehmen und darstellen können, daß sich alle Beteiligten damit identifizieren und sich für das Projekt motivieren können. Er darf dabei auch seine eigenen Vorstellungen einbringen, aber die Beteiligten nicht damit übergehen. Er muß *Moderator*, nicht Diktator sein.

Wichtig für diese Aufgabe ist die Erarbeitung eines *gemeinsamen Verständnisses* der Ziele und Rahmenbedingungen. Mißverständliche Deutungen der Projektziele können jedes Projekt verzögern oder sogar scheitern lassen.

Methoden & Werkzeuge

Die Erarbeitung und Präzisierung der Ziele erfolgt in einem internen Kick-Off-Workshop, an welchem Kundenvertreter, das Projektteam, der Projektleiter sowie die Linienverantwortlichen für das Projekt teilnehmen.

Für die Erarbeitung der Projektvision und des "Mission Statements" können im Rahmen des Workshops geeignete *Visualisierungstechniken* verwendet werden.

Ein *Speicher* (z. B. Liste) für Chancen und Risiken wird angelegt.

PM Schritt 2: Projektorganisation festlegen

Die am Projekt beteiligten Personen und Gremien werden bestimmt und deren Aufgaben und Verantwortlichkeiten festgelegt. Regeln für die Projektkommunikation wie Berichtswege, Meetings etc. werden festgelegt. Die Projektorganisation wird im wesentlichen in der Phase Projektinitialisierung festgelegt, die Zusammensetzung des Projektteams muß aber vor jeder Phase neu geklärt werden.

Voraussetzungen

1. Die Phase *Projektinitialisierung* hat stattgefunden.
2. Die *Ziele* und *Rahmenbedingungen* sowie die daraus abgeleiteten Konsequenzen sind beschrieben.

Ergebnisse

1. Die Projektgremien mit Aufgaben, Verantwortung und Besetzung sind festgelegt.
2. Die Projektmitarbeiter sind mit Funktion und Verantwortung bestimmt.
3. Die Projektkommunikation und Berichtswege sind inklusive Projektpapiere und Verteiler festgelegt.
4. Regeln für Meetings (Controlboards, "jour fixe" mit Kunden) sind festgelegt und dokumentiert.

Aufgaben

❒ *Projektgremien und deren Aufgaben festlegen*: Wichtig ist, daß sich jedes Projektmitglied bewußt wird, welches seine Aufgaben sind und was von ihm verlangt wird. Dazu werden Projektpapiere, Berichtswege und Regeln für Meetings festgelegt:

- *Controlboard*: Das Controlboard verabschiedet den Projektplan, nimmt Projektberichte (z. B. Meilenstein-Ergebnisse) ab, genehmigt Änderungen des Projektplans und entscheidet über Budgets und Berichte an die Unternehmensleitung.
- *Projektleiter*: Der Projektleiter erstellt den Projektplan und schreibt diesen fort. Er ist dafür verantwortlich, daß die Projektmaßnahmen gemäß Projektplan durchgeführt werden und trägt die alleinige Verantwortung für die Ergebnisse (Inhalt, Qualität, Termin, Budget). Er erstellt Ergebnisberichte und leitet diese gemäß Berichtsweg weiter.

- *Projektteam*: Das Projektteam führt die vom Projektleiter veranlaßten Projekt-Maßnahmen durch. Jeder Mitarbeiter ist für seine Arbeitsergebnisse dem Projektleiter gegenüber verantwortlich.
- *Projektbeirat*: Für die Abnahme bestimmter Ergebnisse kann ein Projektbeirat festgelegt werden. Dieses Review-Board berät den Projektleiter in fachlichen oder methodischen Fragen.

❑ *Besetzung festlegen:* Für jedes Gremium muß die Besetzung festgelegt werden.

- *Controlboard*: Im Controlboard müssen verschiedene Hierarchiestufen des Kunden und des Auftragnehmers vertreten sein (siehe QS-Hinweise).
- *Projektleiter*: Projektleiter kann ein Vertreter des Kunden, aber auch ein Vertreter des Auftragnehmers sein. In jedem Fall muß die Projektleiterrolle eindeutig zugeordnet sein.
- *Projektteam*: Das Projektteam muß so zusammengesetzt sein, daß sich für alle Aufgaben im Projekt ein genügend qualifiziertes Mitglied findet (Systemanalytiker mit Erfahrung im Fachgebiet, Systemspezialisten für Technologien, QS- und Methodenexperten etc.). Um die Mitglieder auf die gemeinsamen Aufgaben im Projekt einzustimmen, sollte ein Team-Kick-Off-Workshop veranstaltet werden.
- *Projektbeirat*: In einem Projektbeirat können Projektmitarbeiter, aber auch Projekt- bzw. Firmenexterne Personen mitarbeiten. Es wird sich dabei um hochqualifizierte Fachleute für ein bestimmtes Thema handeln.

❑ *Berichtswege festlegen*: Es muß festgelegt werden, wann und in welcher Form das Controlboard vom Projektleiter über den Projektfortschritt unterrichtet werden soll. Dabei muß sowohl der *Routine-Berichtsweg* (Projektfortschritt wie geplant) als auch ein *dringlicher Berichtsweg* (Abweichungen vom geplanten Projektfortschritt) geregelt werden. In Kombination mit dem Berichtsweg ist ein *Änderungsantragsverfahren* festzulegen, welches Änderungen des Projektplans regelt (Zustimmung des Controlboards).

QS-Hinweise

Die *Verantwortlichkeiten* von Gremien und Projektmitarbeitern müssen bereits zu Anfang klar definiert und voneinander abgegrenzt werden. Wichtig ist auch, daß alle Gremien und Mitarbeiter entsprechende *Kompetenzen* erhalten, damit sie ihre Verantwortungsbereiche korrekt ausfüllen können. Jemand darf nur soweit zur Verantwortung gezogen werden, wie er Kompetenzen erhalten hat. Dies gilt insbesondere für den *Projektleiter*.

Zur Festlegung von Kompetenzen und Verantwortungsbereichen des Projektleiters kann gegebenenfalls ein Projektleiter-Vertrag abgeschlossen werden.

Bei der Besetzung des Projekt-Controlboards sind folgende Regeln zu beachten:

1. Sowohl von Kunden- wie auch von Auftragnehmerseite sollten mehrere *Hierarchieebenen* gleichwertig vertreten sein: Geschäftsleitung, Abteilungsleiter, Projektleiter.
2. Der vom Projekt *betroffene Bereich* muß sich genügend vertreten fühlen.
3. Alle Mitglieder des Controlboards müssen eine *Mentorenfunktion* im Projekt übernehmen. Diese Rolle und die damit verbunden Aufgaben müssen klar beschrieben sein, so daß die von ihm erwarteten Aufgaben jedem Controlboard-Mitglied bewußt sind.

Methoden & Werkzeuge

Zur Beschreibung der Projektorganisation und der Zusammenarbeit im Projekt können Organigramme verwendet werden. Auch SA-Diagramme eignen sich zur Beschreibung dieser Zusammenhänge.

PM Schritt 3: Projektablauf planen

Ein Projektablaufplan wird erstellt, welcher den logischen Ablauf der Projektaktivitäten beschreibt. Als Grundgerüst dazu dient das Phasenmodell. Es werden Arbeitspakete definiert, für welche Aktivitäten und erwartete Ergebnisse beschrieben und Verantwortliche festgelegt werden. Die Grobplanung findet vorwiegend in der Phase Projektinitialisierung statt. Die Feinplanung muß vor jeder Phase neu gemacht werden.

Voraussetzungen

1. Die Phase *Projektinitialisierung* ist durchgeführt.
2. Die *Projektziele* und *Rahmenbedingungen* sind festgelegt und dokumentiert.
3. Die *Projektorganisation* ist festgelegt.
4. Das grundsätzliche Vorgehen im Projekt (*Phasenmodell*) ist klar.
5. Die wesentlichen kritischen *Ressourcen*, die benötigt werden, sind bekannt.

Ergebnisse

1. Ein *Projektablaufplan*, der die logischen Abfolgen von Arbeitspaketen im Projekt definiert, ist beschrieben.
2. Pro *Arbeitspaket* ist eine *Ergebnisgliederung* erstellt, die die erwarteten Ergebnisse des Arbeitspakets sowie die Art der Ergebnisse (verbal, formal) beschreibt.
3. Für jedes Arbeitspaket ist ein *Arbeitsplan* (bzw. ein *Drehbuch)* erstellt, der die Aktivitäten dieses Pakets sowie die Verantwortlichen festlegt.

Aufgaben

- *Arbeitspakete bestimmen:* Das *Phasenmodell* wird an die Projektaufgabe angepaßt. Es wird festgelegt, welche Phasenschritte weggelassen, in reduzierter Form durchgeführt oder welche Aktivitäten eventuell ergänzt werden. Daraus werden die Arbeitspakete bestimmt: diese entsprechen den Phasenschritte bzw. sind Zusammenfassungen von solchen Schritten.

- *Ergebnisgliederung erstellen:* Für jedes Arbeitspaket wird eine *Ergebnisgliederung* erstellt. Diese leitet sich aus den Ergebnissen der entsprechenden Phasenschritte ab. Der Inhalt der Ergebnisdokumente, die Art bzw. der Umfang der Ergebnisse (formal/verbal, gekürzte/ausführliche Form) muß für jedes Arbeitspaket angegeben werden.
- *Verantwortlichkeiten bestimmen:* Für jedes Arbeitspaket wird ein Verantwortlicher bestimmt, der für die Feinplanung und Durchführung des Arbeitspakets zuständig ist.
- *Arbeitspakete detaillieren:* Ebenfalls müssen pro Arbeitspaket die *benötigten Ressourcen* (Entwicklungssystem, Produktionssystem, Räume, Spezialisten etc.) angegeben werden. Pro Arbeitspaket werden *Arbeitspläne* bzw. *Drehbücher* erstellt. Im Verlauf des Projekts werden die Arbeitspakete immer detaillierter geplant. Insbesondere die Arbeitspakete für die jeweils nächste Phase müssen detailliert, die für die weiter entfernten Phasen grob beschrieben werden.
- *Reihenfolge von Arbeitspaketen festlegen:* Die zeitliche und logische *Reihenfolge* von Arbeitspaketen - noch ohne genaue Termine - wird festgelegt. Dabei sind die Abhängigkeiten von Ergebnissen und die Verfügbarkeit von kritischen Ressourcen zu beachten. Daraus ergeben sich Zwangssequenzen von Arbeitspaketen, welche für die Terminabschätzung des Projekts wesentlich sind.
- *Maßnahmen festlegen:* Die geplanten *flankierenden Maßnahmen* wie Projektmanagement-Aktivitäten und Qualitätssicherungs-Maßnahmen sind im Projektablauf auszuweisen (z.B. Meilenstein-Reviews, Phaseninitialisierungen, Projektplanungsaktivitäten, andere Formen der QS-Unterstützung). Für neue Aufgabengebiete (neue Technologien, Methoden etc.) sind *Schulungen* und *Einarbeitungszeiten* festzulegen.

QS-Hinweise

Soll im Projekt vom Phasenmodell abgewichen werden, so sind diese Abweichungen zu erläutern und zu begründen. Die Konsequenzen und *Risiken der Abweichung* sind dabei auszuweisen.

Bei der Festlegung der logischen Abfolge von Arbeitspaketen sind Abhängigkeiten zwischen Ergebnissen und Folgepaketen zu beachten. Diese legen *Zwangsreihenfolgen* fest, aufgrund derer ein sogenannter "kritischer Pfad" bestimmt werden kann. Dieser "kritische Pfad" ist für die Abschätzung der Projektdauer wesentlich, er bestimmt das Mindestmaß der benötigten Zeit.

Für jedes *Arbeitspaket* muß ein *Verantwortlicher* benannt werden. Die Feinplanung der Arbeitspakete aufgrund der Ergebnisgliederung und des Drehbuchs sollte an diesen Verantwortlichen delegiert werden und nicht vom Projektleiter selber durchgeführt werden.

Bei der Delegation von Arbeitspaketen an *Unterauftragnehmer* (Rechenzentrum, Qualitätssicherung, Externe) ist deren *Zusage* einzuholen. Ansonsten kann plötzlich die termingetreue Abwicklung des Projekts in Frage gestellt werden.

Methoden & Werkzeuge

Zur Planung des zeitlichen und logischen Ablaufs eines Projekts wird ein *Projektablaufplan* in Form eines Balkendiagramms benutzt. Die Abhängigkeiten können mit der *Netzplantechnik* beschrieben werden.

Zur Identifikation von Arbeitspaketen und zur Planung ihres logischen Ablaufs kann eine *Planungsmatrix* (Phasenstruktur gegen Ergebnis/Systemstruktur) benutzt werden.

Projektablaufpläne und Netzplantechnik werden üblicherweise von *Projektmanagement-Werkzeugen* unterstützt. Diese enthalten auch Hilfsmittel zur Planung von Ressourcen und zur Bestimmung des kritischen Pfads.

PM Schritt 4: Projektaufwand und Termine planen

Für die Arbeitspakete und Aktivitäten, die im Projektplan aufgeführt sind, wird eine konkrete Termin- und Aufwandsplanung durchgeführt. Der Projektaufwand wird zum ersten Mal in der Phase Projektinitialisierung geschätzt, vor jeder Phase erfolgt eine Verfeinerung. Im Rahmen der Phase Modellierung wird der Aufwand für die übrigen Phasen zwecks Erstellung eines Angebots möglichst präzise bestimmt.

Voraussetzungen

Der *Projektablauf* ist grob geplant, zumindest sind die Arbeitspakete beschrieben und ihre logischen und zeitlichen Abhängigkeiten voneinander bekannt.

Ergebnisse

1. Ein Terminplan für das Projekt ist erstellt, der für alle Arbeitspakete und Schlüsselaktivitäten Termine angibt.
2. Eine Projektkalkulation ist durchgeführt, die die zeitlichen, personellen und materiellen Aufwände enthält.

Aufgaben

- *Aufwände abschätzen:* Die *Aufwände* (zeitlich, personell, materiell) für die einzelnen Arbeitspakete werden zusammen mit dem Verantwortlichen für das Arbeitspaket abgeschätzt. Dazu werden Szenarien unter Beachtung der zeitlichen Abfolge und möglicher Ereignisse durchgespielt. Hierbei sind auch Einarbeitungs- und Schulungsaufwände zu berücksichtigen. Für die Arbeitspakete und Schlüsselaktivitäten (z.B. Meilensteine) werden die Risiken bewertet und *Risikospannen* (zeitlich, personell und materiell) festgelegt. Diese werden zu den eigentlichen Aufwänden hinzugerechnet. Dies wird ebenfalls gemeinsam mit den Verantwortlichen für das Arbeitspaket durchgeführt.
- *Termine planen:* Unter Berücksichtigung der Abhängigkeiten zwischen den Arbeitspaketen sowie der zeitlichen Aufwände und Risikospannen für die einzelnen Arbeitspakete werden die Termine für die Arbeitspakete und Schlüsselaktivitäten geplant. Daraus entsteht der *Projektterminplan*. Wichtig ist, daß die projektbegleitenden Maßnahmen bei der Planung nicht vergessen werden. Dazu sind die Aufwände und Budgets für Projektmanagement und Qualitätsmanagement gesondert auszuweisen. Insbesondere der Projektleiter wird einen erheblichen Teil seiner Zeit für solche Maßnahmen aufwenden müssen.

Alle diese Arbeitsschritte werden nicht vom Projektleiter alleine durchgeführt, sondern müssen in mehreren Durchgängen (Reviews) sowohl intern mit den Vorgesetzten und dem Controlling als auch extern mit den Kunden und den Unterauftragnehmern abgestimmt werden.

QS-Hinweise

Wenn die Verantwortlichen für ein Arbeitspaket *Unterauftragnehmer* aus einer anderen Organisationseinheit bzw. aus einer externen Firma sind, ist es besonders wichtig, die Aufwands- und Terminplanung mit diesen Verantwortlichen gemeinsam durchzuführen und nicht alleine vom Projektleiter bestimmen zu lassen. Dadurch werden die Unterauftragnehmer stärker in das Projekt eingebunden und können sich besser mit den Projektzielen und -abläufen identifizieren.

Zur Schätzung von Aufwänden können ähnliche Projekte als *Vergleichsgrößen* herangezogen werden. Hilfreich ist es auch, erfahrene Kollegen zu Rate zu ziehen. Die Qualität der Aufwandschätzungen gewinnt ganz erheblich, wenn die Schätzungen nicht von einer Person (Projektleiter) alleine, sondern von zwei bis drei erfahrenen Personen gemeinsam durchgeführt werden. Ferner sollten die Aufwandschätzungen mit dem Vorgesetzten und dem Controlling abgestimmt werden.

Methoden & Werkzeuge

Für die Schätzung von Aufwänden gibt es in der Literatur eine ganze Reihe von *Aufwandschätzungsverfahren*, die aber nicht alle zu jedem Zeitpunkt praktikabel sind. Die Güte der damit erstellten Schätzungen hängt stets von der Korrektheit der Annahmen ab, die den Ausgangspunkt dieser Verfahren bilden.

Die Termin- und Aufwandsplanung (Dokumentation) wird teilweise von *Projektmanagement-Werkzeugen* unterstützt. Diese können aber nicht den Abstimmungsprozeß mit Kunden und Unterauftragnehmern abnehmen.

PM Schritt 5: Projektaktivitäten veranlassen

Die Projektaktivitäten und -aufgaben werden vom Projektleiter gemäß Projektplan veranlaßt bzw. selbst durchgeführt. Diese Aufgabe zieht sich demgemäß über den ganzen Projektablauf hin und wird wiederholt durchgeführt. In jeder Phase werden die entsprechenden Aktivitäten gemäß Phasenmodell bzw. gemäß Projektplan veranlaßt.

Voraussetzungen

Ein detaillierter Projektplan liegt für die aktuelle Phase vor. Dieser enthält:

1. Die *Arbeitspakete* und *Aktivitäten* für diese Phase.
2. Die *Verantwortlichen* und *Mitarbeiter* für diese Arbeitspakete und Aktivitäten.
3. Die *Termine* und *Zeitspannen* für die Arbeitspakete und Aktivitäten.

Ergebnisse

1. Den betroffenen *Projektbeteiligten* sind die von ihnen durchzuführenden Aktivitäten hinsichtlich Ziel, Vorgehen, erwartetem Ergebnis, Aufwand und Termine bekannt. Sie haben den so vereinbarten Aktivitäten zugestimmt.
2. Alle *Ressourcen*, welche zur korrekten Durchführung der Aktivitäten benötigt werden, sind verfügbar.

Aufgaben

- *Mitarbeiterbezogene Arbeitspläne erstellen:* Die arbeitspaketbezogenen Arbeitspläne und Drehbücher werden in *mitarbeiterbezogene Arbeitspläne* und Drehbücher umgesetzt. Dies wird vom Projektleiter gemeinsam mit den betroffenen Mitarbeitern durchgeführt (siehe QS-Hinweise). Daraus werden Arbeitsanweisungen bzw. Arbeitshinweise erstellt. Die gemeinsame Erarbeitung hat den Vorteil, daß ein gemeinsames Aufgabenverständnis zwischen Mitarbeitern und Projektleiter entsteht.
- *Mitarbeitereinweisung durchführen:* Die Mitarbeiter müssen in ihre Aufgaben *eingewiesen* werden. Die Erarbeitung der Arbeitsanweisungen zusammen mit dem Projektleiter ist ein Teil dieser Einweisungen.

Allenfalls müssen den Mitarbeitern noch weitere Informationen vermittelt werden, die sie zur Durchführung ihrer Aktivitäten benötigen. Bei Arbeiten, für die die Mitarbeiter keine Erfahrungen mitbringen, sind entsprechende Einarbeitungen bzw. Schulungen durchzuführen. Es muß sichergestellt werden, daß die Aufgaben und Ziele richtig verstanden wurden und keine offenen Fragen bleiben.

- *Arbeitsumgebung bereitstellen:* Der Projektleiter ist dafür verantwortlich, daß die *Arbeitsumgebung* bereitgestellt ist. Dazu gehören Geräte, aber auch Räume und Kommunikationsmöglichkeiten (z. B. regelmäßiger Austausch im Projektteam). Der Projektleiter muß seinen Mitarbeitern diesbezüglich Unterstützung bieten.

QS-Hinweise

Wichtig ist, daß den Projektbeteiligten die Aufgaben nicht ohne Hintergrund- und Kontextinformationen (übergreifenden Zielen und Abhängigkeiten mit anderen Aufgaben) übertragen werden. Nur so können die Beteiligten die Sinnhaftigkeit der ihnen übertragenen Aufgaben erkennen und sich für die korrekte und qualitätsbewußte Durchführung der Aufgabe motivieren. Und nur so ist ein gemeinsames Verständnis der Projektziele möglich.

Die Beteiligten sollen die Aufgaben nicht nur ausführen, sondern auch bei der Planung der Durchführung mitarbeiten sowie die Ergebnisse überprüfen können. Die *Einheit von Planung, Durchführung und Kontrolle* muß für jeden Mitarbeiter bei der Abarbeitung von Projektaufgaben gewährleistet sein, wenn qualitativ hochwertige Ergebnisse erzielt werden sollen. Um dies zu gewährleisten, werden die Mitarbeiter bereits an der Feinplanung der Aufgaben beteiligt (PM Schritte 3 und 4) bzw. führen diese im Wesentlichen selbst durch. Die explizite Vereinbarung der Ziele und erwarteten Ergebnisse ermöglicht den Mitarbeitern, ihre erzielten Ergebnisse fortlaufend selbst zu überprüfen - eine wesentliche Voraussetzung für qualitativ hochwertige Ergebnisse. Der Projektleiter ist folglich für eine entsprechende Vereinbarung verantwortlich. Der Projektleiter muß rechtzeitig dafür sorgen, daß, wenn nötig, *Unterauftragnehmer* außerhalb des Projektteams (QS-Experten, Systemspezialisten) zur Verfügung stehen. Er selber muß in transparenter Weise seinem Projektteam für die fachliche Unterstützung zur Verfügung stehen.

Methoden & Werkzeuge

Für diesen Schritt muß ein Projektmanagement- oder Testverarbeitungs-Werkzeug eingesetzt werden.

PM Schritt 6: Projektstatus überprüfen

Nach dem Abschluß von Arbeitspaketen wird aufgrund der Arbeitsergebnisse der Projektstatus nachgeführt. An diesen Stellen kann der Projektfortschritt überprüft werden, z. B. durch Terminvergleiche oder analytische Qualitätssicherungsmaßnahmen. Zeichnet sich ab, daß das Projekt nicht wie geplant weitergeführt werden kann, so muß über den Berichtsweg eine Änderung des Projektplans angestoßen werden. Der Projektstatus wird in jeder Phase, besonders vor Meilensteinen, überprüft. Die *Projektsteuerung* ist die *Umsetzung eventueller Änderungen* im Projektplan, d. h. die Werte werden neu gesetzt und *entsprechende Aktivitäten veranlaßt.* Hierbei kommen vor allem *Koordinationsmechanismen* zum Tragen, wie die Einbeziehung aller Beteiligten in Meetings und Reviews als auch ein ausführlicher Nachrichtenaustausch in Form von Dokumenten, Memos, Hinweisen etc. In besonderen Fällen (vom Aufwand abhängig) müssen Änderungsanträge an das Controlboard gestellt werden.

Voraussetzungen

1. Der *Projektplan* für die aktuelle Phase ist mit Arbeitspaketen, Terminen und Aufwänden detailliert festgelegt.
2. Die Arbeitspakete aus dem Projektplan sind veranlaßt, die *Ergebnisse* von einzelnen Arbeitspaketen liegen vor.

Ergebnisse

1. Die tatsächlichen Ergebnisse von Arbeitspaketen sind mit den im Projektplan dokumentierten erwarteten Ergebnissen *verglichen.*
2. Bei Nichtübereinstimmung sind *Nachbesserungsmaßnahmen* veranlaßt, die Arbeitspläne und Drehbücher für das Arbeitspaket sind entsprechend fortgeschrieben.
3. Ist das geplante Ergebnis durch Nachbessern nicht in einem vertretbaren Zeit- und Budgetrahmen zu erreichen, so ist dies mit den zu erwartenden Konsequenzen auf dem *Berichtsweg* weitergeleitet worden.
3. Leiten sich daraus größere Änderungen der Planung ab, so ist vom Projektleiter ein *Änderungsvorschlag* für den Projektplan erarbeitet und auf dem Berichtsweg weitergeleitet worden.

Aufgaben

- *Projektstatus überprüfen*: Der Projektstatus sollte häufig und regelmäßig überprüft werden. Eine Möglichkeit dazu sind z. B. wöchentliche Projektsitzungen ("jour fixe"), wo alle Mitarbeiter über den Stand ihrer Arbeit berichten. Als Gerüst für diese Sitzungen dient der Projektplan. Der Status jedes Arbeitspakets wird überprüft und fortgeschrieben. So lassen sich Abweichungen vom geplanten Vorgehen und auftretende Schwierigkeiten frühzeitig erkennen. Die fortlaufende Überprüfung dient vor allem der Aufwandsüberprüfung und der Einhaltung von Terminen (ständiger SOLL-IST-Vergleich). Dabei sollte auch der Arbeitsfortschritt bzw. der geschätzte Restaufwand ermittelt werden.
- *Ergebnisse überprüfen*: Durch analytische Qualitätssicherungsmaßnahmen, die auf Ergebnisse von Arbeitspaketen angewendet werden, wird die Qualität und damit der Status der Ergebnisse gezielt geprüft und festgehalten. Diese Verfahren dienen vor allem der Überprüfung der Ergebnisse und deren Qualität.

QS-Hinweise

Diese Aufgabe des Projektmanagement ist nur dann sinnvoll, wenn sie von allen Beteiligten (Projektmitarbeiter, Projektleiter und Controlboard) ehrlich und mit gegenseitigem Vertrauen wahrgenommen wird. Änderungen des Projektplans müssen als *selbstverständlicher und normaler Teil des Projektmanagements* verstanden werden. Sobald Planänderungen negativ bewertet und "bestraft" werden, geht das Vertrauen verloren. Es wird dann mit einem erheblichen Aufwand versucht, Änderungsvorschläge zu vermeiden und mangelhafte Ergebnisse zu vertuschen. Dadurch häufen sich die Probleme im Projekt und in den Ergebnissen an.

Methoden & Werkzeuge

Die Verfolgung des Projektstatus wird teilweise durch *Projektmanagement-Werkzeuge* unterstützt, mit denen ein Soll-Ist-Vergleich angestellt werden kann.

PM Schritt 7: Projektplan anpassen

Wenn die Erreichung von Projektzielen oder die Einhaltung des Projektplans gefährdet ist, müssen entsprechende Maßnahmen veranlaßt werden. Diese stellen stets eine Änderung des Projektplans dar, können sich auf alle Bereiche des Projektplans (Ziele, Organisation, Arbeitspakete, Termine, Aufwände) beziehen und müssen vom Controlboard beschlossen werden. Der Projektplan wird in jeder Phase, besonders vor Meilensteinen und vor einer neuen Phase, angepaßt.

Voraussetzungen

1. Die *Berichtswege* für den Projektstatus und für Änderungsanträge des Projektplans sind festgelegt.
2. Der *Projektplan* ist erstellt und beschreibt Projektziele, Projektorganisation, Arbeitspakete, Aufwände und Termine.
3. Ein *Änderungsantrag* zum Projektplan liegt vor.

Ergebnisse

1. Der Projektplan ist so *abgeändert* worden, daß die Erreichung der Projektziele unter Einhaltung des Projektplans gesichert ist.
2. Die Änderungen des Projektplans sind mit allen Betroffenen (Kunden, Projektteam) *abgesprochen* und vom Controlboard formell *verabschiedet* worden.

Aufgaben

Der Projektleiter arbeitet Änderungsvorschläge zum Projektplan aus, sobald er im Rahmen der Überprüfung des Projektstatus (PM Schritt 6) feststellt, daß die Projektziele nicht erreicht werden können, bzw. der Projektplan nicht eingehalten werden kann. Diese Vorschläge reicht er als Änderungsantrag gemäß Berichtsweg an das Controlboard weiter, das die Änderungen des Projektplans in Abstimmung mit den Auftraggebern beschließt. Dabei können die Vorschläge des Projektleiters angepaßt werden. Im Berichtsweg ist festgelegt, welche Änderungen des Plans vom Projektleiter in eigener Verantwortung durchgeführt werden können und welche der Zustimmung der Controlboards bedürfen. Die Änderungsvorschläge können sich auf alle Inhalte des Projektplans beziehen:

- Die *Projektziele* können geändert werden, wenn sich die Ausrichtung oder das Umfeld des Projekts ändern.

- Die *Projektorganisation* kann geändert werden, indem Berichtswege angepaßt oder Personen ausgetauscht werden.
- Der *Projektablauf* kann geändert werden, z. B. durch Hinzufügen von Arbeitspaketen oder Umstellung der logischen Abfolge der Arbeitspakete.
- Der *Projektaufwand* und die *Termine* können geändert werden, z. B. durch Verschiebung von Ressourcen in ein anderes Arbeitspaket, durch Aufstockung von Budgets oder durch Verschiebung von Terminen.

In der Regel sind die Änderungen des Projektplans eher klein, beziehen sich aber trotzdem auf *mehrere Inhalte* des Projektplans. So bedeutet z. B. die Ansetzung eines zusätzlichen Reviews für ein Projektergebnis - selbst wenn der Gesamtaufwand recht gering ist - eine Änderung des Projektablaufs, eine Änderung der Aufwand- und Terminplanung und evtl. sogar eine Änderung der QS-Organisation, wenn ein externes Reviewteam benötigt wird. Wichtig ist dabei, daß die Änderungen konsistent gehalten werden. Eine Änderung des Projektplans bedeutet daher, daß eine Kombination der PM Schritte 1 bis 4 neu ausgeführt wird.

Der Projektleiter ist zwar verantwortlich für die Ausarbeitung eines Änderungsantrags, der Anstoß dazu kann aber von jedem Beteiligten am Projekt kommen (Controlboard, Kunden, Entwickler).

QS-Hinweise

Selbst für kleine Änderungen des Projektplans muß das im Rahmen der Projektorganisation (PM Schritt 2) festgelegte *Änderungsantragsverfahren eingehalten* werden. Nur so ist die Erreichung der Projektziele sichergestellt, und nur so bleibt das gemeinsame Verständis über die Projektziele und den Projektplan zwischen allen Beteiligten erhalten.

Der Projektleiter muß dafür sorgen, daß *Planänderungen durchgängig ausgeführt* werden. Änderungen an einer Stelle des Projektplans (z. B. der Projektziele) ziehen in der Regel Änderungen an anderen Stellen (z. B. Aufwand, Arbeitspakete) nach sich. Da der Projektleiter für die plangemäße Abwicklung des Projekts verantwortlich ist, muß er im eigenen Interesse dafür sorgen, daß der Projektplan machbar bleibt und falls erforderlich konsistent und in allen Konsequenzen geändert wird.

Methoden & Werkzeuge

Da die Änderung des Projektplans eine Kombination der PM Schritte 1 bis 4 darstellt, wird die entsprechende Kombination der für diese Aufgaben benötigten Werkzeuge und Methoden gebraucht.

PM Schritt 8: Projekt auswerten

Sobald das letzte Arbeitspaket des Projekts abgeschlossen und vom Kunden abgenommen ist, ist die eigentliche Projektarbeit beendet. Es liegt dann der vollständige Projektplan mit allen Ergebnissen vor. Aus diesen Unterlagen erstellt der Projektleiter einen Erfahrungsbericht, der die wesentlichen Erfahrungen aus diesem Projekt darstellt. Dieser Bericht wird anderen Projekten zum Erfahrungsaustausch zur Verfügung gestellt. Das Projekt wird am Projektende vollständig ausgewertet. Der Projektleiter sollte aber auch Zwischenauswertungen jeweils am Phasenende durchführen.

Voraussetzungen

1. Das eigentliche Projekt ist abgeschlossen.
2. Der Projektplan liegt vollständig mit allen Ergebnissen von Arbeitspaketen vor.

Ergebnisse

Ein *Erfahrungsbericht* des Projektleiters mit folgenden Angaben liegt vor:

1. Welches waren die wichtigsten Projektziele? Welche Maßnahmen waren die wesentlichen, um diese Ziele zu erreichen?
2. Was waren die wesentlichen kritischen Erfolgsfaktoren des Projekts (Chancen, Risiken) und wie wurden sie behandelt?
3. Wo traten während des Projektverlaufs Schwierigkeiten auf, die größere Änderungen des Projektplans notwendig machten?
4. Durch welche Maßnahmen lassen sich ähnliche Schwierigkeiten und Planänderungen in zukünftigen Projekten vermeiden?
5. Was würde der Projektleiter beim nächsten Projekt genauso machen? Was würde er anders machen?
6. Welche Lösungen des Projekts (Modelle, Teilsysteme, Techniken) könnten wiederverwendbar sein und für welchen Zweck bzw. Anwendungsgebiet?

Aufgaben

- *Erfahrungsbericht erstellen:* Der Projektleiter stellt den Erfahrungsbericht aufgrund des vollständigen Projektplans zusammen. Der Erfahrungsbericht muß so abgefaßt sein, daß er projektfremden Lesern (Zielgruppe: andere Projektleiter) Nutzen bringt. Der Bericht muß sich daher auf das ***Wesentliche*** beschränken und dieses Wesentliche kurz und knapp darstellen. Der Erfahrungsbericht wird sinnvollerweise mit dem QS-Erfahrungsbericht zu einem Dokument vereinigt.
- *Erfahrungsbericht verbreiten:* Der Erfahrungsbericht wird einem geeigneten Gremium zur Verfügung gestellt und möglichst ***verbreitet***. Dadurch lassen sich Erfahrungen aus Projekten auch abteilungsübergreifend vermitteln. Dies trägt zu einer ständigen, gemeinsamen Optimierung des Phasenmodells und des Projektmanagements bei. Gegebenenfalls können daraus auch betriebliche Verbesserungsvorschläge abgeleitet werden.

QS-Hinweise

Wenn der Bericht keine "Alibiübung" bleiben, sondern Nutzen für zukünftige Projekte bringen soll, müssen die Projektleiter dazu motiviert werden, diesen Bericht ***kritisch*** (auch selbstkritisch) zu verfassen. Ein kritischer Bericht darf keine Sanktionen gegen den Projektleiter nach sich ziehen, sondern muß im Gegenteil gefördert werden. Die disziplinarischen Vorgesetzten der Projektleiter sind dazu angehalten, den Projektleitern ein entsprechendes kritisches Bewußtsein zu vermitteln, um die Qualität und Wirtschaftlichkeit des Projektmanagements permanent weiterzuentwickeln und zu fördern.

Methoden & Werkzeuge

Für die Erstellung des Erfahrungsberichts wird ein Dokumentationswerkzeug verwendet. Wurde der Projektplan teilweise mit einem Projektmanagement-Werkzeug erstellt und verwaltet, so können gewisse Auswertungen mit Hilfe dieses Werkzeugs erstellt werden.

C2: IV-Projekte mit Standardsoftware

Orientierung Standardsoftware

Der Einsatz von IV-Systemen ist heute ein kritischer Erfolgsfaktor in jedem Unternehmen. Die technologische Entwicklung in diesem Bereich hat zu einer Veränderung des CPU-zentrierten Weltbildes der Anwendungsentwicklung geführt. Der Benutzer mit seinen Tätigkeiten und Aufgaben rückt bei der Gestaltung von IV-Systemen immer stärker in den Mittelpunkt:

- Die IV-Systeme sind als Dienstleistung zur optimalen Unterstützung der wertschöpfenden Geschäftsprozesse zu betrachten.
- Sie dienen als ein Instrumentarium zur permanenten Verbesserung der Geschäftsabläufe und zur Steigerung der Produktivität der Benutzer.
- Der Einsatz von neuen IV-Systemen ist untrennbar verbunden mit einer Geschäfts- und Organisationsentwicklung (Business Process Reengineering) im Unternehmen.

Die Auswahl und der Einsatz von Standardsoftware ist vor diesem Hintergrund zu betrachten. Ein umfassender Modellierungsansatz ist notwendig, damit neben den kurzfristig angestrebten Zielen wie Zeit- und Kostenersparnis auch langfristig die Anforderungen des Geschäfts beim Einsatz von Standardsoftware unterstützt werden können.

Ziele des Einsatzes von Standardsoftware

Mit dem Einsatz von Standardsoftware werden in der Regel, gegenüber einer Individualentwicklung von Anwendungssystemen, folgende Ziele verbunden, die jedoch nur unter bestimmten Randbedingungen erreicht werden können:

1. *Reduktion der Kosten und Zeit für Entwicklung und Einführung:* Eine Kostenersparnis gegenüber einer reinen Individualentwicklung kann in der Regel nur dann erreicht werden, wenn
   - die Standardsoftware als wirklicher Standard eingesetzt werden kann (d. h. ohne Modifikationen der fachlichen Funktionalität) und
   - die geschäftsbezogenen organisatorischen Strukturen, die durch die Standardsoftware vorgegeben werden, ebenfalls dem Standard entsprechen.

2. *Hilfe zur Geschäfts- und Organisationsentwicklung (als"Trojanisches Pferd" zum Business Process Reengineering):* Dieses Ziel wird in der Regel verfolgt, wenn die bestehenden organisatorischen Abläufe hinter dem Marktstandard zurückstehen und durch die Standardsoftware auf ein gesichertes Niveau gehoben werden können.
3. *Schaffung einer integrativen Plattform für die gesamte IV-Landschaft:* Dieses Ziel kann nur dann erreicht werden, wenn die ausgewählte Standardsoftware offen und transparent bezüglich ihrer Prozesse und Funktionalität ist und wenn über releasefähige Schnittstellen eine einfache Integration anderer Anwendungen ermöglicht wird.
4. *Outsourcing von Anwendungssystemen:* Outsourcing mit Standardsoftware kann in den Geschäftsbereichen stattfinden, deren Abläufe gut standardisierbar und über längere Zeiträume stabil sind.
5. *Zukunftssicherheit bezüglich Funktionalität und Organisation:* Diese Sicherheit kann nur gegeben sein, wenn die IV-Unterstützung kein primärer geschäftskritischer Faktor ist, d. h. die geschäftskritischen Erfolgsfaktoren und Alleinstellungsmerkmale können mit einer standardisierten IV-Dienstleistung unterstützt werden.

Probleme beim Einsatz von Standardsoftware

Standardsoftware-Pakete stellen in der Regel für einen Geschäftsbereich eine umfangreiche, zum Teil an betriebswirtschaftlichen Regeln orientierte, Funktionalität zur Verfügung. Diese ist eingebettet in einen organisatorischen Rahmen, der Standard-Organisationsformen wiederspiegelt. Wesentlich zur Zielerreichung beim Einsatz von Standardsoftware ist die Wahrung der gegebenen Standards. Bei einer Entscheidungsfindung sind somit folgende zentrale Fragen zu beantworten:

- Werden durch Standardsoftware die kritischen Erfolgsfaktoren des Geschäfts und die Alleinstellungsmerkmale des Unternehmens heute und in Zukunft unterstützt?
- Kann die optimierte Organisation des Geschäfts durch Standardsoftware unterstützt werden oder erfordert deren Einsatz eine Umorganisation?
- In welchen Bereichen können Abläufe und Funktionalitäten standardisiert werden, so daß ein Einsatz von Standardsoftware sinnvoll erscheint?
- Wie gut kann die Standardsoftware in die sie umgebenden Anwendungen integriert werden?
- Wie sieht die IV-Strategie des Unternehmens aus, um zu einer homogenen und integrierten IV-Landschaft zu gelangen?

Wird bei der Auswahl und Einführung von Standardsoftware lediglich geprüft, wie hoch ein funktionaler Überdeckungsgrad in bestimmten Geschäftsbereichen ist, (z. B. durch "Abhaken" von Funktionskatalogen) kann dies zum Verlust der durchgängigen Prozeßunterstützung führen oder bedeutsame organisatorische Konsequenzen nach sich ziehen. Aufwendige Modifikationen des Standards werden notwendig und neue Insellösungen können entstehen. *Das Ergebnis verbindet somit die Nachteile von Standardsoftware mit den Nachteilen einer Individualentwicklung.*

Bei einer prozeßorientierten Vorgehensweise, wird im Gegensatz zu einer rein funktionsorientierten Betrachtung, sichergestellt, daß die fachlichen Anforderungen an die zu betrachtende Standard-Anwendungssoftware geschäftsprozeßbezogen beurteilt und umgesetzt werden. Es wird ermöglicht, geschäftsstrategische Planungen mit in die Entscheidung einzubeziehen und eine der Geschäftsentwicklung angemessene Strategie für die IV-Entwicklung zu erstellen.

Der Business Development Lifecycle als Modell

Der Business Development Lifecycle stellt im Modell die Schritte dar, die idealtypischerweise bei der Erstellung eines umfangreichen IV-Systems durchlaufen werden sollten. Die strategische Bedeutung dieses Modells ist bereits in Abschnitt A deutlich gemacht worden. Hier soll das Modell die Bedeutung der bisher erläuterten Fragestellungen klar machen und helfen, ein geplantes IV-Projekt mit Standardsoftware sinnvoll in den Gesamtzusammenhang einzuordnen.

Die Grundidee ist, daß vor der Erstellung eines umfangreichen IV-Systems zunächst das Geschäft betrachtet werden muß und zwar auch im Hinblick auf zukünftige Entwicklungen. Danach wird die Organisation festgelegt, die das Geschäft unterstützt. Erst dann können die Anforderungen eines IV-Systems beschrieben werden, das die Organisation unterstützen soll. Nach der Klärung der technischen Fragen kann die Beurteilung der gesamten Kosten aller notwendigen Maßnahmen stattfinden. In einer abschließenden Wirtschaftlichkeitsbetrachtung wird der aus den Maßnahmen erwartete Nutzen den Kosten gegenübergestellt (siehe Abb. 1)

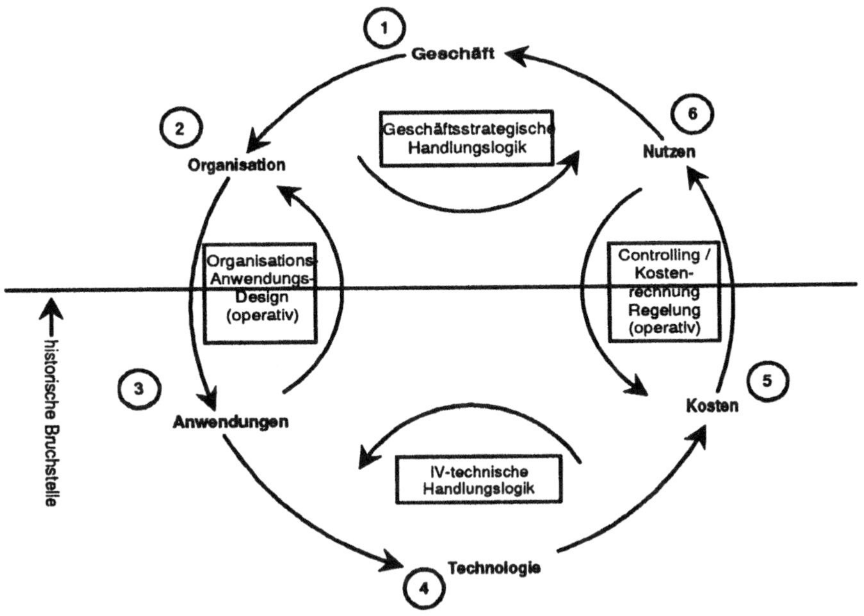

Abb. 1: Der Business Development Lifecycle mit seinen Nebenregelkreisen

Die Schritte des Hauptregelkreises

- *Schritt 1: Geschäft beschreiben*

  Ein Geschäftsmodell wird erstellt. Es beschreibt die Situation des Unternehmens am Markt und legt die Geschäftsstrategie fest durch

  - eine quantifizierte Zielstruktur,
  - kritische Erfolgsfaktoren und Alleinstellungsmerkmale,
  - wertschöpfende Geschäftsprozesse.

- *Schritt 2: Organisation festlegen*

  Es wird ein organisatorischer Ablauf erstellt, durch den die wertschöpfenden Geschäftsprozesse optimal unterstützt werden. An dieser Stelle können Maßnahmen zur Geschäfts- und Organisationsentwicklung beschrieben werden, die auch Ansätze zur Personalentwicklung enthalten sollten.

- *Schritt 3: Anwendung beschreiben*

  In diesem Schritt wird ein ideales Soll-Konzept entwickelt, das die optimale Unterstützung der Geschäftsprozeßabläufe in der Organisation sicherstellt. Es wird charakterisiert durch

  - fachliche Anforderungen in Form von Geschäftsprozessen aus Systemsicht,
  - essentielle Leistungsmerkmale des Anwendungssystems und Schlüsselideen zu deren Umsetzung.

- *Schritt 4: Technologie bestimmen*

  Auf Basis des Soll-Konzepts werden hier die technischen Anforderungen, wie z. B. Datenvolumina, Zugriffshäufigkeiten und Arbeitsplatzgestaltung der Anwendung beschrieben. Diese Anforderungen werden in einem technischen Modell (Hardware, Netztopologie, Arbeitsplatzkonfiguration und Softwareausstattung) umgesetzt.

- *Schritt 5: Kosten bestimmen*

  Auf Basis aller durchzuführenden Maßnahmen zur Erstellung und Einführung des neuen Systems wie IV-Maßnahmen, organisatorische Maßnahmen und Schulungen werden die gesamten zu erwarteten Kosten abgeschätzt. Außerdem erfolgt eine Kostenschätzung für den laufenden Betrieb.

- *Schritt 6: Nutzen ermitteln*

  Abschließend im Business Development Lifecycle wird eine Analyse der Wirtschaftlichkeit des IV-Projekts unter Berücksichtigung aller Kosten und des zu erwartenden Nutzen für das Gesamtgeschäft durchgeführt. Hier kann bei unzufriedenstellenden Ergebnissen der Startpunkt für einen weiteren Zyklus liegen.

Die Nebenregelkreise

Die in Abb. 1 dargestellten Nebenregelkreise werden je nach Phase des IV-Projekts und abhängig vom gewählten Lösungsszenario unterschiedlich intensiv durchlaufen. So wird bei einer strategischen Neuausrichtung des Geschäfts der Kreis "Geschäftsstrategische Handlungslogik" intensiv durchlaufen, während bei der Erstellung einer Individuallösung die "IV-technische Handlungslogik" den Schwerpunkt darstellt.

Historisch bedingt existiert häufig eine starke Trennung dieser beiden Regelkreise, was zum Teil dadurch begründet ist, daß sich eine Individuallösung beliebig gut an vorgegebene Randbedingungen, insbesondere in Bezug auf die Organisation, anpassen kann. Bei einem Einsatz von Standardsoftware gewinnt der operative Regelkreis "Organisations- und Anwendungsdesign" große Bedeutung. Standardsoftware setzt in der Regel organisatorische Randbedingungen voraus, die mit der Soll-Organisation des Geschäfts zur Deckung gebracht werden müssen. ***Sind Kompromisse derart nötig, daß kritische Erfolgsfaktoren nicht mehr unterstützt werden können, so ist der Einsatz von Standardsoftware in Frage zu stellen.***

Zyklen im Regelkreis

Bei der Behandlung von Standardsoftware als mögliches Lösungsszenario für ein IV-System werden, analog zur im Phasenmodell beschriebenen Vorgehensweise, die Phasen Modellierung, Analyse/Design, Realisierung sowie Produktion/Wartung durchlaufen. Um jedoch ein möglichst effizientes Vorgehen unter Vermeidung von Doppelarbeit zu ermöglichen, bekommen einige Schritte eine andere Interpretation bzw. andere Schwerpunkte:

- *Modellierung*
  In der Phase Modellierung soll möglichst effizient untersucht werden, ob der Einsatz einer Standardsoftware in Frage kommt oder ob eine Individuallösung angestrebt werden muß. Es wird ggf. eine Auswahl des geeignetsten Standardsoftware-Paketes durchgeführt. Es muß außerdem die Grundlage für eine positive Einsatzentscheidung geschaffen werden. Die dafür notwendigen Aktivitäten sind als ein erster Zyklus im Business Development Lifecycle dargestellt (siehe unten).

- *Analyse/Design*
  In der Phase Analyse/Design wird ausgehend von einer positiven Einsatzentscheidung die Anwendungsarchitektur für die Standardsoftware erstellt. Dies erfolgt insbesondere durch den Abgleich des Soll-Konzepts mit dem Referenzmodell der Standardsoftware. Die Behandlung der verbleibenden Unterschiede wird nach einer "Delta-Analyse" ebenfalls festgelegt.

Die notwendigen Aktivitäten sind als ein zweiter Zyklus im Business Development Lifecycle mit Schwerpunkt "Anwendungs- und Organisationsdesign" dargestellt (siehe unten).

- *Realisierung*
  In der Phase Realisierung wird insbesondere die Behandlung der Anforderungen durchgeführt, die nicht vom Standard abgedeckt werden können. Zwei Szenarien sind möglich:
  - Es handelt sich um Erweiterungen der Standardsoftware-Pakete. Diese sind individuell zu entwickeln und sollten über releasefähige Schnittstellen mit der Standardsoftware integriert werden. Vorteilhaft ist es, wenn die Entwicklung mit der gleichen Realisierungsumgebung durchgeführt wird, mit der auch die Standardsoftware erstellt wurde, um eine möglichst durchgängige Integration zu erhalten.
  - Möglich sind auch Modifikationen des Standards. Hierbei werden Standardfunktionen und gegebenenfalls das Datenmodell der Standardsoftware angepaßt. Die Konsequenzen solcher Änderungen sind jedoch weitreichend. Im allgemeinen wird dabei die Releasefähigkeit des Produkts stark eingeschränkt. Auch unabsehbare Fernwirkungen zu anderen Produkt-Paketen sind möglich. In solchen Fällen sollte eine Beratung durch Entwickler der Standardsoftware in Anspruch genommen werden. Modifikationen in dem beschriebenen Sinn sollten nur in begründbaren *Ausnahmefällen* zugelassen werden.

  Die notwendigen Aktivitäten der Realisierung und der nachfolgenden Phasen im Phasenmodell, "Integration/Test" und "Produktion/Wartung", stimmen immer mehr mit den Aktivitäten bei einer Individual-Entwicklung überein. Die Vorgehensweise kann sich damit stark an die bereits im Phasenmodell beschriebenen Schritte lehnen. Insbesondere die Phase "Produktion/Wartung" beschreibt eine Anpassung bestehender Anwendungssoftware an geänderte fachliche Anforderungen und ist somit stark mit der Einführung von Standardsoftware korreliert.

- *Produktion/Wartung*
  Eine noch zu berücksichtigende Besonderheit beim Einsatz von Standardsoftware stellen die *Releasewechsel* dar. Je nach Dynamik der Weiterentwicklung des Software-Paketes können Release-Zyklen auftreten, die kleiner als ein Jahr sind.

Folgende Punkte sind in diesem Zusammenhang wichtig bzw. zu beachten:

- Ein neues Release korrigiert bekannte Fehler.
- Es stellt erweiterte und verbesserte Funktionalitäten zur Verfügung, die aufgrund allgemeiner Marktbedürfnisse, externer Ereignisse (wie z. B. neue Rechtsvorschriften) oder auf Kundenanforderungen erstellt wurden.
- Es sichert die Kompatibilität zu erweiterten technischen Umgebungen (z. B. neue Datenbank-Versionen) oder erlaubt sogar Migrationen auf neue Plattformen.
- Es sichert den permanenten Support durch den Hersteller. Um diese zukunftssichernden Maßnahmen nutzen zu können, muß der Betreiber von Standardsoftware in der Lage sein, neue Releases schnell und sicher "einspielen" zu können. Dies stellt neben Anforderungen an den Software-Hersteller auch Bedingungen an die installierte Software beim Nutzer.
- Der Einsatz der Standardsoftware sollte möglichst vollständig in der Standard-Version erfolgen.
- Notwendige individuelle Erweiterungen dürfen nur über releasefähige Schnittstellen integriert werden.
- Es dürfen möglichst keine Modifikationen des eigentlichen Anwendungspaketes vorgenommen werden, ggf. sind organisatorische Anpassungen durchzuführen.

Erster Zyklus - Auswahl von Standardsoftware

Der erster Zyklus durch den Business Development Lifecycle erstellt effizient Auswahl- und Entscheidungskriterien, um möglichst schnell zu einer gesicherten Einschätzung zu kommen, ob ein Einsatz von Standardsoftware zur Unterstützung der betrachteten Geschäftsprozesse in Frage kommt. Dabei wird auch untersucht, ob der Umfang des Projekts ausreichend groß gewählt ist. Der Schwerpunkt liegt auf den Schritten des Hauptregelkreises.

Schritt 1: Geschäft beschreiben

Ziel dieses Schritts ist es, das Geschäft, das durch die Standardsoftware unterstützt werden soll, zu beschreiben. Es soll transparent gemacht werden, wie sich das Geschäft am Markt positioniert, welche seine Ziele, Erfolgsfaktoren und Alleinstellungsmerkmale sind und wie das Geschäft mit Hinblick auf zukünftige Entwicklungen prinzipiell abläuft.

Dieses Verständnis ist notwendig, um die Bedeutung abschätzen zu können, die ein Einsatz von Standardsoftware für das Geschäft mit seinen geschäftskritischen Erfolgsfaktoren hat.

Fragen

- Wie läßt sich der Markt charakterisieren (z. B. durch Zielgruppen, Dynamik, spezielle Bedürfnisse und Anforderungen)?
- Was ist die Mission, die durch die Produkte erfüllt werden soll?
- Welche Dienstleistungen und Produkte werden am Markt verkauft und wie werden neue Bedürfnisse erkannt und in Produkte umgesetzt?
- Was sind die geschäftskritischen Erfolgsfaktoren und Alleinstellungsmerkmale (möglichst quantifiziert und priorisiert)?
- Was sind die wertschöpfenden Prozesse des Geschäfts (im Soll und unter Berücksichtigung zukünftiger Tendenzen)?
- Wie wird der Prozeß gesteuert und kontrolliert?
- Welche Erfolgsfaktoren sind für die Geschäftsprozesse relevant?

Ergebnisse

- Geschäftsmodell
- Beschreibung der wertschöpfenden Geschäftsprozesse

Schritt 2: Organisation festlegen

Ziel des folgenden Schrittes ist es festzulegen, wie die Geschäftsprozesse durch Regeln und Prinzipien in den organisatorischen Ablauf eingebettet werden. Hierbei ist es wichtig, sich von den bestehenden Strukturen zu lösen. Es müssen potentielle Ansätze zur Geschäfts- und Organisationsentwicklung aufgezeigt werden, um optimal das Geschäft zu unterstützen.

Erst wenn die Ansätze einer optimalen Organisationsstruktur klar sind, kann über die Einsatzmöglichkeit von Standardsoftware entschieden werden, weil diese immer organisatorische Rahmenbedingungen setzt.

Fragen

- Wie werden die wesentlichen Geschäftsprozesse auf die Organisation abgebildet?
- Welche Ausstattung steht den Benutzern zur Abwicklung des Geschäfts zur Verfügung (Know-How, Produktionsmittel, IV-Infrastruktur usw.)?
- Welche Regeln und Prinzipien werden von den Benutzern beherzigt?
- Wodurch zeichnet sich die Organisation aus und was macht sie erfolgreich?
- Ist die Organisation optimal auf das Geschäft abgestimmt und sind Engpaß- oder Überflußsituationen ersichtlich oder bekannt?
- Gibt es Ideen zu organisatorischen Änderungen (wie z. B. Lean Management)?
- In welchem Maße müssen die organisatorischen Abläufe flexibel gestaltbar bleiben?

Ergebnisse

- Carney-Diagramme der wesentlichen Geschäftsprozesse
- Schlüsselideen zur Organisationsstruktur
- Organisationsprinzipien und Rahmenbedingungen
- Ansätze zur Ablauf- und Aufbau-Organisation
- Ansätze zur Organisations- und Personalentwicklung

Schritt 3: Anwendung beschreiben

In diesem Schritt wird zunächst der Umfang des Projekts festgelegt. Aufgrund der beiden vorhergehenden Schritte wird deutlich, ob das Projekt Auswirkungen auf das gesamte Geschäft bzw. auf übergreifende Geschäftsprozesse hat und ob Maßnahmen zur Organisationsentwicklung notwendig sind. Daduch wird vermieden, daß der gesamte Geschäftsprozeß unter Umständen durch eine lokale Optimierung eventuell sogar behindert wird.

Danach werden die essentiellen fachlichen Anforderungen bestimmt, die die Organisation bei der Durchführung des Geschäfts unterstützen soll. Dies kann z. B. durch eine Geschäftsprozeßbeschreibung aus Systemsicht geschehen. Wichtig ist, daß möglichst geschlossene Prozeßketten (z.B. Kunde-Kunde-Prozeß) betrachtet werden. Diese Anforderungen müssen von der einzusetzenden Standardsoftware abgedeckt werden. Auch hier ist es wichtig, sich von der existierenden Situation zu lösen und eine ideale Soll-Vorstellung zu entwickeln. Mit diesen Schlüsselanforderungen kann bereits in einem ersten Schritt sehr effizient über den Einsatz von Standardsoftware diskutiert werden.

Fragen

- Welchen Umfang und welche Themen soll die Anwendung abdecken?
- Gibt es bereits Entwicklungs- und Erweiterungsszenarien?
- Welche fachlichen Anforderungen resultieren aus den kritischen Erfolgsfaktoren und Alleinstellungsmerkmalen sowie aus den strategischen Geschäftszielen?
- Wie sehen die Geschäftsprozesse aus Sicht des Anwendugssystem aus und was sind die daraus resultierenden essentiellen Leistungsmerkmale der Anwendung?
- Was sind die Schlüsselideen, mit Hilfe derer die Kernanforderungen umgesetzt werden könnten?
  (Achtung: Gefahr des Denkens in vorhandenen Lösungen, Vorteil: schnelle Entscheidungskriterien über technische Argumente)

Ergebnisse

- Integrierter Anforderungskatalog
- Grobes Soll-Kozept auf Basis von Schlüsselideen

Schritt 4: Technologie bestimmen

Die auszuwählende Technik muß die Funktionsfähigkeit der Anwendung auch in extremen Belastungssituationen sicherstellen. Darüberhinaus muß die Technik in der Regel Rahmenbedingungen genügen, die durch eine existierende Datenverarbeitungslandschaft gesetzt werden. Die Kenntnis dieser Einflußfaktoren und Rahmenbedingungen ermöglichen einen Differenzierungsprozeß, der die technische Architektur beeinflußt oder sogar bestimmt.

Fragen

- Gibt es für die Abwicklung der zentralen Geschäftsprozesse spezifische organisatorische Vorgaben, die Einfluß auf die technische Architektur haben, wie z. B.
    - die örtliche und funktionale Verteilung der Arbeitsplätze bzw. Standorte und damit evtl. verteilte Daten und Zugriffsmöglichkeit über Netze,
    - den direkter Durchgriff von Kunden oder Lieferanten auf das System (z. B. über EDI-Schnittstelle) oder eine beim Kunden bzw. Lieferanten bereits vorhandene Standardsoftware?
- Gibt es globale existierende Standards (extern/intern) für Software und Technik oder Anforderungen aus übergeordneten Zielen wie z. B. Skalierbarkeit?
- Gibt es spezifische Erfolgsfaktoren, die insbesondere durch die technische Architektur unterstützt werden müssen (z. B. 24h-Betrieb, kritische Durchlaufzeiten usw.)?
- Was sind die Anforderungen an die Systemleistung (z. B. Durchsatz, Performance, Mengengerüste, Verfügbarkeit, Ausfallsicherheit, Datensicherheit)?
- Welche Systeme müssen mit der Anwendung integriert werden (Anwendungsteil, Datenbank, PC-Tools, Office-Integration)?
- Welche Unterstützung bezüglich der Technik muß durch den Systemanbieter gewährleistet sein (Referenzen, Zuverlässigkeit, Supportkonzept, Kooperation)?

Ergebnisse

- technisches Modell
- Herstellerbeurteilung

Schritt 5: Kosten bestimmen

Nach Durchführung der ersten vier Schritte kann nun eine erste grobe Schätzung der Gesamtkosten des Projektes durchgeführt werden. Dabei sind nicht nur die Kosten der IV-Maßnahmen, sondern auch die der organisatorischen Maßnahmen zu berücksichtigen. Insbesondere bei der Auswahl einer Standardsoftware als Lösungsszenario sind folgende Kostenblöcke zu berücksichtigen:

- Basiskosten für die Lizensierung,
- Kosten für eine gegebenenfalls neue technische Infrastruktur,
- Kosten für Beratung, Installation und Modifikationen,
- Kosten für Einarbeitung der Organisationsabteilung und Schulungskosten der Anwender,
- Kosten der organisatorischen Maßnahmen,
- Migrationskosten,
- Laufzeit- und Betreuungskosten.

Schritt 6: Nutzen ermitteln

Jetzt kann auf Basis der vorhergehenden Schritte eine Wirtschaftlichkeitsbetrachtung für das Projekt durchgeführt werden. Dabei werden die verursachten Kosten dem zu erwartenden wirtschaftlichen Gesamtnutzen gegenübergestellt. Es gilt, Folgewirkungen der organisatorischen Anpassung zu bewerten und den funktionalen Nutzen der Anwendung abzuschätzen. Dabei müssen außer den meßbaren Größen wie Produktivitätssteigerung oder Mitarbeitereinsparung auch qualitative Größen wie Steigerung der Qualität und Kundenzufriedenheit bewertet werden.

Das Auswahlverfahren

Insbesondere die Ergebnisse der Schritte 3 "Anwendung beschreiben" und 4 "Technologie bestimmen" liefern eine gute Grundlage zur effizienten Auswahl von Standardsoftware.

Ausgehend von einem "Idealen Sollkonzept" wird für die ausgezeichneten Schlüsselpunkte, die die geschäftskritischen Bereiche der Anwendung abdecken, die Übereinstimmung mit der zu betrachtenden Standardsoftware untersucht. Dies kann zunächst auf einer sehr hohen Abstraktionsebene geschehen, die mit zunehmender Übereinstimmung verfeinert werden kann. Werden Abweichungen festgestellt, so muß beurteilt werden, ob das Soll-Konzept angepaßt werden kann oder in wie weit der Standard modifizierbar ist.

In beiden Fällen darf der einzugehende Kompromiß nicht zu groß sein, um einerseits die Geschäftsunterstützung zu bewahren andererseits die Vorteile einer Standardsoftware nicht zu verlieren.

Dieses Vorgehen eignet sich im wesentlichen als Ausschlußverfahren. Um letztlich zu einer positiven Einsatzentscheidung zu kommen, muß unter Berücksichtigung der organisatorischen Randbedingungen ein Prototyp erstellt werden, der die Umsetzbarkeit der essentiellen Leistungsmerkmale bzw. die Abbildung der wesentlichen Geschäftsprozesse zeigt. Der Prototyp ist auch der erste Schritt zur Einführung der Standardsoftware. Der Übergang ist fließend. So kann sich in jeder Phase der Einführung herausstellen, daß bestimmte Geschäftsabläufe nicht abbildbar sind. Die Sicherheit der Entscheidung über die Einsetzbarkeit einer konkreten Standardsoftware steigt mit dem Aufwand des erstellten Prototyps.

In dieser Phase muß auf fundiertes Know-How über die zu betrachtende Standardsoftware zurückgegriffen werden, um qualifizierte Aussagen über die Umsetzbarkeit der Anforderungen zu bekommen. Je konkreter die fachlichen Vorgaben beschrieben sind (z. B. anhand eines konkreten Beispiels) um so objektiver kann die Einsetzbarkeit beurteilt werden.

Zweiter Zyklus - Einführung von Standardsoftware

Nachdem aufgrund der essentiellen Leistungsmerkmale eine positive Einsatzentscheidung für eine bestimmte Standardsoftware getroffen wurde, wird nun je Geschäftsfeld die gesamte benötigte Funktionalität implementiert. Im Business Development Lifecycle ist dabei insbesondere der Schritt 3 "Anwendung beschreiben" betroffen. Es besteht aber auch eine intensive Wechselwirkung zu Schritt 2 "Organistion festlegen", weil eine Standardsoftware durch ihre vorgedachten Abläufe immer organisatorische Randbedingungen setzt. Dieser operative Regelkreis muß mehrfach durchlaufen werden, um die bestmögliche Anwendungsarchitektur zu erzielen.

Die Anwendungsarchitektur wird bestimmt durch:

- Anpassung der Standardsoftware durch Ausnutzung der vorgegebenen Freiheitsgrade (Parametrisierung, Funktionsbaukästen, Ereignissteuerung),
- Festlegung der organisatorischen Abläufe,
- Spezifikation der Anwendungsbereiche, die nicht durch den Standard abgedeckt werden können.

Beim Vorgehen muß sichergestellt sein, daß die gewünschte Unterstützung für die wertschöpfenden Prozesse durch das IV-System gewährleistet wird. Deshalb ist bei der Einführung ein geschäftsprozeßorientiertes Vorgehen gegenüber einem funktionsorientierten Ansatz unbedingt vorzuziehen. Die wesentlichen Schritte bei der Einführung sind:

Schritt 1: Erstellung des vollständigen SOLL-Modells

In der Phase Modellierung sind die primären Geschäftsprozesse aus Geschäftssicht beschrieben worden. Diese können gegebenenfalls in einem weiteren Schritt mit betriebswirtschaftlichen Modellen verglichen werden. Hier bietet sich noch einmal die Gelegenheit, im betrachteten Geschäftsfeld eine Geschäfts- und Organisationsentwicklung vorzunehmen und die Punkte zu identifizieren, in denen sich die Geschäftsabläufe von den standardisierten Abläufen unterscheiden. Diese Punkte sind bei der Einführung von Standardsoftware besonders zu beachten.

Für die so gestalteten Soll-Prozesse muß analysiert werden, wie die komplette Systemunterstützung für alle Prozesse aussehen soll. Es muß beschrieben werden, welche Ereignisse das System bearbeiten und welche Ergebnisse das System liefern soll.

Eine Beschreibung, wie das System die Ergebnisse erhält, ist nicht vorzunehmen. Die daraus resultierenden vollständigen Prozeßketten aus Systemsicht stellen den Kern des SOLL-Modells dar, das durch Standardsoftware umzusetzen ist.

Schritt 2: Umsetzung des SOLL-Modells

Im zweiten Schritt wird dieses SOLL-Modell dem Referenzmodell der Standardsoftware gegenübergestellt. Das Referenzmodell beschreibt die möglichen Alternativen, wie Geschäftsprozesse umsetzbar sind. Es zeigt damit alle Möglichkeiten des unparametrisierten Systems auf.

In Abb. 2 ist dargestellt, welche Aktivitäten bei der Einführung durchzuführen sind. Wichtig ist dabei das themenzentrierte Arbeiten. Themen können ganze Geschäftsvorfälle aber auch einzelne Teilprozesse sein. Sie müssen synchron zwischen dem Referenzmodell der Standardsoftware und dem SOLL-Modell bestimmt werden. Dabei ist es hilfreich, wenn beide Modelle mit einer vergleichbaren Methodik erstellt wurden. Je Thema sind dann iterativ Schritte durchzuführen, um die Modelle miteinander abzugleichen (vergleiche Abb. 2):

- Vergleich der Prozeßketten des Referenz- und des Soll-Modell.
- Zuordnung der Standardsoftware-Funktionen zu den fachlichen Bedürfnissen im Soll-Konzept.
- Übereinstimmende Bereiche (✓) werden direkt in einen Prototyp 0 umgesetzt; entsprechend verfeinert sich das organisatorische Modell.
- In einem zweiten Durchgang wird für die offenen Bereiche gegebenenfalls mit Hilfe des Pototyps geklärt, ob sich das Delta
  - durch organisatorische Maßnahmen lösen läßt (✓) oder
  - eine Anpassung der Standardsoftware erforderlich ist (💣*).
- Es resultiert ein vervollständigter Prototyp 1 mit angepaßtem organisatorischen Modell 1.
- In einem letzten Durchgang erfolgt eine Detailuntersuchung der verbleibenden Deltas. Es muß entschieden werden, wie sie zu behandeln sind. Zwei Prinziplösungen sind möglich:
  - Nutzung des Standards mit individuellen Ergänzungen und
  - Modifikationen des Standards.
- Es resultiert eine Spezifikation der vorzunehmenden Änderungen. Vor individuellen Maßnahmen sollte jedoch sichergestellt sein, ob die angestrebte Funktionalität evtl. in zukünftigen Releases berücksichtigt werden. Dann lohnt sich eine individuelle Maßnahme kaum und es sollte ggf. ein späterer Einsatz in Erwägung gezogen werden.

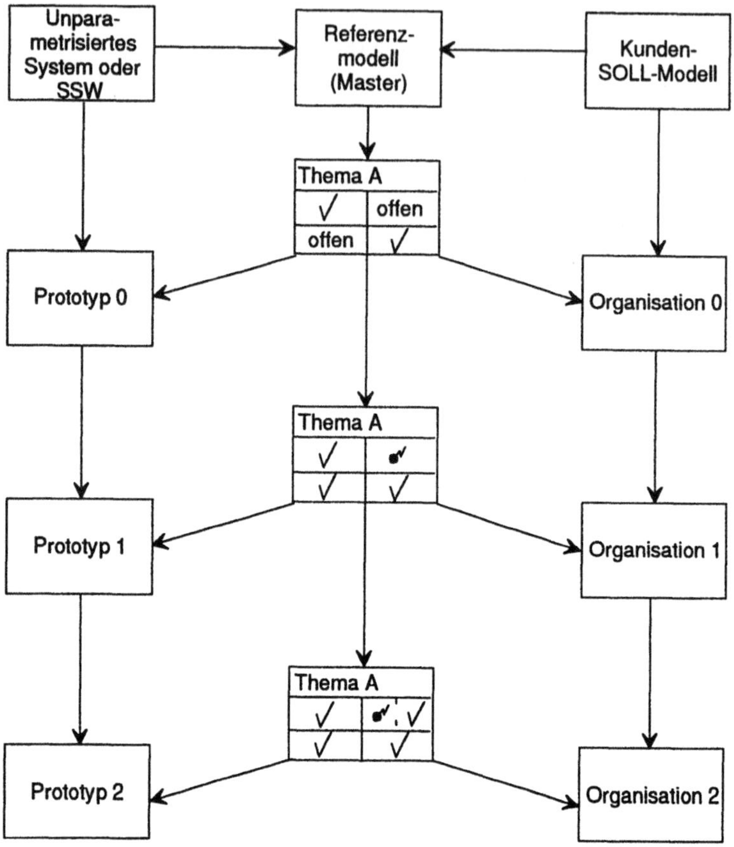

Abb. 2: Umsetzung des Soll-Modells mit einer Standardsoftware

So wird schrittweise, über die Anpassung des Referenz-Modells die Anwendungsarchitektur entworfen, begleitet von einem evolutionären Prototypen. Um diesen Prozeß zu beschleunigen, existieren zum Teil betriebswirtschaftlich orientierte, branchenspezifische Referenzmodelle. Diese geben eine sinnvolle Voreinstellung der Anwendungspakete vor.

Ausblick

Heute ist in der Regel ein Einsatz von integrierter Standardsoftware für spezialisierte Geschäfte nicht möglich. Zwar sind Teilkomponenten für standardisierbare Geschäftsfelder (z. B. im Back-Office-Bereich) einsetzbar, Kernprozesse jedoch können aufgrund mangelnder Flexibilität und Transparenz nur selten optimal umgesetzt werden.

Ein zukünftiges Lösungsszenario könnte so aussehen, daß verschiedene Komponenten, Standardpakete sowie Individuallösungen, auf einer integrativen Plattform (z. B. einheitliche DBMS und UIMS) für unterschiedliche Geschäftsfelder parallel eingesetzt werden (siehe Abb. 3). Standardsoftware-Hersteller stehen vor der Herausforderung, eine solche Plattform zu liefern.

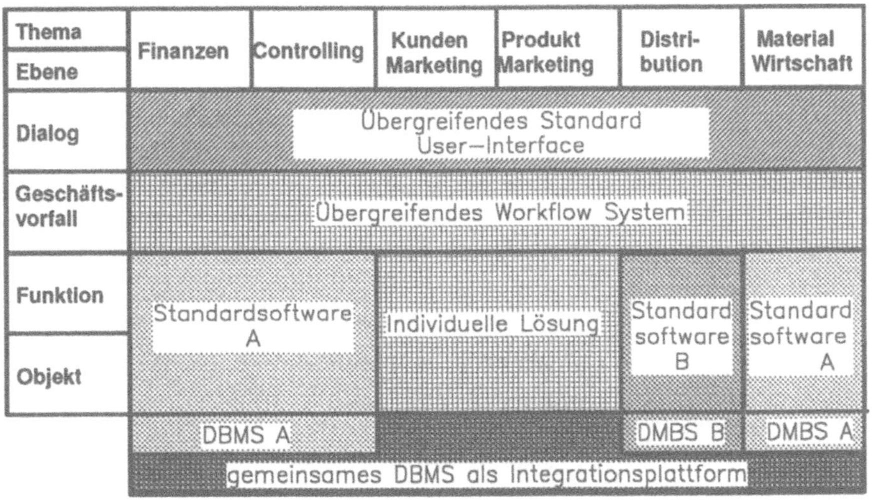

Abb. 3: Visionäre Anwendungsarchitektur aus Standard-Komponenten und individuell entwikkelten Lösungen auf einer integrativen (Standard-)Plattform

Wesentliche Schritte einer solchen Entwicklung sind gekennzeichnet durch:

- die Entwicklung von integrierten Prozeß-, Daten- und Funktionsmodellen zur Schaffung von Transparenz und damit Erweiterungsfähigkeit der Software-Pakete,

- die Bereitstellung einer komfortablen, speziell auf die Standardsoftware abgestimmten Anwendungsentwicklungsumgebung, um individuelle Komponenten entwickeln und integrieren zu können,
- die Schaffung von performanten und releasefähigen Schnittstellen, um den parallelen Einsatz von verschiedenen Paketen zu ermöglichen,
- die Modularisierung der Standardsoftware-Pakete bis hin zu Baukastensystemen, um unter Verwendung von ereignisgesteuerten und gegebenenfalls branchenspezifischen Prozeßketten eine optimal auf das Geschäft abgestimmte Anwendung konfigurieren zu können.

Die Entwicklungstendenzen der großen Standardsoftware-Hersteller zeigen, daß dieser Weg beschritten wird.

C3: Prototyping in IV-Projekten

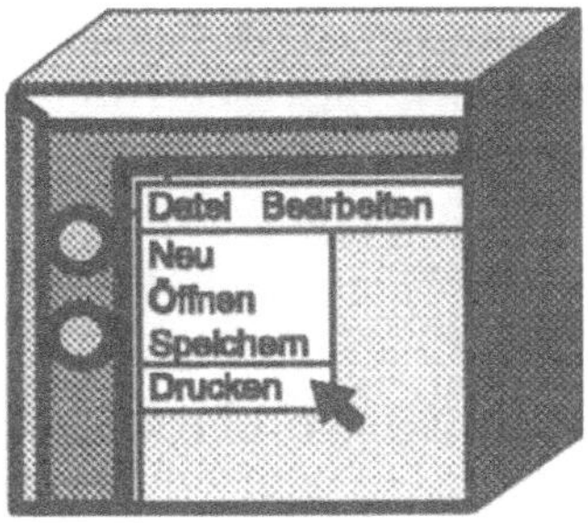

Orientierung Prototyping

"Prototyping" ist ein vieldeutiger und damit oft mißverständlicher Sammelbegriff für eine Reihe von Methoden, Techniken und Vorgehensweisen in der Anwendungsentwicklung. Je nach Autor wird unter "Prototyping" bzw. "Prototyp" etwas völlig anderes verstanden.

"Prototyp" bedeutet im Griechischen "erstes Bild". Das heißt "Prototyping" ist ein Verfahren, bei dem "erste Bilder" von einem System entwickelt werden. Üblicherweise ist erst dann von einem Prototyp die Rede, wenn dieses "erste Bild" auf einem Rechner realisiert ist. Die Ergebnisse der Phasen Modellierung und Analyse/Design sind aber auch "erste Bilder", werden jedoch in der Regel nicht als Prototyp bezeichnet.
Diese "ersten Bilder" können ganz unterschiedliche Ausschnitte des Systems darstellen, wie z. B. technische oder fachliche Aspekte. Prototyping kann im Rahmen des hier vorgestellten Phasenmodells in den Phasen Analyse/Design und Realisierung zu verschiedenen Zwecken eingesetzt werden.

Formen des Prototypings

In Prototypen können unterschiedliche Ausschnitte des Systems dargestellt werden. Dabei wird zwischen zwei Hauptformen unterschieden:

- *Horizontale Prototypen*: Es wird eine Ebene der Anwendungsarchitektur komplett als Prototyp dargestellt. Sehr häufig ist dies die Dialog-Objekt-Ebene. Die Masken und die Navigation zwischen den Masken werden mit Hilfe eines geeigneten Werkzeugs generiert, so daß die Interaktion des Benutzers mit dem System frühzeitig simuliert werden kann.
- *Vertikale Prototypen*: Es wird ein "Durchstich" über alle Ebenen der Anwendungsarchitektur, das heißt ein funktionsfähiger Ausschnitt des Anwendungssystems, als Prototyp dargestellt. Mit Hilfe eines solchen Prototyps kann z. B. die Realisierbarkeit in einer Technologie bzw. mit einer Standardsoftware-Komponente geprüft werden.

Lebensdauer von Prototypen

Die Lebensdauer von Protoypen kann unterschiedlich geplant werden. Hier unterscheidet man:

- *Wegwerf-Prototypen*: Es wird ein Prototyp ausschließlich zur Klärung eines bestimmten Sachverhalts genutzt, z. B. ein Maskenprototyp für das Review mit dem zukünftigen Benutzer. Danach wird dieser Prototyp nicht weiter verwendet. Er kann daher auf einer anderen Plattform als der Zielplattform realisiert werden. Der Aufwand für die Erstellung des Prototypen muß entsprechend gering gehalten werden.
- *Evolutionäre Prototypen*: Es wird eine Komponente eines Systems realisiert und bewertet, die in dieser Form zum Anwendungssystem weiterentwickelt werden soll. In diesem Fall muß diese Komponente bereits optimal strukturiert werden, damit kein "Re-Design" für die Weiterentwicklung notwendig ist. Dieser Prototyp muß auf der Entwicklungsplattform realisiert werden.

Wichtig ist, daß ein Wegwerf-Prototyp im Rahmen des Projektes nicht plötzlich zu einem evolutionären Prototyp umdefiniert wird. Diese Prototypen genügen in ihrer Struktur oft nicht den Erfordernissen eines langlebigen und wartbaren Anwendungssystems.

Einsatz von Prototyping

Folgende Arten von Prototyping können im Rahmen des Phasenmodells eingesetzt werden (siehe Abb. 1):

- Prototyping zur Prüfung der Einsetzbarkeit einer Technologie bzw. eines Werkzeugs (Machbarkeitsstudie in der Phase Modellierung)
- Prototyping zur Prüfung der Einsetzbarkeit von Standardsoftware (Machbarkeitsstudie in der Phase Modellierung)
- Bildschirm-Prototyping zur besseren Darstellung von Abläufen für den Benutzer (in der Phase Modellierung als Review für das Datenmodell und die Geschäftsvorfälle, in der Phase Analyse/Design zur Überprüfung des Dialogdesigns)
- Durchstich-Prototyping zur Prüfung der Anwendungsarchitektur (Phase Analyse/Design)
- Anwendungsentwicklung als evolutionäres Prototyping d. h. es wird im Projekt anders vorgegangen als im Rahmen des Phasenmodells beschrieben wurde)
- Evolutionäres Prototyping für die Einführung von Standardsoftware-Systemen (ebenfalls ein anderes Vorgehensmodell)

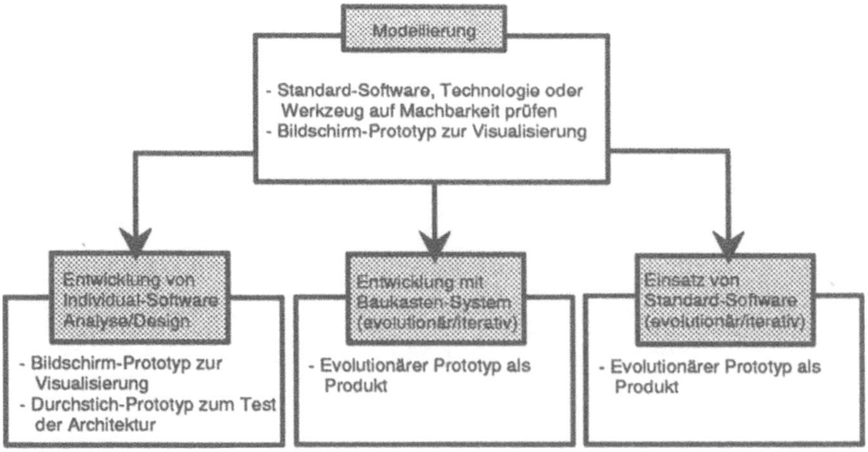

Abb. 1: Einsatz von Prototypen

Prototyping zur Prüfung der Einsetzbarkeit einer Technologie bzw. eines Werkzeugs

Dabei wird ein Ausschnitt einer Komponente eines Anwendungssystems mit Hilfe eines Entwicklungs-Werkzeuges oder einer Basis-Technologie realisiert, um die Einsetzbarkeit dieses Werkzeuges oder dieser Technologie zu überprüfen.

Nutzen/Vorteile: Es kann auf diese Weise mit einem recht geringen Arbeitsaufwand (typischerweise unter 20 Manntage) geprüft werden, ob dieses Werkzeug in einem konkreten Anwendungsfeld für die weitere Betrachtung überhaupt in Frage kommt. Durch solche Prototypen können ungeeignete Werkzeuge zuverlässig ausgesondert werden. Es ist hilfreich, die Entwicklung des Prototypen gemeinsam mit einem externen Werkzeug-Experten durchzuführen, der in der Lage ist, die Funktionalität des Werkzeugs adäquat zu nutzen.

Gefahren/Nachteile: In der Regel kann aus Aufwandsgründen nur ein kleiner Ausschnitt eines Anwendungssystem als Prototyp realisiert werden. Damit kann zwar die Machbarkeit für kleine Systeme nachgewiesen werden, jedoch sind diese Aussagen nur beschränkt auf die Machbarkeit von größeren Anwendungssystemen übertragbar. Dies gilt insbesondere für "schnelle", das heißt datenbanknahe Entwicklungswerkzeuge, die sich trotz eines erfolgreichen Prototyps als nicht geeignet für größere Anwendungssysteme herausstellen können.

Prototyping zur Prüfung der Einsetzbarkeit von Standardsoftware

Soll im Rahmen der Phase Modellierung ein Standardsoftware-System ausgewählt werden, so kann zur Prüfung der Machbarkeit ein Teil des zu unterstützenden Geschäftes prototypisch auf dem Standardsoftware-System realisiert werden.

Nutzen/Vorteile: Wie bei der Auswahl von Entwicklungswerkzeugen kann durch einen solchen Prototyp, der unter Mitwirkung externer Systemberater erstellt werden sollte, eine sehr effektive Auswahl getroffen werden. Aus Gründen der Aussagefähigkeit sollte nicht nur eine Systemfunktion realisiert werden, sondern der komplette Durchlauf eines ausgewählten Prozesses durch das System. Dabei können Vereinfachungen bei der Funktionalität und bei den verwalteten Informationen zugelassen werden.

Gefahren/Nachteile: Eine Hauptschwierigkeit bei der Auswahl von Standardsoftware-Systemen stellt die Integration der Systeme in die Geschäftsprozesse dar. Wird als Prototyp eine abgeschlossene Funktionalität (z. B. Materialwirtschaft) statt eines kompletten Prozessablaufs (z. B. Durchschleusen eines Auftrags durch Auftragssteuerung, Materialwirtschaft und Buchhaltung) gewählt, so ist die Beurteilung des Prototyps auf die Integrationsfähigkeit des Standardsoftware-Systems nicht zuverlässig möglich.

Bildschirm-Prototyping zur besseren Darstellung von Abläufen für den Benutzer

Dabei wird ein "horizontaler" Prototyp gebaut, der die Masken und die Navigation darstellt. Die dahinterliegende Funktionalität wird in der Regel nicht realisiert. Daten werden allenfalls statisch dargestellt. Dieses Vorgehen kann bereits in der Phase Modellierung gewählt werden, um den zukünftigen Benutzern die Abläufe und die Informationen mit Systemunterstützung plastisch darzustellen. In der Phase Analyse/Design kann durch einen solchen Prototyp das Dialogdesign zusammen mit den Benutzern durchgeführt und evaluiert werden.

Nutzen/Vorteile: Durch einen solchen "Oberflächen-Prototyp" können die fachlichen Zusammenhänge für die Benutzer besser dargestellt werden, als es mit Hilfe der sonstigen Beschreibungsmethoden aus der Modellierung und Analyse/Design möglich ist. Der Prototyp ist eine brauchbare Darstellungsalternative zu diesen Methoden.

Gefahren/Nachteile: Stärker als bei den Methoden der Modellierung und Analyse/Design besteht hier die Gefahr, daß man sich bei der Festlegung der Systemfunktionen, der Daten-Objekte und Datenelemente in Details verstrickt (z. B. im Maskenlayout). Es kann durch solche Prototypen leicht eine zu hohe Erwartungshaltung an den Endtermin für das Projekt geweckt werden. Es besteht die Gefahr, daß bei der Evaluation des Dialogdesigns die leichte Erlernbarkeit in der Vordergrund geschoben wird, obwohl diese bei Systemen, die regelmäßig und häufig benutzt werden, keine Rolle spielt, ja sogar hinderlich sein kann.

Durchstich-Prototyping zur Prüfung der Anwendungsarchitektur

In der Phase Analyse/Design kann ein "vertikaler" Prototyp erstellt werden, um die technische Umsetzung der Anwendungsarchitektur in eine gegebene Entwicklungstechnologie zu überprüfen. Der Prototyp umfaßt in der Regel einen Geschäftsvorfall mit allen benutzten Objekten. Diese Prototypen werden erstellt, wenn eine Anwendungsarchitektur mit einer bereits benutzten Entwicklungstechnologie umgesetzt werden soll.

Nutzen/Vorteile: Durch solche Prototypen kann überprüft werden, wie sich eine Anwendungsarchitektur am besten auf eine z. B. aus historischen Gründen gegebene Entwicklungstechnologie umsetzen läßt. Verschiedene Varianten können ausprobiert und verglichen werden. Es wird untersucht, welche Objekte wie realisiert werden können und welche Mechanismen zur Objektkommunikation genutzt werden können.

Gefahren/Nachteile: Durch einen solchen Prototyp kann zwar eine grundsätzliche Form der Umsetzung gefunden werden, Probleme der Performance und des technischen Zusammenwirkens der Komponenten bei vielen gleichzeitig benutzten Geschäftsvorfällen können aber nicht immer identifiziert werden, so daß ein Restrisiko bleibt.

Anwendungsentwicklung als evolutionäres Prototyping

Im Rahmen eines kurzen Projektes wird ein Anwendungskern erstellt, der in weiteren iterativen Projektzyklen um zusätzliche Anwendungs-Komponenten erweitert wird. Die Anwendung wird als ein schrittweise wachsender Prototyp aufgefaßt, der Stück für Stück erweitert und angepaßt wird.

Nutzen/Vorteile: Diese Art von Vorgehen eignet sich vor allem, um in einer Art "Baukasten"-Fertigung ähnliche Anwendungssysteme für Kunden mit ähnlichen Geschäften aus bestehenden Komponenten aufzubauen. Dies ist ein Mittelweg zwischen Individual-Entwicklung und Einsatz von Standardsoftware.

Gefahren/Nachteile: Wenn evolutionäres Prototyping ungeplant geschieht, können sehr leicht Systeme entstehen, die instabil und nicht mehr überschaubar sind. Es müssen daher folgende Voraussetzungen geschaffen werden, um evolutionäres Prototyping erfolgreich durchzuführen:

- Es muß ein grobes aber umfassendes Referenzmodell (Geschäftsprozesse und Datenmodell) vorhanden sein, auf dessen Basis die Zyklen geplant und die Komponenten definiert werden können. Das heißt, vor dem ersten Prototyp muß eine Gesamtsystem-Modellierung erfolgen. Die Phasen Analyse/Design, Realisierung und Integration/Test können dann gemäß einem definierten Stufenplan evolutionär erfolgen.
- Es muß ein modularer, vollständig beschriebener Anwendungs-Baukasten vorhanden sein bzw. die Anwendung muß modular (objektorientiert) aufgebaut werden (Baukastensystem mit wiederverwendbaren Komponenten). Diese Architektur sollte an die Anwendungsarchitektur angelehnt sein und muß vor dem ersten Prototypen konzipiert werden.

Evolutionäres Prototyping für die Einführung von Standardsoftware-Systemen

Bei der Einführung eines Standardsoftware-Systems wird in einem ersten Durchlauf nur ein Teil des Geschäftes auf die Standardsoftware abgebildet und abgewickelt. Die weiteren Teile werden danach schrittweise ergänzt und die schon unterstützten Teile im Fein-Tuning angepaßt.

Nutzen/Vorteile: Dies ist ein sehr praktikabler Weg, um beim Einsatz von Standardsoftware-Systemen schrittweise zum einen die Organisation an das System und zum anderen das System an die Organisation anzupassen. Eine beim Einsatz von Standardsoftware unnötig aufwendige Analyse entfällt.

Gefahren/Nachteile: Auch hier darf nicht "blind" darauf los gearbeitet werden. Es muß vorher ein grobes Geschäfts-Referenzmodell (Daten- und Prozeßmodell) erstellt werden, um sinnvolle Integrationsschritte planen zu können. Für die Umsetzung muß ein Stufenplan erstellt werden, damit der Prozeß controllingfähig bleibt.

C4: Dokumentation in IV-Projekten

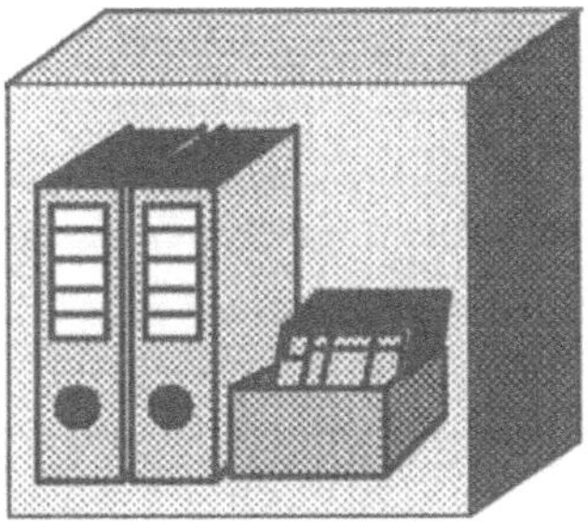

Orientierung Dokumentation in IV-Projekten

Die in den einzelnen Phasen erzeugten Ergebnisse eines Projektes müssen in geeigneter Form abgelegt werden. Dazu dient in den meisten Fällen eine Dokumentation in textueller Form oder die Ablage von Projektergebnissen in einer gemeinsamen Datenbasis (Repository).

Wichtig ist es, eine an das Phasenmodell angepaßte Strukturierung der Dokumentation zu erreichen. Aus dem so erstellten Dokumentationspool können dann die unterschiedlichen Sichten von verschiedenen Zielgruppen auf die Dokumentation abgebildet werden.

Ziele der Dokumentation

Die im Verlaufe eines Projektes erzeugten Dokumente müssen systematisch und strukturiert abgelegt werden. Dabei muß die Dokumentation so erfolgen, daß die folgenden Ziele erfüllt sind:

- *Raschen Überblick gewinnen:* Die fachlichen Zusammenhänge des Systems sind so dokumentiert, daß sich neue Mitarbeiter schnell einen Gesamtüberblick über den Leistungsumfang des Systems verschaffen können.
- *Fachliche Zusammenhänge im System nachvollziehen:* Mitarbeiter müssen bei Bedarf rasch und präzise die technischen Komponenten identifizieren können, die bei bestimmten fachlichen Zusammenhängen mit zu berücksichtigen sind.
- *Technische Vernetzung abbilden:* Die Verbindungen zwischen technischen Komponenten sind vollständig abgebildet.
- *Werkzeuge optimal nutzen:* Die zur Verfügung stehenden Dokumentations- und CASE-Werkzeuge werden mit ihren Möglichkeiten in Kombination so genutzt, daß ein effektives Erstellen und Pflegen der Dokumente gewährleistet ist.
- *Aufwand/Nutzen-Verhältnis für die Dokumentation optimieren:* In die Erstellung der Dokumentation wird nur vertretbarer Aufwand gesteckt. Zusammenhänge können vereinfacht dargestellt werden, wenn der Aufwand für die Pflege mit den zur Verfügung stehenden Werkzeugen den zu erwartenden Nutzen der Dokumente übersteigt.

Projekt- und Systemsicht

Die Softwareentwicklung erfolgt in der Regel in Form eines Projektes. Die dabei entstehende Dokumentation wird als *Projektdokumentation* bezeichnet. Befindet sich ein DV-System aber bereits im produktiven Einsatz (d.h. in der Phase Produktion/Wartung) wird oft von der *Systemdokumentation* gesprochen, die je nach Zielgruppe und Inhalt als Benutzer-, Organisations- oder Programmierhandbücher bezeichnet werden.

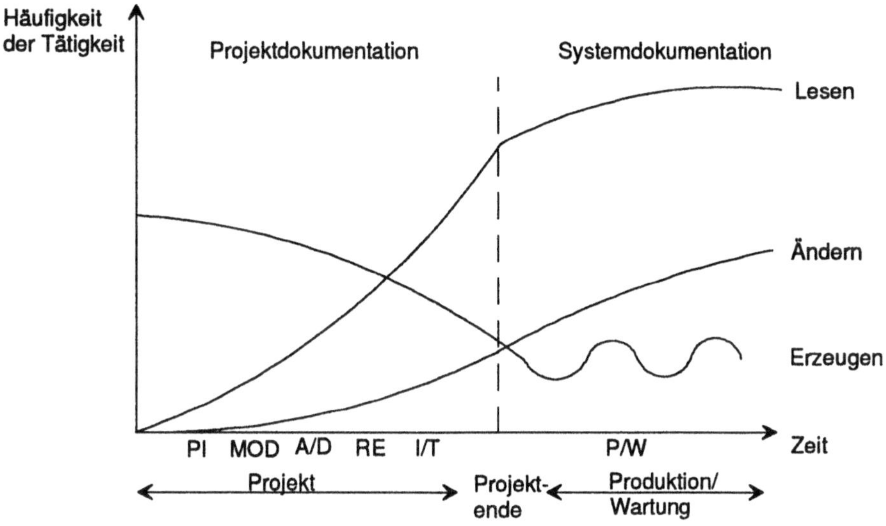

Abb. 1: Nutzung der Dokumentation im Lebenszyklus eines Softwaresystems, das in Form eines Projektes entwickelt wurde.

Die Dokumentation wird im Lebenszyklus des Softwaresystems unterschiedlich genutzt (Abb. 1). In der Projektphase wird die Dokumentation sukzessive erzeugt, wobei die Häufigkeit bzw. der Umfang zu den Phasen Realisierung und Integration/Test abnimmt. Nach dem Projektende werden je nach der Organisation der Wartungsphase (Wartungsprojekte, Release-Wechsel, Wartungsaufträge) periodisch neue Dokumentationen erzeugt. Die Änderung und das Lesen der Dokumentation spielen vor allem in der Phase Produktion/Wartung eine große Rolle. Mit diesem Hintergrund ergeben sich an die Systemdokumentation folgende Forderungen: *Die Systemdokumentation muß optimal den Lese- und Änderungsprozeß unterstützen*. Das heißt, daß sie z. B. modular aufgebaut sein sollte sowie Verweise und ein Index-Verzeichnis enthalten muß.

Zielgruppen für die Dokumentation

Alle Dokumente im Systemlebenszyklus richten sich jeweils an Zielgruppen bzw. Adressaten. Deshalb sind nicht alle Dokumente, die während eines Projektes erstellt werden, für den allgemeinen Gebrauch bestimmt. Es sind eine Vielzahl von Dokumenten vorhanden, die z. B. nur für den Systemanalytiker oder nur für den Benutzer von Interesse sind. Andere Dokumente wiederum haben eher eine Bedeutung für die Revision, für das Qualitäts- oder für das Projektmanagement. Jede Zielgruppe benötigt spezifische Dokumente und Dokumenteninhalte, die eine bestimmmte Ausrichtung besitzen müssen.

Man kann alle im Verlauf eines Projektes erstellten Dokumentationen als einen gemeinsamen Dokumentationspool bezeichnen. Die Sicht der einzelnen Zielgruppen kann man jeweils als eine spezielle Sichtweise auf Teilaspekte des Dokumentationspools auffassen.

Dokumentation für den Entwickler

Der Anwendungsentwickler benötigt für seine Tätigkeit eine umfassende Dokumentation der Entwicklungsergebnisse. Nicht jedes Projekt ist identisch in seinen Aufgaben und Ergebnissen. Daher benötigt er gezielte Informationen, die für die Entwicklung oder Wartung relevant sind. Wesentlich ist hierbei, daß die Dokumentation während der Projektentwicklung parallel und sukzessive aufgebaut wird, und immer einen aktuellen Status hat. Im Nachhinein zu dokumentieren und die Sachverhalte zu rekonstruieren erweist sich äußerst mühselig und birgt das Risiko von Fehlern und Widersprüchen.

Dokumentation für Kunden und Benutzer

Der Benutzer benötigt eine *Benutzerdokumentation* um seine Tätigkeit mit dem Anwendungssystem verrichten zu können. Diese muß ihn einerseits bei der Einarbeitung unterstützen, andererseits aber auch als Gebrauchsanweisung und als Nachschlagewerk bei der Handhabung behilflich sein. Die bei der Entwicklung erstellten Dokumente nützen dem Benutzer nur wenig. Allerdings können diese zur Erstellung der Benutzerdokumentation herangezogen werden. Wichtig ist, daß die Benutzerdokumentation unter Beachtung didaktischer Gesichtspunkte verfaßt wird, damit eine hohe Akzeptanz seitens der Benutzer erreicht wird. Deshalb ist es empfehlenswert, daß nicht der Entwickler selber die Benutzerdokumentation erstellt.

Dokumentation der Projektleitung und des Projektmanagements

Der Projektleiter begleitet in der Regel ein Projekt von der Initialisierung bis zur Wartung. Dabei sind die Informationen des Projektablaufes so strukturiert abzulegen, daß der Projektleiter sich zu jedem Zeitpunkt ein Bild von dem aktuellen Zustand seines Projektes machen kann. Dieser Zustand ist im Projektplan beschrieben (siehe Abschnitt C1: Projektmanagement in IV-Projekten).

Dokumentation des Revisions- und Qualitätsmanagement

Die Revision und das Qualitätsmanagement besitzt eine Supervisorfunktion. Sie haben für die ordnungsgemäßen Projektablauf während der Entwicklungs- und Einsatzzeit zu sorgen. Die Revision benötigt eine Dokumentation, um die Ordnungsmäßigkeit, die Datensicherheit und die Datenschutzmaßnahmen zu beurteilen.
Die dazu notwendige Dokumentation beinhaltet:
- den Projektplan,
- den Qualitätssicherungsplan und
- die Projektergebnisdokumentation.

Aufbau der Dokumentation

Da bei der Dokumentation die unterschiedlichen Zielgruppen, die Komplexität der Anwendung sowie die eingesetzten Technologien, Entwicklungs- und Zielumgebungen zum Tragen kommen, ist es nicht sinnvoll, eine starre und unflexible Dokumentenstruktur in Form einer allumfassenden Dokumentations- und Verweisstruktur festzulegen. Es geht vielmehr um die Repräsentation der unterschiedlichen Sichten auf den Dokumenationspool. Wir beschränken uns im folgenden auf die Sicht der Anwendungsentwicklung und die Sicht der Projektleitung (Abb. 2).

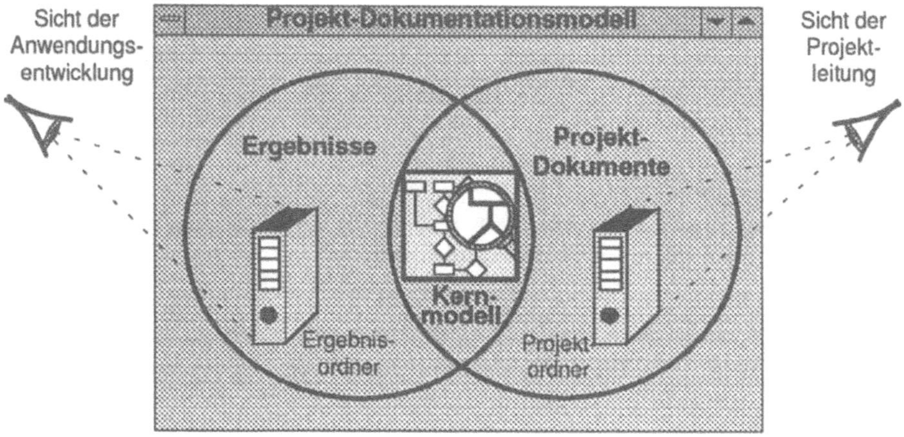

Abb. 2: Sichten auf die Projektdokumenation

Der Projektordner als Ablage für die Projektleitung

Es ist für Projektleiter und Entwickler gerade zu Beginn eines Projektes hilfreich, einen Projektordner zu erhalten, der eine einheitliche Strukturierung der im Verlaufe eines Projektes anfallenden allgemeinen Dokumentationen ermöglicht. Dieser Projektordner umfaßt einige grundlegende Abschnitte, zu denen jeweils ein kurzes Inhaltsverzeichnis in Form einer Gliederung mitangegeben wird. Parallel dazu werden die Projektergebnisse in einer Projektergebnisdokumentation (Beispiel siehe Anhang) geführt, die einen oder mehrere Ordner je nach Projektumfang füllen kann. Abb. 3 zeigt exemplarisch die Struktur eines Projektordners.

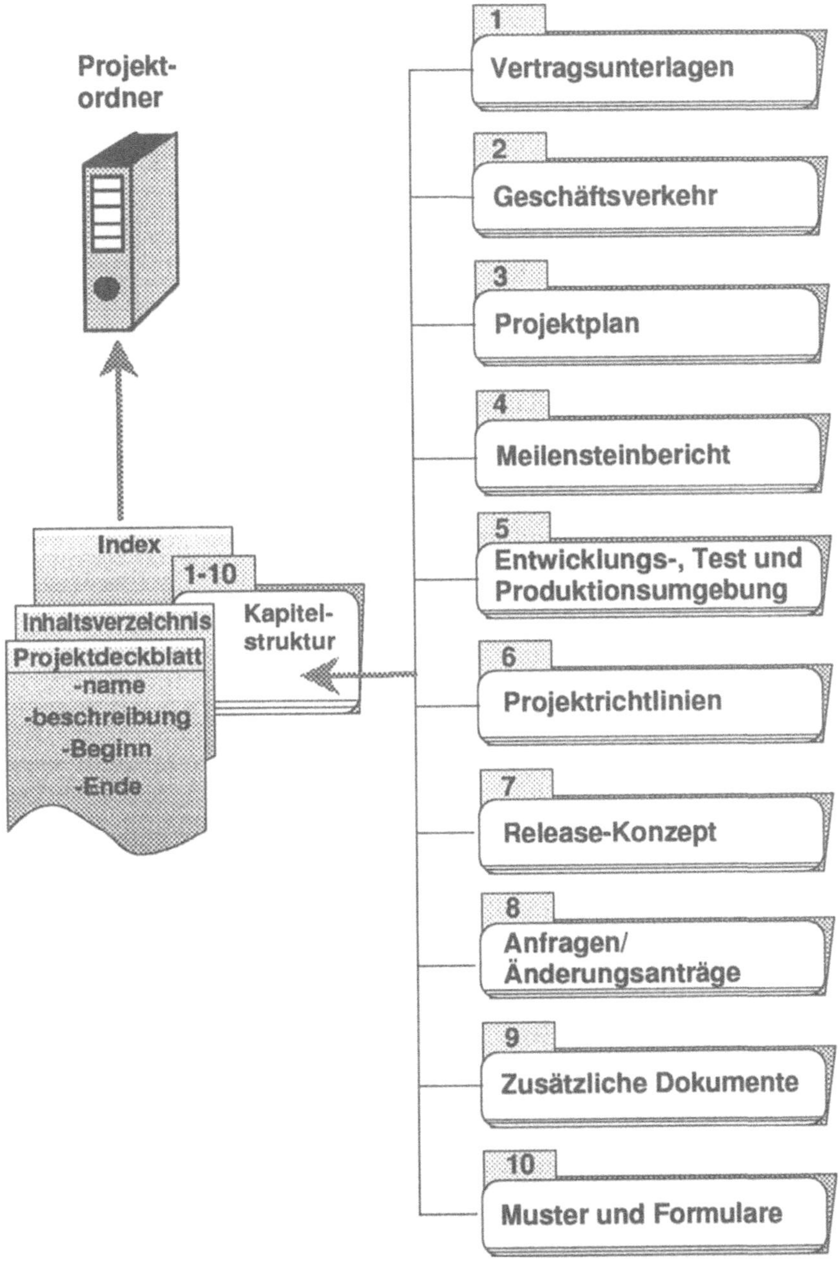

Abb. 3: Prinzipielle Struktur eines Projektordners

Anhang A: Methoden

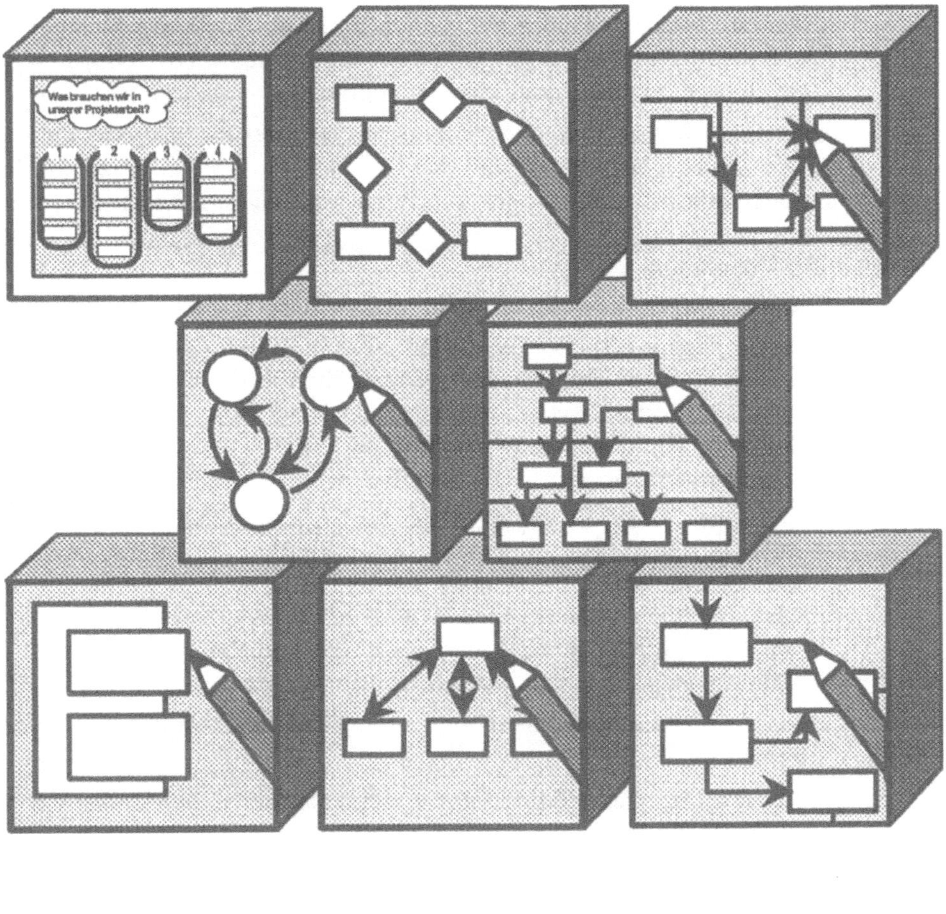

Metaplan

Metaplan ist eine *Visualisierungsmethode*, mit deren Hilfe eine *effiziente und strukturierte Diskussionsführung* ermöglicht wird.

Alle Beteiligten einer Gruppe arbeiten *themenorientiert*, da die Kernfrage sichtbar auf der *Metaplanwand* abgebildet ist. Indem *alle* Aussagen und Ergebnisse *aller* Beteiligten sofort auf der Metaplanwand festgehalten werden, wird jeder Einzelne in einen kreativen Denkprozeß eingebunden. Auf diese Weise wird ein *gemeinsames, anschauliches Gruppenergebnis* erzielt, mit dem sich jeder identifizieren kann.

Metaplan eignet sich nicht nur als unterstützende Methode für größere Veranstaltungen, die in der Regel unter der Regie eines *Moderators* durchgeführt werden, sondern z. B. auch für *ad-hoc Besprechungen.*

Metaplan in der Moderation

Die Moderations-Methode wurde aus dem Bedürfnis geboren, Wünsche und Vorstellungen aller Beteiligten effizient in den Entscheidungsprozesse einfließen zu lassen. Mit der methodischen Unterstützung eines *Diskussionshelfers* oder *Moderators* werden in Workshops oder Besprechungen Gruppen-Hierarchien aufgebrochen und eine *konstruktive* Verständigung über Probleme erzielt.

Metaplan unterstützt den gesamten Moderationsprozeß: Die Konzentration und Motivation der Teilnehmer wird erhöht, und selbst komplizierte Sachverhalte lassen sich einfach darstellen. Außerdem werden eventuelle Schwachstellen oder allgemeine Wissenslücken erkannt und so ein Konsens über daraus resultierende Fragen und Aufgaben erzielt.

Darüber hinaus erleichtert Metaplan die Erstellung von Zusammenfassungen und Dokumentationen und ermöglicht eine *einfache Informationsweitergabe.*

Wer die Metaplan-Methode anwendet, sollte auch Kenntnisse der Moderations-Methode haben und sich als Moderator verstehen. Der Moderator ist *kein* Leiter, der der Gruppe zeigt, "wo es lang geht", oder gar jemand, der alles besser weiß. Seine Aufgabe besteht darin, sich selbst im Hintergrund zu halten, die Diskussionsbeiträge der Teilnehmer sichtbar für alle zu dokumentieren und sinnvoll zu strukturieren.

Metaplan in der Praxis

In der Praxis läßt sich Metaplan in unterschiedlichen Formen anwenden. Welche Form am besten geeignet ist, d. h. ob zum Beispiel die Ideen der Teilnehmer auf *Metaplankarten* oder auf Zuruf direkt auf dem *Metaplanpapier* gesammelt werden, hängt vom Thema, dem zu erreichenden Ziel, der Situation und der Gruppe selbst ab. Ist eine Gruppe z. B. stark hierarchisch zusammengesetzt oder ist ein Thema äußerst komplex und erfordert mehrere Bearbeitungsschritte, so wird sich der Moderator eher für den Einsatz der Metaplankarten entscheiden. Die Teilnehmer haben dann in der Regel weniger Hemmungen, ihre Meinung schriftlich als mündlich zu äußern, z. B. wenn der Vorgesetzte an einer Veranstaltung teilnimmt. Außerdem erlauben Metaplankarten eine größere Flexibilität bei der Strukturierung und Synthese der individuellen Ideen, da sich die Karten einfach neu ordnen lassen.

Metaplan läßt sich u.a. für folgende Aufgaben in der Anwendungsentwicklung einsetzen:

- Projekt- und Qualitätsziele definieren,
- Daten- und Funktionsanalyse durchführen, GV-Modelle entwickeln,
- Kick-Off Workshops durchführen,
- Krisensitzungen abhalten.

Beispiel

Im Beispiel soll gezeigt werden, wie die individuellen Ideen der Teilnehmer einer Diskussionsgruppe so strukturiert und synthetisiert werden, daß das Ergebnis ein *gemeinsamer Ideenpool* ist, mit dem sich *alle* identifizieren können.

Fragestellung: Was benötigen wir für eine effiziente Projektarbeit?

1. Schritt: Austeilen der Metaplankarten

Jeder Teilnehmer erhält genügend Metaplankarten und einen Stift (aus Gründen der Anonymität möglichst alle die gleiche Farbe!). Der Moderator fordert alle Teilnehmer dazu auf, ihre Ideen zu der gestellten Metaplanfrage auf die Karten zu schreiben (nur eine Idee pro Karte!).

2. Schritt: Einsammeln der Metaplankarten

Alle Metaplankarten werden eingesammelt und gut gemischt (um die Anonymität zu wahren!).

3. Schritt: Grobe Clusterung der Metaplankarten

Der Moderator zeigt alle Metaplankarten nacheinander der Gruppe und liest die dort festgehaltenen Ideen laut vor. Die erste Karte wird zunächst ganz links auf die Metaplanwand gehängt. Bei allen weiteren Karten entscheidet die Gruppe, ob es sich um eine identische, eine ähnliche oder eine neue Idee handelt. Entsprechend der Gruppenentscheidung werden die Karten geclustert (gruppiert). Da es sich hier um eine grobe Clusterung handelt, hat der Moderator dafür Sorge zu tragen, daß alle Karten aufgehängt werden, selbst wenn diese redundant zu sein scheinen. (Alle Ideen sollen abgebildet werden!, siehe Beispiel)

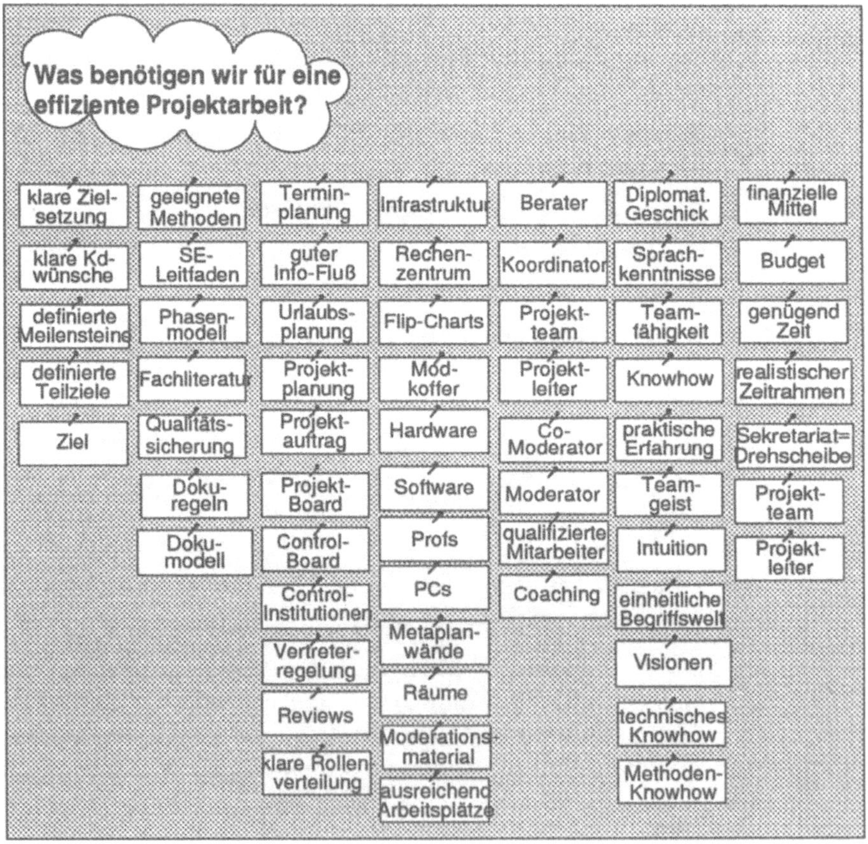

4. Schritt: Feine Clusterung der Metaplankarten

Der Moderator fragt die Gruppe, ob sich noch irgendwelche Ideen zusammenfassen lassen, Karten umsortiert werden müssen etc. Der Moderator kann gezielt in diese Richtung fragen, d.h. einen Vorschlag machen, muß aber in jedem Fall die Gruppe entscheiden lassen. Ist dieser Prozeß abgeschlossen, liegt eine verfeinerte Clusterung vor.

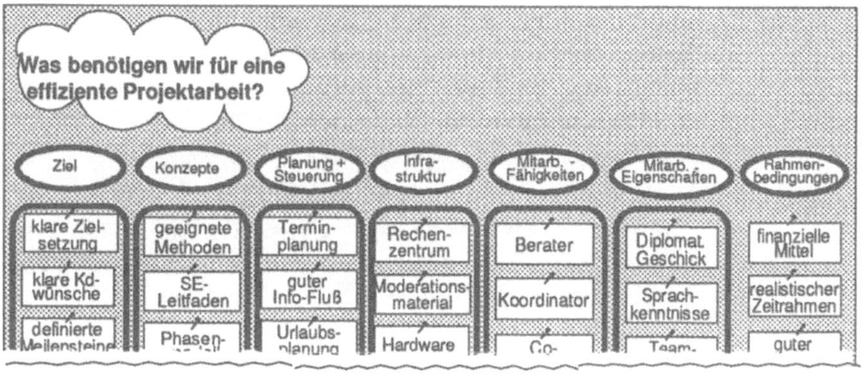

5. Schritt: Überschriften / Oberaussagen finden

Gemeinsam mit der Gruppe werden sinnvolle Überschriften zu den einzelnen "Ideenblöcken" gefunden. Auch hier kann der Moderator Vorschläge machen, indem er die Vorschläge der Gruppe synthetisiert.

Entity-Relationship-Modellierung, E/R-Diagramme

Die Entity-Relationship-Modellierung (E/R) ist eine *Methode zur Datenanalyse und -modellierung*, die sowohl als formale Designmethode für technische, datenbanknahe Sachverhalte als auch als Darstellungstechnik für fachliche Inhalte in der Kommunikation mit Kunden und Anwendern genutzt werden kann. Mit E/R werden die *Daten* eines zu realisierenden Systems und deren *Zusammenhänge* beschrieben. Im Phasenmodell kommt der E/R daher eine wichtige Bedeutung zu, da sie in verschiedenen Phasen für zentrale Aufgaben benötigt wird.

Die E/R-Methode ist eine in der Software-Entwicklung *weit verbreitete Methode*, es existieren nebeneinander unterschiedlichste grafische Darstellungsformen und Namensgebungen, die inhaltlich jedoch weitgehend identisch sind. Beim Einsatz von Werkzeugen unterschiedlicher Hersteller, die auf diesen Methoden aufbauen, muß man sich unter Umständen auf verschiedene Darstellungsformen einstellen.

Nutzen von E/R

Die E/R-Methode wird im Phasenmodell vor allem in den Phasen Modellierung und Analyse/Design eingesetzt:

- In der Phase *Modellierung* wird die E/R-Methode zur Beschreibung eines fachlichen *Ist- oder Soll-Datenmodells* eingesetzt. Dabei wird beschrieben, welche Instanzen im System bearbeitet werden und welche Beziehungen zwischen den Instanzen berücksichtigt werden müssen. In dieser Phase dient das E/R-Modell hauptsächlich als *Visualisierungs- und Moderationsmethode*, um über fachliche Inhalte mit Kunden und Anwendern zu kommunizieren. Auf Details kann in dieser Phase weitgehend verzichtet werden (*konzeptuelles Datenmodell*).
- In der Phase *Analyse/Design* wird die E/R-Methode als *formale Methode* zur Erarbeitung und Beschreibung des *logischen Datenmodells* verwendet. Dabei wird das Soll-Datenmodell aus der Phase Modellierung, das dort formal nicht völlig korrekt zu sein braucht, unter Beachtung von formalen Regeln der Datenmodellierung verfeinert, normalisiert und präzisiert. Ebenso kann die E/R-Methode zur Dokumentation des *physischen Datenmodells* genutzt werden, insbesondere bei Verwendung eines relationalen Datenbanksystems. Auch hier wird die E/R-Methode als *formale Methode* verwendet.

Die mit E/R erarbeiteten und dokumentierten Resultate werden von Phase zu Phase verfeinert und ergänzt, so daß nicht nur die Durchgängigkeit der Methode, sondern auch die Durchgängigkeit der Ergebnisse gewährleistet ist.

E/R - Diagramm

Die hauptsächliche Darstellungsform der E/R-Methode ist ein E/R-Diagramm. Pro System wird genau ein solches Diagramm erstellt, das als Übersicht über die Struktur der gesamten Systemdaten dient.

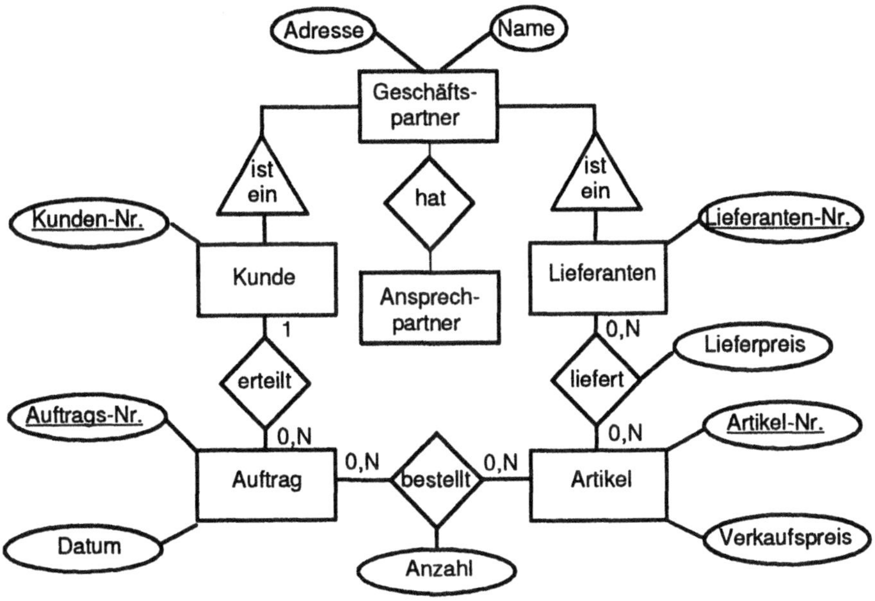

Abb. 1: Ein Beispiel eines E/R-Diagramms, das alle wesentlichen Konstrukte der E/R - Diagrammtechnik enthält.

Konstrukte von E/R

E/R-Diagramme beinhalten folgende Elemente:

Entitäten: Eine Entität ist eine Beschreibung für eine *Menge von gleichartigen Instanzen*, welche im betrachteten System behandelt werden sollen, z. B. alle Kunden. "Gleichartig" bedeutet, daß alle diese Instanzen die gleichen beschreibenden Eigenschaften (z. B. alle Kunden haben eine Kundennummer, einen Namen und eine Adresse) und die gleichartigen *Relationen* zu Instanzen anderer Entitäten haben (z. B. alle Kunden können eine beliebige Anzahl von Aufträgen geben).

Den Entitäten werden Attribute (*Merkmale/Eigenschaften*) zugeordnet. Jede Instanz, die zu einer Entität gehört, hat die gleichen Attribute. Durch die konkrete Ausprägung der Attribute werden die einzelnen Instanzen identifiziert und beschrieben.

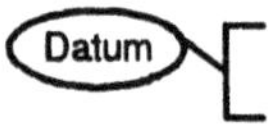

Attribut: Ein Attribut ist eine beschreibendes Merkmal einer Entität bzw. einer Beziehung zwischen Entitäten. Alle Instanzen, die zu einer Entität gehören, müssen dieses Merkmal besitzen (z. B. muß jeder Auftrag eine Auftragsnummer und ein Datum haben).

Zu jeder Entität muß ein spezielles Attribut bzw. eine Kombination von Attributen angegeben werden, welche die eindeutige Identifizierung einer Instanz aus dieser Entität ermöglicht. Diese Attribute werden *Schlüsselattribute* genannt, ihr Name wird im E/R-Diagramm unterstrichen. Im System darf jeweils nur eine Ausprägung einer Entität existieren, die die gleiche Kombination von Schlüsselattributen hat (z. B. wird ein Auftrag eindeutig durch die Auftragsnummer identifiziert, es gibt keine zwei Aufträge mit der gleichen Nummer). Mögliche Schlüssel für einen Auftrag wären z. B. eine eindeutige Auftragsnummer oder eine eindeutige Kombination aus Kundennummer und laufender Nummer.

Attribute, die nicht der eindeutigen Identifizierung dienen, werden *beschreibende* oder *klassifizierende Attribute* genannt. Beispiele sind der Preis eines Artikels oder die Postleitzahl einer Adresse.

Wird die E/R-Methode in der Modellierung benutzt (z. B. in der Modellierung), so können auch *mengenwertige Attribute* verwendet werden, d. h. eine Entität hat eine ganze Menge von Werten, (z. B. kann ein Artikel mehrere Preise haben, die für unterschiedliche Zeiträume gültig sind). Diese Attribute werden in späteren Phasen der Datenmodellierung (Analyse/Design) in Entitäten und Beziehungen umgewandelt ("Normalisierung", siehe unten).

Attribute sind immer genau einer Entität oder genau einer Beziehung zugeordnet. Attribute sind ***existientiell abhängig*** von einer Entität bzw. einer Beziehung. Wenn eine Entität aus dem System gelöscht wird, stehen alle seine Attribute dem System nicht mehr zur Verfügung. Eine wesentliche Aufgabe der Datenmodellierung ist es, die Attribute den richtigen Entitäten zuzuordnen bzw. die richtigen Entitäten zu definieren, so daß alle wesentlichen Attribute zugeordnet werden können.

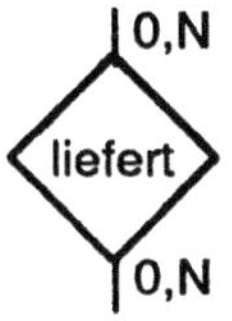

Relation: Relationen beschreiben ***Beziehungen*** zwischen verschiedenen Entitäten. Sie werden als Verbindungen zwischen Entitäten mit einem Rautensymbol dargestellt. Die Beziehung "erteilt" zwischen den Entitäten "Kunde" und "Auftrag" bedeutet, daß zwischen einer im System vorhandenen Instanz "Kunde" und einer anderen Instanz "Auftrag" eine Beziehung besteht (vgl. Beispiel). Durch diese Beziehung "erteilt" werden die Aufträge den Kunden zugeordnet.

Relationen können, genau wie Entitäten, ***eigene Attribute*** haben. So hat im Beispiel die Beziehung "bestellt" zwischen den Entitäten "Auftrag" und "Artikel" ein Attribut "Anzahl", das angibt, wieviele Exemplare eines Artikels in einem Auftrag bestellt werden. Dieses Attribut kann weder dem Auftrag noch dem Artikel zugeordnet werden, sondern ist von deren Beziehung existentiell abhängig.

Welcher Art diese Beziehungen sind, wird durch die ***Kardinalitäten*** beschrieben, die durch Zahlenangaben an den Verbindungsenden dargestellt sind. Die Beziehung "erteilt" ist eine 1-zu-0,N-Beziehung, das bedeutet, daß einem Kunden 0 bis N Aufträge zugeordnet sein können ("0,N" neben "Auftrag") und umgekehrt jedem Auftrag genau ein Kunde zugeordnet ist ("1" neben "Kunde"). Wichtige Beispiele für unterschiedliche Arten von Beziehungen mit unterschiedlichen Kombinationen von Kardinalitäten sind:

1-zu-1, z. B. *Geschäftspartner-hat-Adresse*: Jeder Geschäftspartner muß genau eine Adresse haben, jede Adresse ist genau einem Geschäftspartner zugeordnet.

1-zu-0,1, z. B. *Kunde-hat-Lastschriftinformation*: Ein Kunde kann eine oder keine Lastschriftinformation haben, eine Lastschriftinformation ist immer genau einem Kunden zugeordnet.

1-zu-0,N, z. B. *Kunde-gibt-Auftrag*: Zu einem Kunden können beliebig viele (auch keine) Aufträge existieren, ein Auftrag ist immer genau einem Kunden zugeordnet.

1-zu-1,N, z. B. *Auftrag-hat-Auftragsposition*: Ein Auftrag hat beliebig viele, jedoch mindestens eine, Auftragspositionen. Eine Auftragsposition ist immer genau einem Auftrag zugeordnet.

0,1-zu-0,1, z. B. *Mann-heiratet-Frau*: Ein Mann kann zu einem Zeitpunkt eine oder keine Frau heiraten und umgekehrt.

0,1-zu-0,N, z. B. *In einer Kiste liegen Werkstücke*: In einer Kiste können beliebig viele (oder keine) Werkstücke liegen, ein Werkstück liegt höchstens in einer (oder keiner) Kiste.

0,N-zu-0,N, z. B. *Mitarbeiter-besucht-Kurse*: Ein Mitarbeiter kann beliebig viele Kurse besuchen, umgekehrt kann ein Kurs von beliebig vielen Mitarbeitern besucht werden.

Spezialisierung: Spezialisierung ist ein seltener benötigtes Konstrukt der E/R-Methode, mit dem *Gemeinsamkeiten von Entitäten* dargestellt werden. Haben zwei Entitäten wesentliche Gemeinsamkeiten, d. h. viele gleiche Attribute, die im System gleich oder ähnlich verarbeitet werden sollen, so wird eine neue Ober-Entität (Super-Entität) definiert, welche diese Gemeinsamkeiten (gemeinsame Attribute und Relationen) beinhaltet.

Die beiden ursprünglichen Entitäten sind dann Spezialisierungen der Ober-Entität, d. h. sie enthalten die Attribute der Ober-Entität und einige eigene Attribute sowie die Beziehungen der Ober-Entität und eigene Beziehungen. Die Beziehung zwischen Ober-Entität und spezialisierten Entitäten (Sub-Entitäten) wird durch eine Verbindung dargestellt, die mit einem Dreiecksymbol und der Bezeichnung "ist ein" versehen ist. Die Spitze des Dreiecks zeigt auf die Ober-Entität.

Im Beispiel ist "Geschäftspartner" eine Ober-Entität für die beiden Spezialisierungen "Kunde" und "Lieferant", die Spezialisierung kann wie folgt gelesen werden: "Kunde ist ein Geschäftspartner", d. h. ein Kunde hat mindestens alle Attribute eines Geschäftspartners (Name, Adresse) plus eigene Attribute (Kunden-Nr.) und einen Ansprechpartner.

Andere E/R - Symbole

Es gibt in der Literatur und in CASE-Werkzeugen eine ganze Reihe von verschiedenen Darstellungsformen für die E/R-Methode, die die gleiche Semantik durch andere Symbole darstellen. Einige E/R-Darstellungsformen verwenden zusätzliche Konstrukte, um bestimmte Aspekte der Datenmodellierung zu präzisieren. Die Unterschiede sind jedoch eher untergeordneter Natur, die Grundkonstrukte Entität, Beziehung mit Kardinalitäten und Attribut sind allen Darstellungsformen gemeinsam. Besonders bei der Darstellung von Beziehungen und Kardinalitäten gibt es Unterschiede zu der hier verwendeten Symbolik:

- *Beziehung als bloße Verbindung*: In einigen E/R-Darstellungsformen wird das Rautensymbol bei Beziehungen weggelassen, die Beziehung wird durch eine bloße Linie dargestellt. Gelegentlich wird auch der Name der Beziehung weggelassen.

- *Zusätzliche Beziehungs- und Entitätstypen*: Durch Normalisierung (siehe unten) können zusätzliche Beziehungen und Entitäten entstehen. Für diese Arten von Beziehungen und Entitäten werden teilweise spezielle Symbole verwendet (z. B. Rechteck mit innenliegender Raute, also die Kombination von Entität und Beziehung).
- *Andere Symbole für Kardinalitäten*: Einige E/R-Darstellungsformen verwenden grafische Symbole anstelle von Zahlenangaben für die Darstellung der Kardinalitäten.

Datenlexikon

E/R-Diagramme werden vor allem als Übersichtsdiagramme für das Datenmodell eines Anwendungssystems erstellt, wobei in der Regel nur die Entitäten und Relationen eingezeichnet werden. Die Attribute werden aus Gründen der Übersichtlichkeit nicht in das Diagramm aufgenommen, sondern gesondert beschrieben. Eine solche Beschreibung sollte in Form eines *Datenlexikons* (*Data Dictionary*) aufgebaut werden. Dies wird oft durch geeignete Werkzeuge unterstützt (CASE-Werkzeuge bzw. spezielle Data Dictionaries). Ein Datenlexikon ist ein zentrales Dokument für ein Anwendungssystem, das über alle Phasen eines Projekts (von der Modellierung bis hin zur Wartung) eine äußerst wichtige Funktion als Nachschlagewerk hat. Aus Sicht der Datenmodellierung enthält ein Datenlexikon folgende Teile:

- *Beschreibung der Attribute*:
  - Name des Attributes (logischer Name, Name im System, Name auf Bildschirmmasken etc.)
  - Beschreibung des Attributes (Erläuterungstext, fachliche Bedeutung)
  - Typ des Attributes, erlaubter Wertebereich und Länge (im Datenbank-Typsystem, im Programmiersprachen-Typsystem, Darstellungsform auf dem Bildschirm)
- *Beschreibung der Entitäten*:
  - Name der Entität (logischer Name, Tabellenname im DBMS, Name von Masken etc.)
  - Beschreibung der Entität (Erläuterungstext, fachliche Bedeutung)
  - Aufzählung der Attribute, Angabe der Schlüsselattribute
- *Beschreibung der Relationen*:
  - Name der Relation (logischer Name)
  - Beschreibung der Relation (Erläuterungstext, fachliche Bedeutung, Aufzählung der Entitäten, Kardinalitäten)
  - Aufzählung der Attribute, Angabe der Schlüsselattribute

Das Datenlexikon ist ein *Dokument*, das nicht auf einmal erstellt, sondern im Verlauf des Projekts verfeinert, ergänzt und *fortgeschrieben* wird. Zu Beginn der Datenmodellierung (Phase Modellierung) genügt häufig die Beschreibung der Entitäten und Relationen, die Attribute müssen nicht vollständig beschrieben werden, eine verbale Beschreibung der wichtigsten Attribute genügt. Diese Beschreibungen können in der nächsten Phase Analyse/Design ergänzt werden.

Normalisierung

In der Phase Analyse/Design wird das Soll-Datenmodell überarbeitet und verfeinert, das Resultat wird als *"logisches Datenmodell"* bezeichnet. Dabei müssen einige *formale Regeln* beachtet werden, die sicherstellen, daß die Informationen im logischen Datenmodell *redundanzfrei* dargestellt werden.

Die Überarbeitung nach formalen Gesichtspunkten wird als *Normalisierung* und ein solches Datenmodell wird als *"normalisiert"* bezeichnet. Dabei sind drei Schritte (nicht notwendigerweise in dieser Reihenfolge) nötig, die unten im einzelnen beschrieben sind:

- Mengenattribute auflösen,
- Attribute existentiell abhängig zuordnen,
- Komplexe Beziehungen auflösen.

Mengenattribute auflösen

Sogenannte *mengenwertige Attribute* oder "Wiederholgruppen" werden aufgelöst. Dabei wird *das Attribut zu einer eigenen Entität*, die mit der ursprünglichen Entität in Beziehung steht. Ein Beispiel: Die Entität "Kunde" hat ein mengenwertiges Attribut "Ansprechpartner" (Kunde hat mehrere Ansprechpartner). Es wird eine neue Entität Ansprechpartner definiert, die eine Relation "hat" zu "Kunde" bekommt.

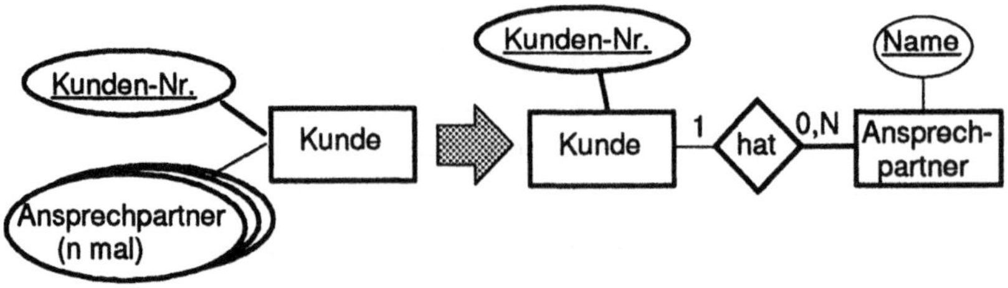

Attribute zuordnen

Jedes Attribut darf *nur einer einzigen Entität zugeordnet* sein. Kommen die gleichen Attribute in mehreren Entitäten vor, so müssen die Attribute entweder einer einzigen Entität zugeordnet oder eine neue Entität definiert werden, die diese Attribute zugeordnet werden und die mit den anderen Entitäten in Beziehung steht. Ein Beispiel: Haben die beiden Entitäten "Rechnung" und "Auftrag" jeweils die Attribute "Kundenname" und "Kundenadresse", so wird eine neue Entität "Kunde" mit entsprechenden Relationen definiert.

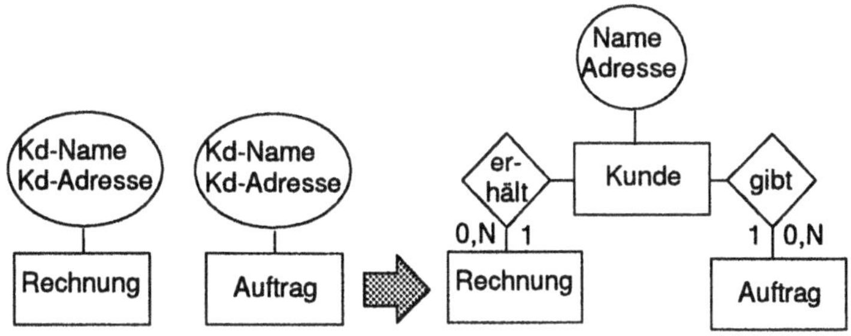

Komplexe Beziehungen auflösen

Im dritten Schritt der Normalisierung werden alle komplexen Beziehungen sowie alle Beziehungen mit eigenen Attributen in Entitäten umgewandelt. Als "komplexe" Beziehungen gelten alle Beziehungen, die nicht die Kardinalität 1-zu-X haben, z. B. 0,N-zu-0,N-Beziehungen. In beiden Fällen kann die Beziehung durch eine Entität ersetzt werden. Diese Entität hat zwei Beziehungen zu den Entitäten, die durch die aufgelöste Beziehung verbunden waren. Diese neuen Beziehungen haben stets die Kardinalität 1-zu-X, wobei X irgendeine Kardinalität sein kann. Nach diesem Normalisierungsschritt haben alle Beziehungen des logischen Datenmodells die Kardinalität 1-zu-X.

Ein Beispiel: Sind die Entitäten "Auftrag" und "Artikel" durch eine Beziehung "bestellt" (Kardinalität 0,N-zu-0,N) verbunden, die ein Attribut "Anzahl" hat, so kann die Beziehung durch eine Entität "Auftragsposition" ersetzt werden. Das E/R-Diagramm ist dann wie folgt zu lesen: Ein Auftrag besteht aus 0 bis N Auftragspositionen, die wiederum genau zu einem Auftrag gehören. Jede Auftragsposition bestellt genau einen Artikel (mit gegebener Anzahl), jeder Artikel kann selbstverständlich von beliebig vielen Auftragspositionen bestellt werden.

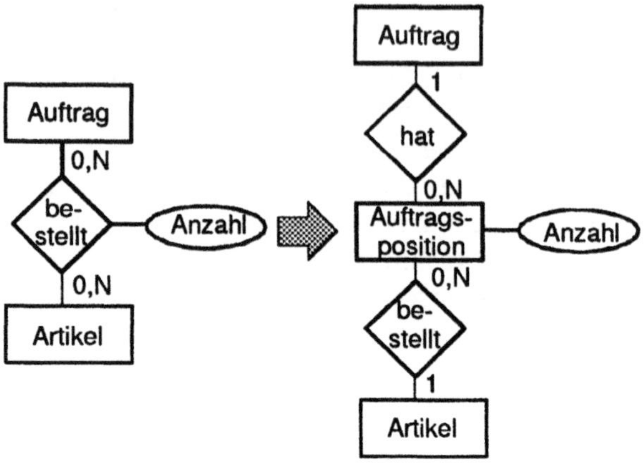

Finden von Entitäten

Bei der Erstellung eines konzeptionellen Datenmodells im Rahmen der Phase Modellierung (fachliches Ist- oder Soll-Modell) gibt es einige *Regeln*, mit denen man erste Kandidaten für Entitäten und Attribute finden kann:

- *Vorhandene Dokumente* wie Ablagen, Formulare, Ordner, Listen etc. sind Kandidaten für Entitäten, die darin enthaltenen Informationen sind Kandidaten für Attribute.
- Alle Substantive beschriebener Geschäftsvorfälle sind Kandidaten für Entitäten und Attribute. Die wichtigsten drei bis fünf dieser Substantive (Priorisierung durch Kunde) sind vermutlich wichtige Entitäten im Datenmodell (Kerndatenmodell).
- Existiert bereits ein *DV-System*, so enthalten dessen Masken Kandidaten für Entitäten, die einzelnen Felder sind Kandidaten für Attribute.

E/R und Moderation

E/R wird im Rahmen der Phase *Modellierung* mit Vorteil *pragmatisch* und nicht formal eingesetzt, dies ist erst in der Phase Analyse/Design sinnvoll. In diesem Rahmen dient E/R als *Moderationsmethode* zur Kommunikation mit dem Fachbereich bzw. mit der Organisationsabteilung. Die Methode liefert eine Reihe von Prozeßfragen für den Moderator, etwa:

- Welches sind die Objekte und Informationen, die im System behandelt bzw. verarbeitet werden?
- Welche Eigenschaften haben die Objekte?
- Welche Beziehungen gibt es zwischen den Objekten?

Im Rahmen der Modellierung (fachliches Modell) ist E/R erfahrungsgemäß die abstrakteste Darstellungsmethode. Sie sollte daher als letzte (nach GV-Modell und Funktions-Modell erarbeitet werden. Aus der Beschreibung der *Geschäftsvorfälle* und der *Funktionen* erhält man viele *Hinweise auf mögliche Entitäten und Attribute.*

Das gesamte E/R-Modell sollte ausgehend von einem Kern-Modell entwickelt werden Auf dieses kann mit folgender Eingangsfrage für die Moderation fokussiert werden: Was sind *die drei wichtigsten Objekte* im ganzen System, um die sich alles dreht? Definiert man danach die Beziehungen zwischen diesen Objekten, so findet man damit erfahrungsgemäß den Kern des E/R-Datenmodells. Alle weiteren Entitäten und Attribute lassen sich in der Regel um diesen Kern gruppieren.

Synchronisation

Das mit Hilfe der SA-, E/R- und Zustandsübergangsdiagramme erstellte fachliche Modell muß synchronisiert werden, um die Übereinstimmung und Vollständigkeit der drei Beschreibungen darzustellen. Bei E/R muß dabei auf folgendes geachtet werden:

- Jeder Geschäftsvorfall muß einen Ausschnitt aus dem gesamten E/R-Modell abdecken. Alle Geschäftsvorfälle dienen zusammen als fachliche Testfälle, um die Vollständigkeit des E/R-Modells zu überprüfen. Alle Datenmanipulationen der Geschäftsvorfälle müssen im E/R-Modell lokalisierbar sein.
- Das Gleiche gilt für jede SA-Funktion: diese muß ebenfalls Ausschnitte aus dem E/R-Modell abdecken.
- Datenflüsse und Datenspeicher im Funktions-Modell sollten Entitäten oder Teilausschnitten des E/R-Modells entsprechen. Sie sind Kandidaten bei der Suche nach Entitäten. Der Inhalt aller Datenspeicher und Informationsflüsse muß im E/R-Modell abgebildet werden können.

SERM (Structured Entity-Relationship Model)

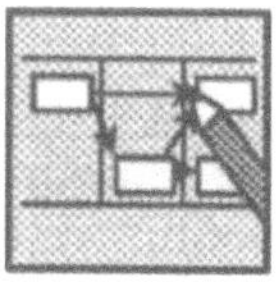

SERM (Structured Entity-Relationship Model) ist eine *grafische, formale Methode* im Bereich der Datenmodellierung und baut auf der *E/R-Methode* (Entity-Relationship-Model) auf. Die SERM-Methode wird verwendet, um die *existentiellen Abhängigkeiten* zwischen Entitäten zu identifizieren und so die *referentiellen Integritätsbedingungen* festzulegen. Sie eignet sich auch sehr gut zur Strukturierung des Datenmodells in Themengebiete (Subject Areas).

Voraussetzungen

Voraussetzung für die Anwendung der SERM-Methode ist ein Datenmodell in Form eines E/R-Diagramms, bei dem *alle komplexen Beziehungen aufgelöst* sind. Erst wenn ein normalisiertes Datenmodell nur noch mit 1-zu-X-Beziehungen vorhanden ist, kann die SERM-Methode formal richtig angewendet werden.

Kernidee von SERM

Bei der Methode SERM werden im wesentlichen die Entitäten aus dem E/R-Diagramm gemäß ihren Beziehungen in einer mehrspaltigen Tabelle von links nach rechts angeordnet. Die unabhängigen Entitäten stehen dabei links, die davon abhängigen Entitäten werden entsprechend ihrer Abhängigkeit weiter rechts angeordnet. Dadurch werden die Abhängigkeiten von Entitäten (auch mehrstufige) sichtbar gemacht. Die Methode ist damit in erster Linie eine optische Darstellungshilfe, die gewisse Zusammenhänge verdeutlicht, die im E/R-Diagramm nicht auf einen Blick zu identifizieren sind, wie z. B. redundante Relationen.

Elemente von SERM

Die grafische Darstellung von SERM umfaßt wie die E/R-Methode zwei Arten von Elementen-Entitäten und Beziehungen:

- Entitäten werden durch *Kästchen* dargestellt, analog wie in der E/R-Methode. Diese Kästchen werden beschriftet.

- *Abhängigkeiten* (Beziehungen) werden durch *Pfeile* zwischen den Kästchen dargestellt, wobei die Pfeilspitze auf die abhängige Entität zeigt. Dem Ursprung des Pfeiles muß im E/R-Diagramm eine Kardinalität "1" entsprechen.

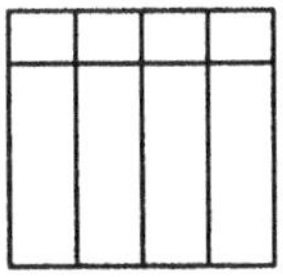

- Die Objekte werden in einer *mehrspaltigen Tabelle* angeordnet, wobei die unabhängigen Objekte links außen angeordnet werden und die Objekte mit zunehmenden Stufen der Abhängigkeit in den folgenden Spalten von links nach rechts.

Anmerkung: In der Literatur wird für die SERM-Methode eine komplexere grafische Symbolik mit unterschiedlichen Typen von Objekten und Abhängigkeiten verwendet. Für die praktische Verwendung von SERM (vorausgesetzt, daß sonst mit E/R gearbeitet wird) genügt aber dieser vereinfachte Formalismus.

Beispiel

Das Vorgehen bei SERM kann am besten anhand eines Beispiels verdeutlicht werden. Die Abhängigkeiten und Integritätsbedingungen im folgenden Datenmodell, das für die Abwicklung von Anmeldungen in einer Schulungsabteilung erstellt wurde, sollen bestimmt werden:

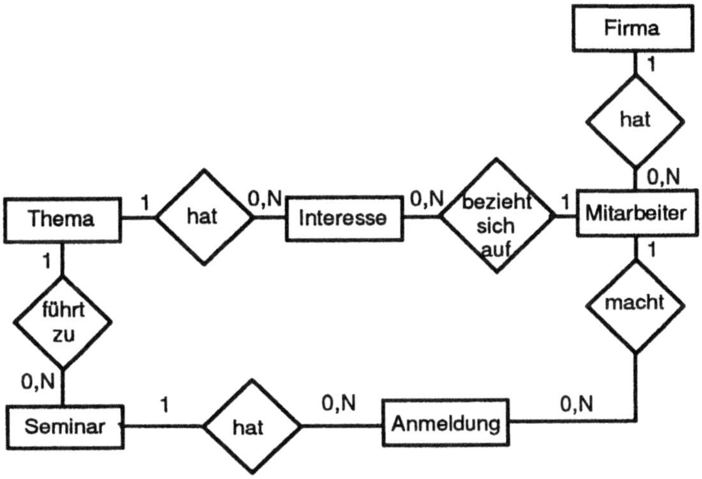

Abb. 2: Schritt 1: Bestimmen der Abhängigkeiten zwischen Entitäten

Die Entitäten werden nach Grad der Abhängigkeit von anderen Objekten tabellenartig angeordnet.

- In der *Spalte links* außen werden die Entitäten angeordnet, die *unabhängig* von anderen Entitäten sind. Kennzeichnend für diese Objekte ist, daß von ihnen nur 1-zu-X-Beziehungen ausgehen. Im Beispiel sind dies die Entitäten "Firma" und "Thema".

- Danach werden *Spalte für Spalte* die Entitäten angeordnet, die *in erster bzw. in zweiter, dritter usw. Stufe abhängig* von den unabhängigen Entitäten sind. Die Entitäten werden durch Kästchen dargestellt, die Beziehungen (Abhängigkeiten) dazwischen durch Pfeile. Am Ende sind alle Entitäten so angeordnet, daß die *1-zu-X-Beziehungen* (es gibt nur noch solche) von *links nach rechts* gelesen werden können.
- *Abhängige Entitäten erster Stufe* sind im Beispiel die Entitäten "Mitarbeiter" (von Firma) und "Seminar" (von Thema). Ein Mitarbeiter kann nicht existieren, wenn er keiner Firma angehört (N-zu-1-Beziehung zu Firma). Ähnlich darf ein Seminar nur angelegt werden, wenn dazu ein Thema definiert ist (ebenfalls N-zu-1-Beziehung zu Thema).
- *Abhängige Entitäten zweiter Stufe* sind im Beispiel die Entitäten "Interesse" (von Mitarbeiter und Thema) und "Anmeldung" (von Mitarbeiter und Seminar). Eine Anmeldung kann nicht existieren, wenn das Seminar und der Mitarbeiter nicht bekannt sind.

Das SERM-Diagramm sieht für das Beispiel wie folgt aus:

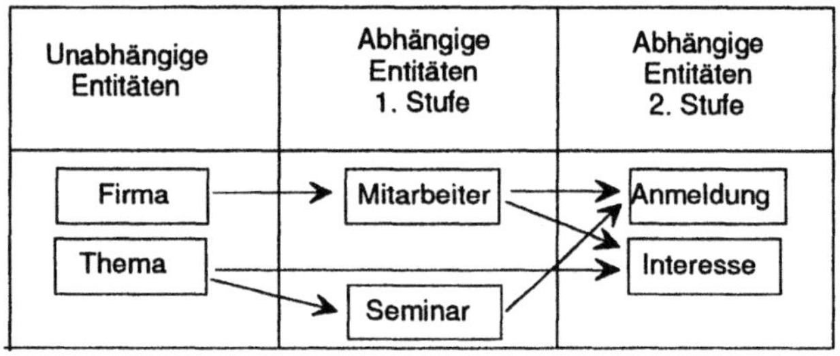

Abb. 3: Schritt 2: Festlegen der Integritätsregeln

In diesem Schritt müssen die Abhängigkeiten zwischen den Objekten interpretiert und die entsprechenden Integritätsregeln festgelegt werden. Beispiele für solche Regeln sind:

- "Anmeldung" und "Interesse" sind beide abhängig von "Mitarbeiter". Es wird festgelegt: Wird ein Mitarbeiter gelöscht, so müssen alle seine Anmeldungen und Interessen mitgelöscht werden.
- "Mitarbeiter", "Anmeldung" und "Interesse" sind direkt oder indirekt abhängig von "Firma". Es könnte festgelegt werden: Wird eine Firma gelöscht, so müssen alle ihre Mitarbeiter sowie (zweite Stufe) alle deren Anmeldungen und Interessen auch gelöscht werden. Alternativ kann auch festgelegt werden: Eine Firma darf nur gelöscht werden, wenn sie keine Mitarbeiter mehr hat (nur einstufiges Löschen zugelassen, Mitarbeiter müssen vorher einzeln gelöscht werden).

Integritätsregeln

Für die *unterschiedlichen Beziehungstypen* mit unterschiedlichen Kardinalitäten lassen sich bestimmte *Grundmuster von Integritätsregeln* angeben, wobei Alternativen möglich sind (vgl. Beispiel). Aus diesen Grundmustern können die entsprechenden Regeln für jedes System ausgewählt werden. Diese Grundmuster und die entsprechenden Regeln sind (es gibt nur 1-zu-X-Beziehungen):

- Kardinalität 1-zu-0,N (z.B. Firma-hat-Mitarbeiter) oder Kardinalität 1-zu-0,1 (z.B. Firma-hat-Ansprechpartner):
  - *Regel 1*: Wird die Firma gelöscht, so müssen alle Mitarbeiter mitgelöscht werden.
  - *Regel 2 (alternativ)*: Die Firma darf nur gelöscht werden, wenn vorher alle Mitarbeiter schon einzeln gelöscht wurden.
  - *Regel 3*: Sind alle Mitarbeiter gelöscht, so darf die Firma weiter existieren.
- *Kardinalität 1-zu-1,N* (z.B. Auftrag-hat-Auftragsposition) oder *Kardinalität 1-zu-1* (z. B. Kunde-hat-Adresse):
  - *Regel 1*: Wird ein Auftrag gelöscht, so müssen alle Auftragspositionen mitgelöscht werden.
  - *Regel 2: (alternativ zu 1)*: Ein Auftrag darf nur gelöscht werden, wenn vorher alle Auftragspositionen einzeln gelöscht wurden.
  - *Regel 3*: Sind alle Auftragspositionen gelöscht, *muß* auch der Auftrag gelöscht werden.
  - *Regel 4*: Wird ein Auftrag angelegt, so muß gleichzeitig mindestens eine Auftragsposition angelegt werden.

SERM als formale Methode

SERM wird vor allem als *formale Methode* im Rahmen der Phase Analyse/Design eingesetzt, weniger als Moderationsmethode wie etwa E/R-Diagramme. Die Umwandlung eines E/R-Diagramms mit der SERM-Methode können Entwickler alleine oder im kleinen Team durchführen. Die *Integritätsregeln* müssen allerdings *zusammen mit den Anwendern* ausgewählt und festgelegt werden, weil diese das Funktionieren des System mit beeinflussen. Dies kann im Rahmen der Anwender-Entwickler-Workshops erfolgen. Weiterhin kann SERM zur Integration von Teildatenmodellen sowie zur Definition von Themengebieten sehr nützlich sein.

Strukturierte Analyse, Informationsflußdiagramme

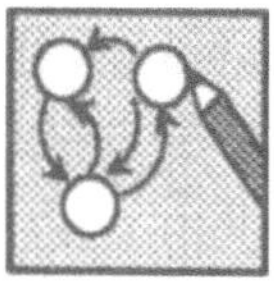

Die strukturierte Analyse (SA) ist eine Methode zur Analyse von vorhandenen Informationssystemen und zur Modellierung von neu zu entwickelnden Systemen. Sie beschreibt präzise und redundanzfrei das fachliche WAS aber nicht das DV-technische WIE einer Anwendung. Insbesondere durch die graphische Darstellung dient sie als verständliches Medium zur Kommunikation zwischen Entwicklern und Anwendern.

Das SA-Modell ist hierarchisch gegliedert, so daß auch große und komplexe Systeme in unterschiedlichen Abstraktionsstufen dargestellt werden können. Es erlaubt ein modellhaftes Durchspielen der Realität und führt damit zum frühzeitigen Abgleich zwischen Anforderungen, Fakten und dem Modell. Es bildet damit eine gemeinsame Basis für alle Projektbeteiligten, die leicht wartbar ist und reproduzierbare Ergebnisse liefert.

Nutzen von SA

Die strukturierte Analyse wird vorwiegend in der Phase Modellierung zur *Ist-Analyse* und zur Erstellung eines *fachlichen Soll-Modells* eingesetzt. Dabei kann der Einsatz von SA folgenden Zwecken dienen:

- *Systemabgrenzung*: Durch ein sogenanntes "Kontext-Diagramm", auch IFD-X genannt (siehe unten), können die Grenzen eines existierenden oder geplanten Systems (DV-System oder Organisation) festgelegt werden. Durch das Kontext-Diagramm wird beschrieben, was zum System gehört und was nicht. Dies ist besonders zu Anfang eines Projekts wichtig, um ein gemeinsames Verständnis vom Umfang eines Systems zu gewinnen.
- *Funktionsbeschreibung*: Durch SA-Modelle lassen sich die Zusammenhänge zwischen fachlichen Funktionen eines Systems übersichtlich darstellen.
- *Organisationsbeschreibung*: SA-Modelle können auch zur Beschreibung von Organisationen um ein DV-System herum verwendet werden. Dabei werden die Organisationseinheiten (z. B. Abteilungen, Mitarbeiter, Arbeitsplätze) als Funktionen aufgefaßt. Das SA-Modell beschreibt dann die Kommunikation und Abhängigkeiten zwischen den Organisationseinheiten.

SA-Modelle können aber auch als Übersichtsdiagramme zur *fachlichen Nachdokumentation* von existierenden EDV-Systemen verwendet werden. Diese lassen sich mit relativ geringem Aufwand erstellen, erlauben aber Einsteigern eine sehr schnelle Einarbeitung in die fachliche Thematik und die Geschäftsabläufe. Diese fachliche Nachdokumentation beschreibt jedoch noch nicht den internen Programmaufbau - dieser muß mit anderen Methoden dokumentiert werden.

Hierarchischer Aufbau

Das SA-Modell ist hierarchisch aufgebaut. Auf der obersten Ebene, dem Kontextdiagramm IFD-X, werden die Systemgrenzen festgelegt. In jeder weiteren Ebene werden die in den höheren Ebenen auftauchenden Funktionen mit ihren Informationsflüssen verfeinert.

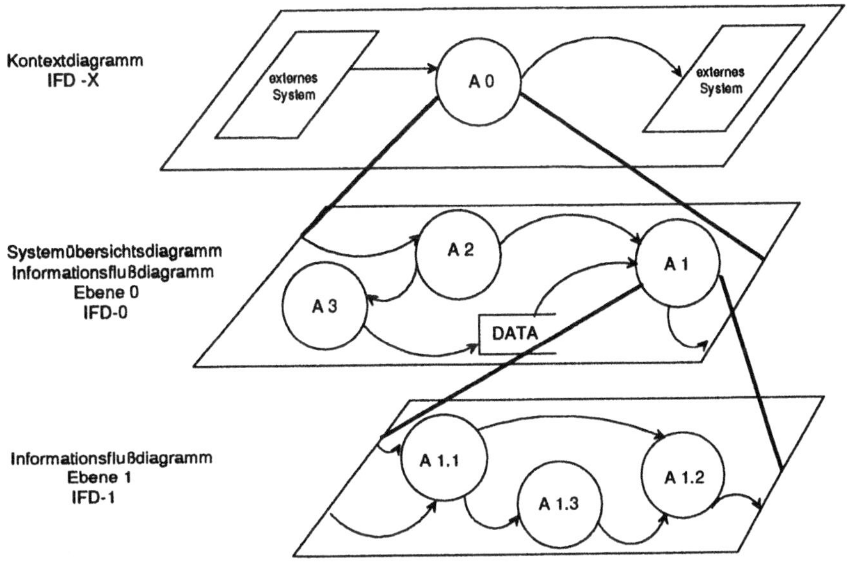

Abb. 4: Prinzip des SA-Modells

Kontextdiagramm: Das Kontextdiagramm (IFD-X) beschreibt die Schnittstellen des Systems und grenzt damit eindeutig das zu analysierende bzw. zu modellierende System von den umliegenden Systemen ab. Das System wird als eine einzige Funktion mit allen ein- und ausgehenden Informationsflüssen zu den externen Nachbarsystemen beschrieben. Die Funktion erhält die Nummer 0 (siehe Beispiel).

Systemübersichtsdiagramm: Die nächste Ebene des SA-Modells ist das Systemübersichtsdiagramm (IFD-0), in dem die Funktion 0 aus dem Kontextdiagramm in Teilfunktionen (etwa 3 bis 7) zerlegt wird. Dadurch erhält man die Hauptfunktionen des Systems sowie einen Überblick über das Zusammenspiel der Funktionen (siehe Abb. 6). Die externen Systeme können nochmals explizit aufgeführt werden. Die Funktionen werden durchnumeriert. (Fkt. 1, Fkt. 2, ...) und in den folgenden Informationsflußdiagrammen (IFD-1, IFD-2, ...) auf Funktionsebene verfeinert.

IFD auf Funktionsebene: Auf den folgenden Verfeinerungsebenen werden die Hauptfunktionen zergliedert. Als Bezeichnung wird die Nummer der zergliederten Hauptfunktion gewählt und eine weitere Nummer angehängt. IFD-4 beschreibt z. B. die Hauptfunktion 4. Diese Zergliederung kann weiter fortgesetzt werden, so erhält man IFD-4.1 etc.

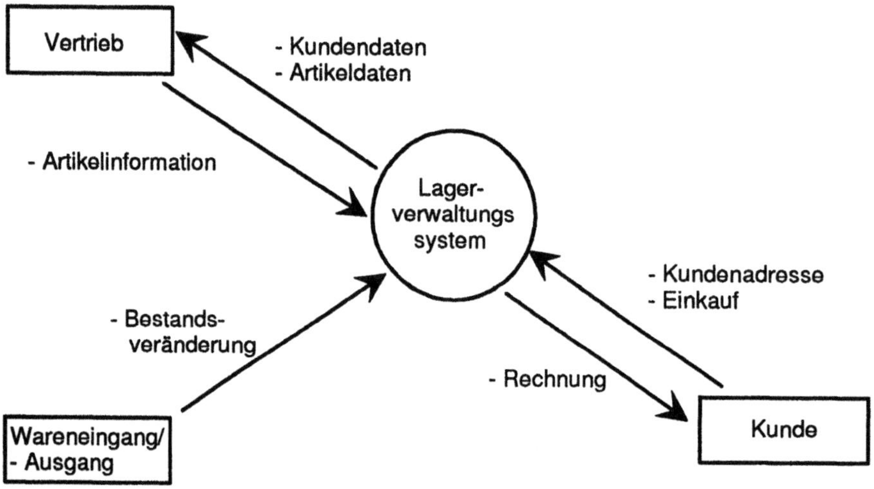

Abb. 5: Ein Kontextdiagramm IFD-X für ein einfaches "Point-of-Sailes"-System. Es enthält nur die Informationsflüsse von und zu externen Systemen. Das betrachtete System wird als eine einzige Funktion aufgefaßt.

Informationsflußdiagramm

Das Informationsflußdiagramm (IFD) beschreibt den Austausch von Informationen zwischen Funktionen innerhalb des Systems und zwischen dem System und externen Systemen. Ein Informationsflußdiagramm ist aus den folgenden vier Grundbausteinen aufgebaut:

Nachbarsystem (EXT): Ein Nachbar- oder externes System liegt außerhalb des zu modellierenden Systems. Es dient als "Black-Box" als Quelle oder Senke von Informationsflüssen zu diesem System (z. B. Kunde). Externe Systeme tauchen in den Übersichtsdiagrammen auf.

Informationsfluß (IFL): Ein Informationsfluß (IFL) ist ein Kanal, durch den (nur) Informationseinheiten fließen. Durch IFLs wird beschrieben, welche Informationen in eine Funktion hineingehen und herauskommen. Ein IFL legt fest, daß zwischen zwei Funktionen bzw. zwischen Funktionen und externen Systemen Informationen fließen *können*. Wie viele Informationen wie oft fließen, ist dadurch nicht festgelegt. Ein IFL wird in einem Datenlexikon durch Datenelemente detailliert beschrieben (z. B. Kundenanschrift = Straßenname+Hausnummer+PLZ+Ort).

Funktion (FKT): Eine Funktion (auch Prozeß genannt) beschreibt Vorgänge, die Informationen verändern oder kombinieren. Eingabe-IFLs werden in Ausgabe-IFLs umgewandelt. Der Name einer Funktion sollte dementsprechend aus einem Substantiv und einem Verb bestehen und mit einer der Hierarchie folgenden Numerierung versehen werden (z. B. Fkt. 4: Rechnung schreiben). Der innere Aufbau von Funktionen kann durch ein weiteres IFD auf einer feineren Beschreibungsstufe spezifiziert werden, dadurch kommt der hierarchische Aufbau eines SA-Modells zustande. Funktionen, die nicht mehr verfeinert werden sollen, können durch Struktur- oder Freitext in Prozeßspezifikationen beschrieben werden.

Informationsspeicher (ISP): Ein Informationsspeicher ist eine Ablage für Daten, die im System ruhen und auf die mehrfach bzw. von mehreren Funktionen zurückgegriffen werden soll. Speicher eines SA-Modells müssen nicht EDV-Speicher sein: Karteikästen, Kataloge, Ordner oder Ablagen können ebenfalls als Speicher beschrieben werden. Der Inhalt eines Speichers wird im Datenlexikon beschrieben.

Zergliederung

Bei der Zergliederung von Funktionen in Unterfunktionen muß folgendes beachtet werden:

Funktion ausschneiden: Die zu zergliedernde Funktion wird zum neuen "System", alle Objekte außerhalb (weitere Funktionen, Datenspeicher) werden als "externe Systeme" dieser Funktion betrachtet, aber in der Regel nicht aufgeführt.

Funktionsinhalte analysieren und verfeinern: Es folgt eine Analyse und gegebenenfalls Zergliederung der eingehenden und ausgehenden Informationsflüsse. Die Unterfunktionen werden identifiziert und benannt. (Orientierung: Welche Unterfunktion produziert welchen ausgehenden Informationsfluß?). Danach werden wieder die für die Ergebniserzeugung benötigten Informationen sowie die Speicher dieser Funktion bestimmt.

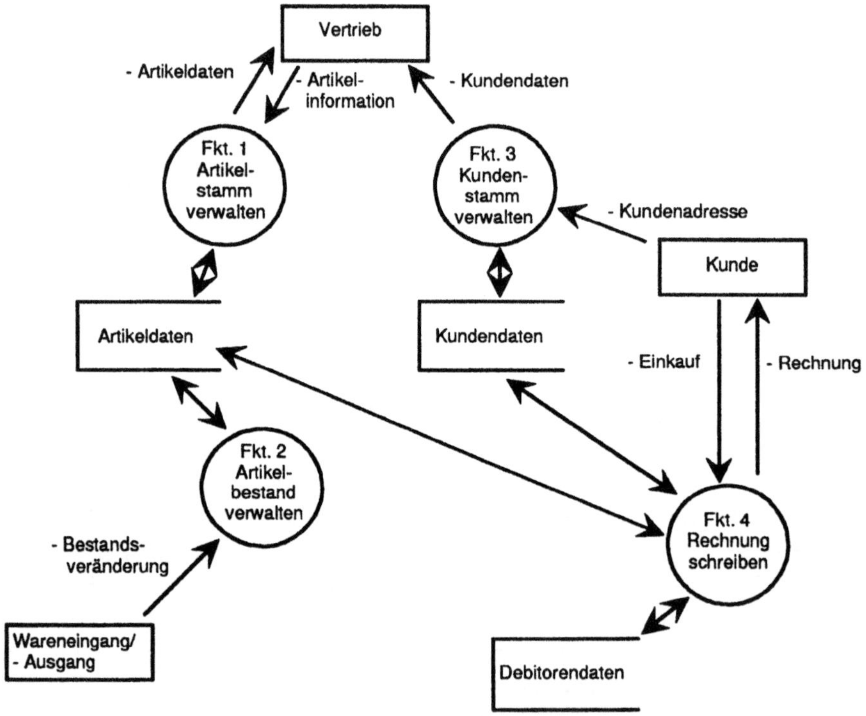

Abb. 6: Beispiel eines Übersichtsdiagrammes IFD-0 für ein "Point-of-Sales"-System. Das System wird durch vier Hauptfunktionen beschrieben und durch drei externe Systeme abgegrenzt. Es tauchen interne Datenspeicher auf, auf die von mehreren Funktionen zeitlich unabhängig zugegriffen wird.

SA und Moderation

Strukturierte Analyse wurde in der Vergangenheit oft als eine sehr formalisierte Methode zur Systemanalyse verwendet, und wird deshalb auch von mehreren CASE-Werkzeugen unterstützt. Mit Hilfe von SA wird häufig versucht, ein System in seinem vollen Umfang und seiner vollen Tiefe zu beschreiben. Dies führt sehr schnell zu einer kaum überblickbaren und nicht mehr wartbaren Fülle von verschiedenen Informationsflußdiagrammen.

Im Rahmen des Phasenmodells wird für SA ein *pragmatischer Einsatz* empfohlen, wobei SA die Rolle einer Kommunikations- und Visualisierungstechnik einnimmt. Dazu gehört insbesondere, daß nur die Systemübersichten mit Hilfe von SA erstellt werden. Die Hauptfunktionen aus dem IFD-0 werden in der Regel nur noch über eine oder zwei Hierarchiestufen verfeinert. Für feinere Systembeschreibungen ist SA in der Regel nicht sinnvoll, da es nicht als formale Methode für Systementwickler, sondern eher als eine *Moderationsmethode* in der Kommunikation mit dem Fachbereich bzw. mit der Organisationsabteilung eingesetzt wird. SA (insbesondere IFD-X und IFD-0) ist auch gut geeignet für *Managementinformationen*, da auf überschaubare Weise die wesentlichen Systemzusammenhänge dargestellt werden.

Wird SA im Rahmen von Moderationen eingesetzt, so liefert die Methode für den Moderator eine Reihe von *Prozeßfragen* zur Strukturierung. Diese Fragen sind etwa:

- Mit wem kommuniziert das zu betrachtende System? (externe Systeme, Abgrenzung)
- Welche Funktionen und Organisationseinheiten sind im betrachteten System von Bedeutung? (Funktionen)
- Was benötigen die Funktionen oder Organisationseinheiten zur Durchführung? (eingehende Informationsflüsse)
- Welche Informationen produzieren die Funktionen oder Organisationseinheiten? (ausgehende Informationsflüsse)
- Was tun die Funktionen bzw. Organisationseinheiten? (Beschreibung bzw. Verfeinerung von Funktionen)
- Welche Informationen werden abgelegt oder zwischengelagert? (Speicher)

SA im Methodenverbund

SA wird im Rahmen einer Modellierung oder Nachdokumentation nicht alleine eingesetzt, sondern sollte stets im Verbund mit den Methoden E/R und Geschäftsvorfallbeschreibung (STD) eingesetzt werden. Diese Methoden zusammen bilden im Vorgehensmodell das *fachliche Modell* eines Systems. Von daher ergeben sich Zusammenhänge zwischen SA und diesen Methoden. Für den Einsatz im Methodenverbund hat sich folgendes Vorgehen als sinnvoll und praktikabel erwiesen:

- Als *erster Schritt* für die Erstellung eines fachlichen Modells wird die Erstellung eines *Kontextdiagramms* (IFD-X) gewählt. Dadurch läßt sich effektiv ein gemeinsames Verständnis vom Systemumfang erarbeiten. Ein Kontextdiagramm kann auch schon in Verbindung mit der Verfeinerung der Projektziele erarbeitet werden.
- *Bevor die Hauptfunktionen* (IFD-0) bestimmt und verfeinert werden, ist es sinnvoll, die *Geschäftsvorfälle* zu beschreiben. Danach können die Funktionen recht einfach identifiziert werden.
- Bei der SA-Modellierung ab IFD-0 muß sich das Team darauf einigen, *welche Perspektive* es modellieren will: eine Organisationsperspektive oder eine Funktionsperspektive.
- Die *E/R-Methode* ist die abstrakteste von allen, sie wird am besten *zuletzt* durchgeführt.

Synchronisation

Die mit Hilfe der drei Methoden im Verbund erstellten Beschreibungen müssen synchronisiert werden. Dadurch läßt sich die Übereinstimmung und Vollständigkeit der einzelnen Beschreibungen sicherstellen. Das Funktionsmodell wird mit den anderen beiden Methoden wie folgt synchronisiert:

- Die Geschäftsvorfälle werden als fachliche Testfälle für das Funktionsmodell verwendet. Jeder Geschäftsvorfall wird in Gedanken durchgespielt, dabei wird überprüft, ob alle dazu notwendigen Funktionen und "Wege" (Informationsflüsse) im System vorhanden sind.
- Jede Funktion und jeder Speicher deckt einen Ausschnitt aus dem E/R-Datenmodell ab. SA dient dabei als Testfall für E/R. Alle von Funktionen benötigen bzw. in Speichern abgelegten Daten müssen im System beschrieben sein.
- Wird im Rahmen der Modellierung bereits ein vollständiges Datenlexikon erstellt, so müssen die Elemente der Informationsflüsse in diesem Datenlexikon auftauchen. Die Elemente sollten in der Regel identisch mit Attributen des Datenmodells (E/R-Modell) sein.

Zustandsübergangsdiagramm (STD)

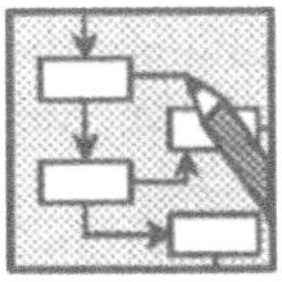

Zustandsübergangsdiagramme (auch State Transition Diagrams/STDs) werden benutzt, um *dynamische Abläufe* in der *zeitlichen Abfolge* mit auslösenden *Ereignissen*, daraus resultierenden *Aktionen* und daran anschließenden fachlichen *Verarbeitungszuständen* zu beschreiben. Im Phasenmodell werden STDs zu ganz verschiedenen Zwecken in den Phasen Modellierung und Analyse/Design benutzt. STDs sind damit eine der wesentlichsten Kernmethoden im Phasenmodell.

Nutzen von STDs

Es gibt drei Hauptverwendungszwecke für Zustandsübergangsdiagramme im Phasenmodell:

- *Geschäftsvorfall-Ketten* (GV-Modell in der Phase Modellierung):
- *Objekt-Lebenszyklen* (Lifecycles in den Phasen Modellierung und Analyse/Design):
- *Dynamische Abläufe von GV-Objekten* (Phase Analyse/Design):

Es ist wichtig, diese *drei Verwendungszwecke klar voneinander zu unterscheiden*, auch wenn mit STDs die gleiche Darstellungstechnik verwendet wird. Es handelt sich um völlig verschiedene Modelle, mit denen völlig verschiedene Fragen beantwortet werden.

Konstrukte von STDs

Zustandsübergangsdiagramme wurden ursprünglich in der Automatisierungstechnik verwendet, um das dynamische Verhalten eines Automaten zu beschreiben. Anhand eines einfachen Automaten (elektrisches Garagentor) können die Elemente eines STDs erklärt werden (siehe Abb.7).

Zustand: Ein Automat kann verschiedene Zustände haben, er befindet sich zu einem Zeitpunkt aber immer in genau einem Zustand, nie in mehreren gleichzeitig. Beispiel: Das Garagentor hat die Zustände "offen" und "geschlossen", ist aber immer in genau einem dieser Zustände. Grafisch werden Zustände als beschriftete Kästchen dargestellt.

Ereignis: Ereignisse kann man sich als die Knöpfe des Automaten vorstellen, auf die gedrückt wird, um Verarbeitungen im Automaten auszulösen. Beispiel: Das Garagentor hat zwei mögliche Ereignisse, das "Auf"-Kommando und das "Zu"-Kommando. Ereignisse werden als Text mit einem vorangestellten "E:" dargestellt.

Aktion: Aktionen sind Verarbeitungen, die der Automat aufgrund eines Ereignisses in einem Zustand ausführt. Beispiel: Das Garagentor kennt die Aktionen "Tor schließen" und "Tor öffnen". Aktionen werden durch Text mit einem vorangestellten "A:" dargestellt.

Zustandsübergang: Ein Zustandsübergang ist ein Ereignis-Aktions-Paar, das den Automaten von einem Zustand in einen anderen überführt. Beispiel: Wird im Zustand "offen" das Ereignis "Zu-Kommando" ausgelöst, so führt der Automat die Aktion "Tor schließen" durch und befindet sich danach im Zustand "geschlossen". Zustandsübergänge werden durch einen Pfeil dargestellt, der mit Ereignis und Aktion beschriftet wird.

Erlaubte Zustandsübergänge: Anhand des vollständigen Zustandsübergangsdiagramms läßt sich ablesen, welche Ereignisse in welchen Zuständen welche Aktionen auslösen und welche Ereignisse in welche Zuständen zulässig bzw. nicht zulässig sind. Beispiel: Für das Garagentor ist im Zustand "offen" das Ereignis "Zu-Kommando" zulässig und bewirkt die Aktion "Tor schließen". Das Ereignis "Auf-Kommando" ist im Zustand "offen" nicht zulässig, d. h. es bewirkt in diesem Zustand keine Aktion.

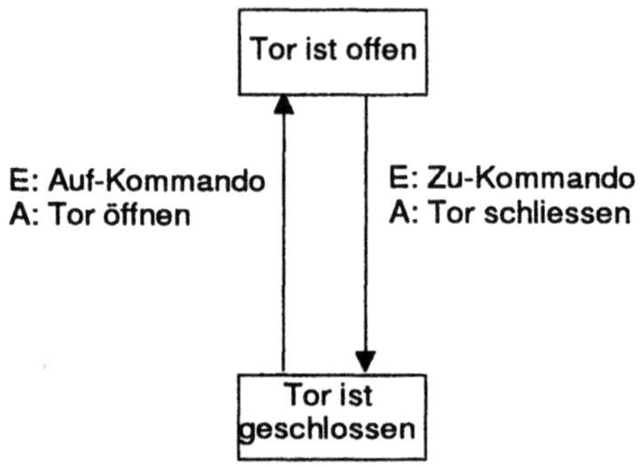

Abb. 7: Ein Zustandsübergangsdiagramm für ein Garagentor mit zwei Zuständen.

STDs für GV-Ketten in der Modellierung

In der Phase Modellierung werden STDs benutzt, um im Rahmen des GV-Modells (Ist- oder Soll-Modell) *Geschäftsvorfall-Ketten*, d.h. Ketten von logisch zusammenhängenden Geschäftsvorfällen aus fachlicher Sicht darzustellen. Dabei kommt es darauf an, die Zusammenhänge aus *Geschäftssicht*, nicht aus einer DV-Systemsicht darzustellen. Dies verlangt einen etwas *breiteren Betrachtungshorizont*. Die GV-Ketten fangen in der Regel bereits einige Schritte vor einer DV-Unterstützung an und gehen über die DV-unterstützte Strecke hinaus. Typische Beispiele dafür sind manuelle Tätigkeiten wie Posteingangsprüfung oder Postausgangsbehandlung. Um die Gesamtzusammenhänge zu verstehen, müssen diese Vorgänge ebenfalls modelliert werden. Dadurch kann die *Ablauforganisation* für die wichtigsten GV-Ketten (*Prozeßketten*) im Zusammenhang dargestellt werden (Abb. 8).

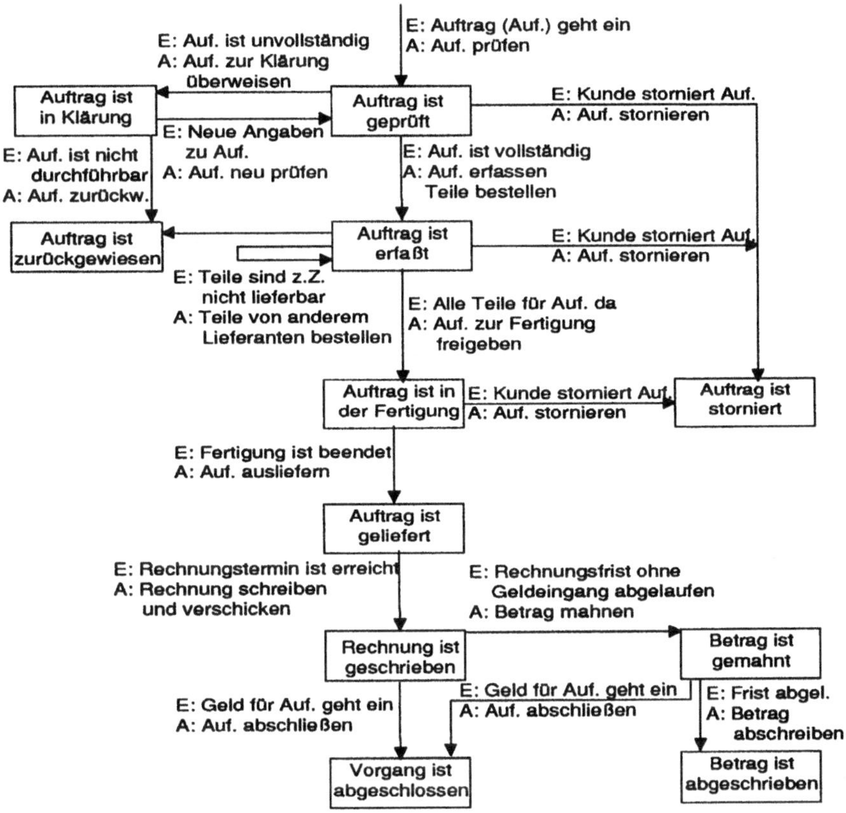

Abb. 8: Eine GV-Kette "Auftragsfertigung" mit manuellen und systemunterstützten Tätigkeiten

Als *Zustände* werden daher aus Sicht der Fachabteilung ***wichtige und markante Zwischenzustände im Geschäftsablauf*** dargestellt, unabhängig davon, ob sie in einem DV-System gespeichert sind oder gespeichert werden sollen. Die *Ereignisse* werden ebenfalls fachlich ausgedrückt, es handelt sich vor allem um Ereignisse, die von ***außen auf die Organisation einwirken*** oder ***von der Organisation intern erzeugt*** werden. Dasselbe gilt für die Aktionen: auch hier werden fachliche Aktionen beschrieben, egal, ob sie durch ein EDV-System unterstützt werden oder nicht.

Diese Art der Beschreibung ist ***nur für die wichtigsten GV-Ketten eines Gesamtsystems sinnvoll.*** Selbst für sehr komplexe Systeme wird es sich dabei nur selten um mehr als ein Dutzend solcher Ketten handeln, in den allermeisten Fällen werden es sogar deutlich weniger sein. Es handelt sich dabei im wesentlichen um die GV-Ketten, mit denen das Geschäft betrieben wird, d. h. die der Wertschöpfung dienen. Für einfachere Unterstützungs-GVs, z. B. Stammdatenpflege, ist diese Art der Beschreibung nicht sinnvoll und eine Beschreibung in Textform ist in der Regel ausreichend.

Suchen von GV-Ketten

Für das Suchen der wichtigsten GV-Ketten hat sich folgendes Vorgehen bewährt:

1. *Sammeln der GVs*: In einem Brainstorming werden Kandidaten für GVs gesammelt. Dabei wird pro GV eine *Bezeichnung*, der *fachliche Auslöser* des GVs und das *Ziel* des GVs (nicht die Aktionen!) gesammelt. Dieses Beschreibungsraster ist insbesondere auch für moderierte Workshops geeignet. Ziel dieser Sammlung ist eine möglichst vollständige Abdeckung des Geschäfts, d.h. es sollte kein wesentlicher GV vergessen werden. Die Detailliertheit und Abgrenzung der GVs voneinander ist an dieser Stelle nicht so wichtig. Beispiel:

Name des GVs	**Auslöser**	**Ziel**
Auftragseingangsprüfung	Kundenauftrag geht ein	Auftrag ist auf Vollständigkeit und Korrektheit geprüft
Storno	Kunde storniert Auftrag	Auftrag ist storniert
Auftragsfreigabe	Bearbeitungstermin für Auftrag ist erreicht	Auftrag ist zur Bearbeitung freigegeben
...	...	...

Für komplexe Systeme werden typischerweise 50 bis 100 solcher GVs gefunden, auch bei einfacheren Systemen wird die Zahl über 20 liegen. Die Frage nach "Auslöser" und "Ziel" ist eine Vorarbeit für die spätere Darstellung der GV-Ketten in Form von STDs. Die Auslöser werden zu Ereignissen, die Ziele zu Zuständen in den GV-Ketten.

2. *Gruppieren und Ordnen der GVs*: Nach der Sammlung der GVs wird versucht, die GVs zu GV-Ketten zu ordnen. Dabei konzentriert man sich zunächst auf die GVs, welche den "Hauptpfad", d.h. die Normalfallbehandlung einer GV-Kette ausmachen (im obigen Beispiel: Auftragseingangsprüfung und Auftragsfreigabe). Die GVs für die Ausnahmebehandlung werden (im obigen Beispiel: Storno) zunächst ausgeklammert. Die GVs auf dem Hauptpfad werden gemäß ihrer logischen Reihenfolge geordnet, die Ausnahme-GVs werden lediglich einer GV-Kette zugeordnet, aber nicht in die logische Reihenfolge integriert.
3. *Beschreibung der Ablauflogik mit STDs*: Nachdem durch die Vorarbeit die Hauptpfade für die GV-Ketten mit Ereignissen und Zuständen feststehen, werden die Aktionen (fachliche Bearbeitungsschritte) für alle Zustandsübergänge der Hauptpfade ergänzt. Danach können die Ausnahme-GVs an den entsprechenden Stellen des Hauptpfades angebaut werden. Auch hier werden die Aktionen ergänzt.

Schritte 1 und 2 werden für größere Projekte vorzugsweise in themenübergreifenden Workshops durchgeführt, bei der Wissensträger aus allen vom Projekt tangierten Fachgebieten beteiligt sind. So läßt sich die Vollständigkeit und der Zusammenhang am besten sicherstellen. In kleineren Projekten, die nur ein oder zwei Fachgebiete eines Unternehmens betreffen, können diese Schritte auch in Interviewform durchgeführt werden. Schritt 3 dagegen wird vorzugsweise in kleineren, auf ein oder zwei Fachgebiete beschränkte Arbeitsgruppen durchgeführt, weil dabei mehr Details besprochen werden.

STDs für Objekt-Lifecycles

Die Beschreibung der Lebenszyklen von Objekten ist *Muß-Bestandteil der Phase Analyse/Design*. Oft ist diese Methodik aber auch *schon in der Phase Modellierung äußerst hilfreich*:

- In der *Phase Analyse/Design* beschränkt man sich auf die vom DV-System gespeicherten Zustände, die das Objekt annehmen kann und definiert damit das *Statuskonzept*, d. h. die gültigen Werte für Statusfelder und die erlaubten Übergänge. Dabei werden alle Objekte betrachtet, die ein Statusfeld haben.

- In der *Phase Modellierung* werden alle *fachlichen Zustände* eines Objekts beschrieben. In der Regel beschränkt man sich hier auf die wichtigsten fachlichen Objekte des Geschäftes, z. B. den "Auftrag" in einem Auftragabwicklungssystem. Im Gegensatz zu der Prozeßsicht, die bei der Beschreibung von GV-Ketten eingenommen wird, wird hier eine Objektsicht verwendet: Welche Zustände kann ein Objekt im Rahmen seines Lebens und prozeßübergreifend annehmen und was sind die möglichen Zustandsübergänge?

Die Ergebnisse, die in der Phase Modellierung mit dieser Methodik erarbeitet werden, können in der Regel direkt in Analyse/Design weiterverwendet werden. Allenfalls sind Präzisierungen nötig, jedoch keine grundsätzlichen Änderungen.

Als *Zustände* eines Objekts werden nur Statuswerte betrachtet, die beim Objekt gespeichert werden, d. h. über einen gewissen Zeitraum gültig bleiben. Diese Statuswerte beeinflussen die Verarbeitungen, die dieses Objekt betreffen. Die Statuswerte kann man sich auch als "Stempel" vorstellen, welche auf ein Objektformular gestempelt werden. Es ist hilfreich, die Zustände in folgender Form zu benennen: "Objekt ist/hat ...", z. B. "Auftrag ist geprüft", "Auftrag ist storniert" etc.

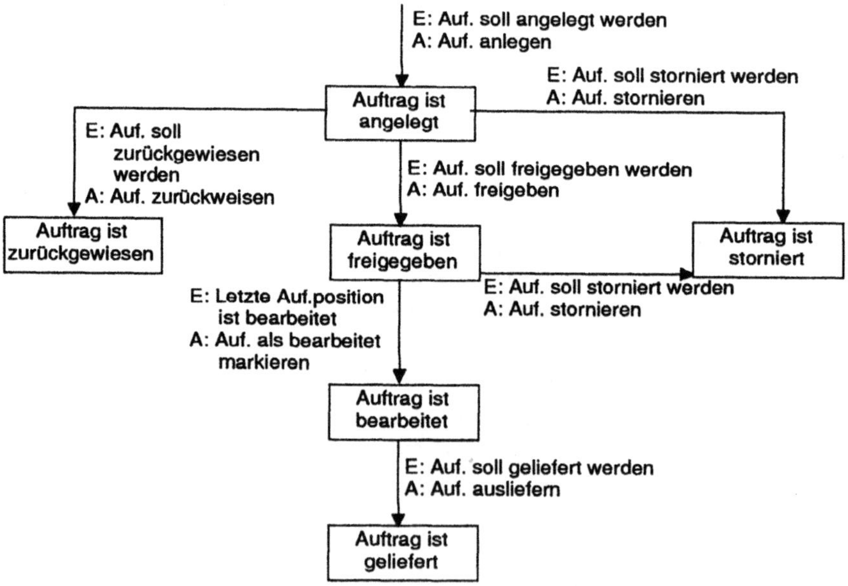

Abb. 9: Ein Objekt-Lifecycle für das Objekt "Auftrag" in einem Auftragsfertigungssystem.

Auch die *Ereignisse* und *Aktionen* werden nur aus Objektsicht beschrieben. Als Ereignis wird beschrieben, was mit dem Objekt geschehen soll (z. B. "Auftrag soll storniert werden"). Die "Soll"-Formulierung drückt aus, daß jemand (Person oder System) eine Entscheidung getroffen hat, daß mit dem Objekt etwas geschehen soll. Bei den Aktionen werden nur die Aktionen aufgenommen, die das Objekt selber, nicht aber andere Objekte betreffen. Daher sind die Aktionen in der Regel sehr kurz zu beschreiben (z. B. "Auftrag stornieren").

STDs für GV-Objekt-Lifecycles

In der *Phase Analyse/Design* werden STDs auch dazu benutzt, um die *grobe Ablauflogik eines GV-Objektes* (d. h. eines Programmoduls) zu beschreiben. Dies wird dazu benutzt, um die *Interaktionsstruktur mit dem Benutzer* zu definieren: welche Eingriffspunkte gibt es für den Benutzer im Ablauf eines systemgestützten GVs und welche Aktionen werden aufgrund von Benutzerentscheidungen durch das System unterbrechungsfrei durchgeführt? Dazu ist es nötig, sich über den genauen (Dialog-)Ablauf eines GVs, der vom System unterstützt werden soll, Gedanken zu machen. Diese Perspektive ist eine deutlich andere als die fachlichen GV-Ketten, die in der Modellierung erstellt werden, obwohl in beiden Fällen "Geschäftsvorfälle" betrachtet werden.

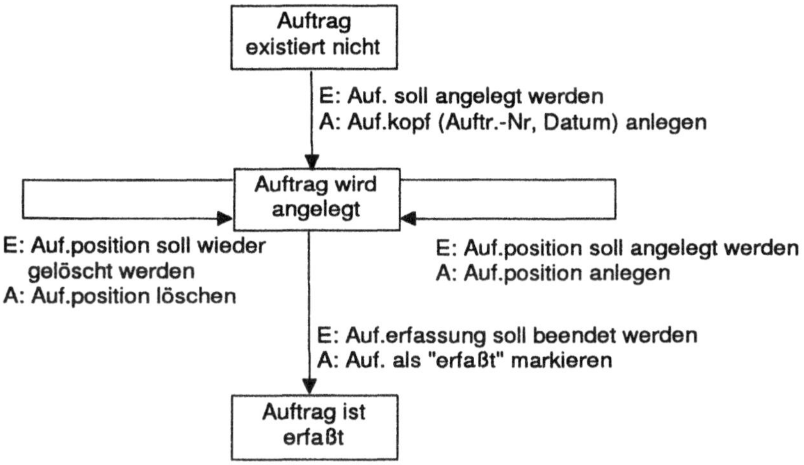

Abb. 10: Ein GV-Lifecycle für den GV-Objekt "Auftrag erfassen"

Der Betrachtungsfokus ist in dieser Methodik ein systemunterstützter Geschäftsvorfall. Die *Zustände* sind die Unterbrechungspunkte im GV-Ablauf, an denen der Benutzer Eingaben tätigen oder Entscheidungen treffen kann, d. h. die Punkte, an denen der GV auf Benutzereingaben wartet. Die *Ereignisse* sind die Entscheidungen, die vom Benutzer getroffen werden. Sie werden in der Regel in der "Soll"-Formulierung (siehe Abb. 10) angegeben. Die *Aktionen* sind die Verarbeitungen, die aufgrund einer Benutzerentscheidung vom System intern durchgeführt werden.

STDs in der Moderation

Die Erarbeitung von STDs für GV-Ketten und Objekt-Lifecycles geschieht in themenübergreifenden moderierten Workshops. Es empfiehlt sich folgendes Vorgehen für den Moderator:

1. *Anfangsereignis und Endzustand festlegen*: Das logisch erste Ereignis sowie der logisch letzte Zustand werden zuerst festgelegt. Dadurch wird die Moderation thematisch eingegrenzt, die Betrachtungsspanne liegt fest.
2. *Zwischenzustände sammeln*: In einem Brainstorming (auf Zuruf) werden mögliche Zwischenzustände gesammelt. Wichtig ist es, dieses Brainstorming rasch durchzuführen, ohne daß darüber diskutiert wird, ob es sich bei einem genannten Zustand tatsächlich um einen Zustand handelt oder an welcher Stelle im STD der Zustand eingeordnet werden soll. Diese Fragen werden erst später entschieden, sonst verzettelt sich die Gruppe leicht.
3. *Geraden Pfad bearbeiten*: Jeder Lifecycle und jede GV-Kette hat einen "Hauptpfad", welcher dem normalen Durchlauf entspricht. Für GV-Ketten ist dieser Hauptpfad oft recht umfangreich, für Lifecycles kann er gelegentlich aus nur zwei oder drei Zuständen bestehen. Dieser wird als nächstes bestimmt. Es wird geprüft, welche der gesammelten Zustände in diesen Hauptpfad gehören und welches die logische Reihenfolge ist. Danach werden die Zustandsübergänge für diesen Hauptpfad mit Ereignissen und Aktionen beschrieben. Dieser Schritt nimmt deutlich mehr Zeit für Diskussionen in Anspruch als die beiden vorherigen.
4. *Seitenpfade bearbeiten:* Im letzten Schritt werden die verbliebenen Zustände aus der Sammlung, die noch nicht in den Hauptpfad integriert worden sind, der Reihe nach abgearbeitet. Sie werden in Seitenpfade integriert, die vom Hauptpfad durch ein Ereignis abzweigen. Auch hier werden wieder die zugehörigen Ereignisse und Aktionen beschrieben. Dieser letzte Schritt erfordert in der Regel die meisten Diskussionen, da es sich hier um (schwierige) Ausnahmefälle handelt.

Dieses Vorgehen hat sich als nützlich erwiesen, um sich stets auf das Wesentliche zuerst zu konzentrieren und somit ein zügiges Arbeiten sicherzustellen. Es kann ansonsten erfahrungsgemäß sehr leicht geschehen, daß sich eine Gruppe schon zu Anfang in einem nebensächlichen Seitenpfad uneinig wird und lange diskutiert.

STDs in Interviews

Stehen die Wissensträger aus dem Fachbereich nur für eine sehr begrenzte Zeit zur Verfügung, die keine moderierten Workshops zuläßt oder handelt es sich um ein Projekt im kleinen Rahmen (innerhalb eines Fachbereiches), so können die Informationen, insbesondere für GV-Ketten und GV-Objekt-Lifecycles auch in Form von Interviews zusammengetragen werden.

1. In einem ersten Schritt werden die *Interviews* geführt, die Antworten, d.h. die Beschreibungen der Abläufe, werden verbal protokolliert. Es ist hilfreich, nach Auslösern (Anfangsereignis) und Ziel (Endzustand) zu fragen. Es empfiehlt sich, das Interview zu zweit zu führen.
2. In einem zweiten Schritt werden die verbalen Informationen von den Interviewern *in Form eines STDs* dargestellt. Insbesondere hier zahlt es sich aus, wenn zwei Interviewer diese Arbeit zusammen durchführen können.
3. In einem dritten Schritt werden die Ergebnis-STDs den Befragten zum *Review* vorgelegt, um sicherzustellen, daß die Informationen richtig interpretiert wurden und um den Befragten die Möglichkeit zu geben, fehlende Informationen zu vervollständigen.

Geeignete Erhebungstechniken

Moderierte Workshops empfehlen sich für die fachgebietsübergreifenden STDs, d. h. vor allem für die GV-Ketten und die Objekt-Lifecycles, wo eine umfassende Sicht gefragt ist. Gegebenenfalls kann man sich in den Workshops auf die Ausarbeitung des Hauptpfades beschränken.

Interviews und *Kleingruppenarbeit* sind geeignet für die Detailarbeit. Dies sind einerseits die GV-Objekt-Lifecycles, andererseits auch die Ausarbeitung von Seitenpfaden in GV-Ketten und Objekt-Lifecycles.

STDs im Methodenverbund

In der *Modellierung*, insbesondere beim fachlichen Soll-Modell, werden die GV-Ketten und Lifecycles vorzugsweise frühzeitig erstellt (vor dem IFD-0 und dem Datenmodell, aber nach dem IFD-X). Detaillierte Funktionsmodelle und das Datenmodell können einfacher erstellt werden, wenn die GV-Ketten und Lifecycles der Hauptobjekte bereits bekannt sind, da sie als "Testfälle" für das Daten- und Funktionsmodell dienen. Das gedankliche Durchspielen aller GV-Ketten erlaubt es, das Daten- und Funktionsmodell auf Vollständigkeit zu überprüfen.

Genauso werden die GV-Ketten dazu benutzt, um im Schritt 1 von *Analyse/Design* durch gedankliches Durchspielen der GV-Ketten das Datenmodell für ein Themengebiet zu verfeinern, d. h. alle notwendigen Attribute zu ermitteln.

Objektspezifikation

Im Rahmen der Phase *Analyse/Design* wird eine Anwendungsarchitektur erstellt, die aus einzelnen Objekten besteht. Jedes einzelne dieser Objekte muß im Detail beschrieben werden, diese Beschreibungen dienen in der Phase Realisierung als *präzise Programmiervorgaben* (Feinspezifikation). Für jedes Objekt muß das jeweilige "Wissen", "Können" und "Verhalten" beschrieben werden.

Nutzen von Objektspezifikationen

Die Objektspezifikationen dokumentieren detailliert den *logischen Aufbau* und die Architektur eines Anwendungssystems. In den Objektbeschreibungen wird im Rahmen der Phase Analyse/Design genau festgelegt, welche *fachlichen Anforderungen* wie realisiert werden sollen. Gleichzeitig stellen sie die Verbindung zur Realisierung her: sie sind präzise fachliche *Programmiervorgaben*. Ebenso können technische Vorgaben bei den Objekten beschrieben werden.

Objektbeschreibungen sind Dokumente, die über die Lebensdauer eines Anwendungssystems *fortgeschrieben* und *gepflegt* werden. Anforderungen im Rahmen von Wartungsprojekten oder Wartungsaufträgen müssen zuerst in den Objektbeschreibungen dokumentiert werden, danach können sie im Programm umgesetzt werden.

Innen- und Außensicht

Eine Objektspezifikation wird für *jedes Objekt* der Anwendungsarchitektur erstellt. Für jedes Objekt wird eine Innen- und eine Außensicht beschrieben:

- Die *Außensicht* eines Objekts beschreibt, welche Funktionalität das Objekt anderen Objekten als "Dienstleister" zur Verfügung stellt (*Schnittstellenbeschreibung*). Damit wird beschrieben, wie das Objekt von anderen Objekten benutzt werden kann, ohne daß die internen Abläufe des Objekts bekannt sein müssen. Die Außensicht ist relevant für den Entwickler, der einen Dienst benutzen will. Sie besteht aus der verbalen *Beschreibung der Methoden* inklusive deren Eingangs- und Ausgangsparametern sowie Anfangs- und Endzuständen der zugehörigen Anker-Entität.

- Die *Innensicht* eines Objekts beschreibt, wie die Methoden intern realisiert sind, d. h. das interne Verhalten des Objekts (*Implementationsbeschreibung*). Diese Innensicht ist nur relevant für den, der das Objekt implementieren soll. Zur Innensicht eines Objekts gehört die Beschreibung des *Ablaufs der Methoden ("Können")*, die *Attribute* des Objektes ("Wissen") sowie der *Lifecycle* des Objektes ("Verhalten").

Drei Modelle

Jedes Objekt wird aus drei Sichten beschrieben, die als Modelle eines Objekts bezeichnet werden (Wissen, Können, Verhalten):

- Das "Wissen" (*Informationsmodell*) legt fest, welche Daten und Informationen von einem Objekt verarbeitet werden. Dabei handelt es sich um einen Teilausschnitt des Gesamtdatenmodells des Systems. Dies kann einzelne Attribute bzw. eine oder mehrere Entitäten inkl. der dazwischenliegenden Beziehungen umfassen.
- Das "Können" (*Funktionsmodell*) eines Objekts beschreibt, welche Methoden das Objekt nach außen zur Verfügung stellt und wie diese Methoden implementiert werden.
- Durch das "Verhalten" (*Zustandsmodell*) eines Objekts wird der interne Lifecycle des Objekts beschrieben. Das Zustandsmodell definiert, welches die gültigen Zustände und Zustandsübergänge eines Objekts sind. Dadurch wird auch festgelegt, in welchem Zustand welche Methoden verfügbar sind.

Objektübersicht

Ein wichtiges Übersichts- und Entwurfsdokument ist das sogenannte Objektübersichtsdiagramm. Dieses stellt in einfacher Form das "Wissen" und das "Können" eines Objekts dar (siehe Abb. 11).

Die Objektübersicht ist eine Art *Inhaltsverzeichnis* mit dem die wesentlichen Eigenschaften skizziert werden können (z. B. in einem moderierten Workshop). Im Zusammenspiel mit dem Objektkommunikationsdiagramm ist das Objektübersichtsdiagramm beim Systementwurf hilfreich.

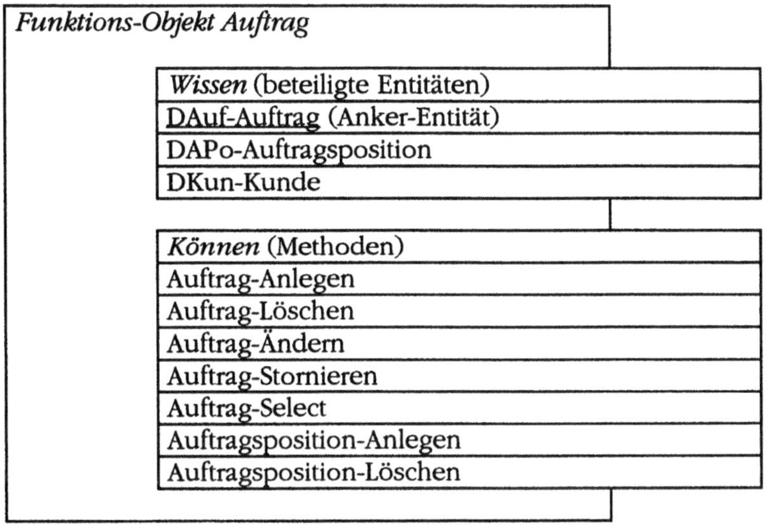

Abb. 11: Ein Objektübersichtsdiagramm für ein Funktions-Objekt "Auftrag".

"Verhalten"

Das "Verhalten" eines Objekts dokumentiert das *Zustandsmodell*, üblicherweise in Form eines *Zustandsübergangsdiagramms* oder einer Zustandsübergangstabelle. Es legt fest, welches die möglichen definierten Zustände eines Objekts sind und wie die möglichen Zustandsübergänge zwischen diesen Zuständen aussehen. Dadurch wird gleichzeitig festgelegt, welche Methoden des Objekts in welchen Zuständen verfügbar sind. Dadurch wird das interne Verhalten eines Objekts definiert, das auch als Lifecycle bezeichnet wird.

Die Zustände und Zustandsübergänge im Lifecycle werden zunächst so beschrieben, daß sie eine *fachliche* - nicht technische - Bedeutung bekommen. Für die Beschreibung der *Transaktionslogik* kann das fachliche Modell durch Zwischenzustände bei jedem fachlichen Zustandsübergang erweitert werden (siehe Abb. 12).

Die Lifecycle haben auf den vier Ebenen der Anwendungsarchitektur unterschiedliche Bedeutungen:

- Die Lifecycle der *Daten-Objekte* werden nur fachlich beschrieben. Durch die Zustände werden die möglichen *Werte eines Statusfeldes* festgelegt.
- Die Lifecycle der *Funktions-Objekte* legen fest, in welchen Zuständen welche *fachlichen Methoden gültig* sind, d. h. ausgeführt werden können.
- Die Lifecycle der *GV-Objekte* beschreiben, in welcher Abfolge die *Bearbeitung eines Geschäftsvorfalls aus Systemsicht* möglich ist. Die Lifecycle der GV-Objekte können durch die Transaktionslogik ergänzt werden.
- Die Lifecycle der *Dialog-Objekte* beschreiben die *Dialogzustände* eines Systems, d. h. welche Masken, Menüs oder Befehle aktiv sind.

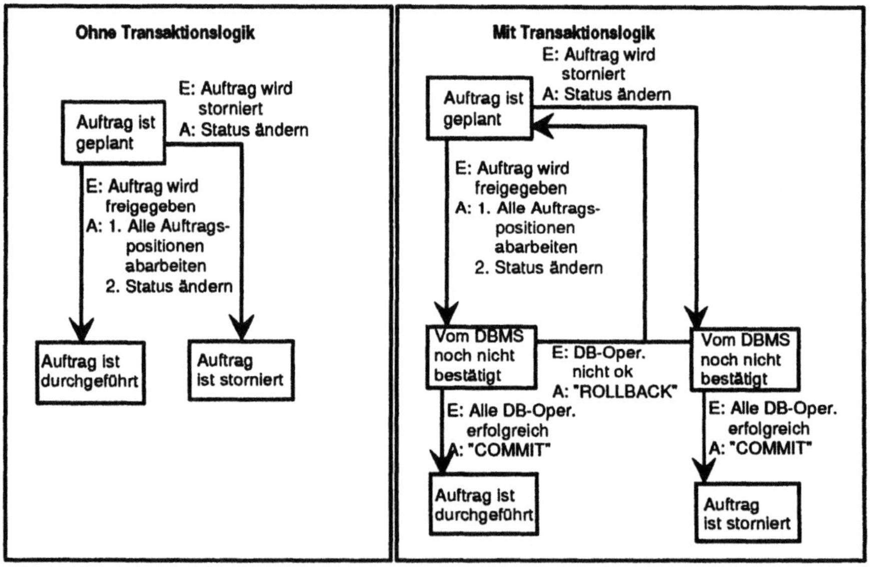

Abb. 12: Lifecycle für einen Auftrag mit drei Zuständen, links ohne Transaktionslogik (nur fachliche Zustände), rechts mit Transaktionslogik (auch technische Zustände).

"Können"

Das "Können" eines Objekts wird in Form von Methodenbeschreibungen dokumentiert. Pro Methode, die das Objekt nach außen zur Verfügung stellt und die in der Objektübersicht aufgeführt ist, wird eine Beschreibung erstellt. Es wird sowohl die ***Innensicht*** (Implementierung) als auch die ***Außensicht*** (Schnittstelle) dokumentiert. Jede Methodenbeschreibung, die im Rahmen der Phase Analyse/Design erstellt wird (siehe Abb. 13), beinhaltet:

- *Parameterbeschreibung*: Es wird aufgezählt, welche Eingangsparameter die Methoden benötigt und welche Resultatparameter sie liefert (IN- und OUT-Parameter).
- *Anfangs- und Endzustände*: Es wird angegeben, in welchen Ausgangszuständen eines Objekts die Methode aktiviert werden kann und in welche Zielzustände das Objekt durch die Methode überführt wird. Dadurch wird die Verknüpfung zwischen Prozeß- und Zustandsmodell dokumentiert.
- *Beschreibung des Ablaufs*: Es wird beschrieben, was die Methode leistet (Schnittstelle) und wie die Abläufe innerhalb der Methode aussehen (Programmiervorgabe). Für die Beschreibung kann Freitext, Strukturtext, Pseudocode, Entscheidungstabellen u. ä. verwendet werden.
- *Benutzung anderer Methoden*: Im Rahmen der Beschreibung der Abläufe wird auch dokumentiert, welche Methoden anderer Objekte benutzt werden (Nachricht).

Beispiel

Funktions-Objekt: Auftrag
Methode: Auftragsposition-Anlegen

Parameter:
IN DAuf-Auftrags-Nr. OUT Anlegen-Ok
IN DAPo-Auftragsposition-Nr.
IN DAPo-Beschreibung
IN DAPo-Kosten

Ausgangszustand: Auftrag ist geplant
Endzustände: Auftrag ist geplant

Beschreibung:
Zu einem Auftrag mit der angegeben Auftrags-Nr. wird eine neue Auftragsposition angelegt. Diese Funktion ist nur zulässig, wenn der Auftrag geplant wird. Ist der Auftrag in Bearbeitung, so dürfen keine neuen Positionen mehr angelegt werden. Anlegen-Ok liefert TRUE, wenn die Auftragsnummer angelegt werden konnte, ansonsten FALSE.

Ablauf:

1. Es wird zuerst geprüft, ob der Auftrag im richtigen Zustand "Auftrag ist geplant" ist. Wenn nicht, so wird Anlegen-Ok auf FALSE gesetzt und die Funktion abgebrochen.

   Externe Methode: DAuf.Status?

2. Es wird geprüft, ob der Auftrag bereits eine Auftragsposition mit der gleichen Auftragspositions-Nr. aufweist. Wenn ja, so wird Anlegen-Ok auf FALSE gesetzt und die Funktion abgebrochen.

   Externe Methode: DAPo.Select?

3. Ansonsten wird eine neue Auftragsposition mit den angegebenen Eingangsdaten angelegt. Anlegen-Ok liefert dann TRUE.

   Externe Methode: DAPo.Erzeugen

Abb. 13: Beispiel einer Methodenspezifikation "Auftragsposition anlegen"

"Wissen"

Pro Objekt der Anwendungsarchitektur muß das *Informationsmodell* ("Wissen") dokumentiert werden. Dabei handelt es sich stets um einen *Ausschnitt aus dem logischen Datenmodell* (E/R-Modell) des Systems. Diese Ausschnitte werden in den unterschiedlichen Ebenen der Anwendungsarchitektur unterschiedlich präzise beschrieben:

- Ein *Daten-Objekt* überwacht *genau eine Entität* aus dem logischen Datenmodell. Im Informationsmodell werden daher die *Attribute* dieser Entität im Detail beschrieben (siehe Abb. 14), die Attribute werden auch in der Objektübersicht genannt. Die *Schlüsselattribute* werden z.B. durch Unterstreichen besonders gekennzeichnet.
- Ein *Funktions-Objekt* stellt die Konsistenz *mehrerer Entitäten* aus dem logischen Datenmodell sicher, wobei eine Entität den *Anker oder die zentrale Entität* des Funktions-Objektes darstellt. Zur Dokumentation des Informationsmodell genügt es, die beteiligten Entitäten in der *Objektübersicht* zu nennen, die Anker-Entität wird z. B. durch Unterstreichen gekennzeichnet (vgl. Abb. 11).
- Ein *GV-Objekt* koordiniert *mehrere Funktions-Objekte*. Der Datenmodell-Ausschnitt eines GV-Objektes ist die Vereinigung aller Datenmodell-Ausschnitte der Funktions-Objekte. Dieser Ausschnitt wird in der *Objektübersicht* dokumentiert durch die Aufzählung der *Funktions-Objekte* oder alternativ durch die Aufzählung aller *Entitäten*. Eine detailliertere Dokumentation des Informationsmodells ist für ein GV-Objekt nicht notwendig.

Attributname	Beschreibung
<u>DAuf-Auftrags-Nr.</u>	*Schlüsselattribut*. Die Auftragsnummer wird vom System automatisch vergeben und dient der eindeutigen Identifizierung von Aufträgen im System.
DAuf-Eingangsdatum	Datum, an welchem der Auftrag eingegangen ist.
DAuf-Bearb.datum	Datum, an welchem der Auftrag komplett bearbeitet worden ist.
DAuf-Auftragstyp	Es wird zwischen drei Typen von Aufträgen unterschieden: • *Ausnahmeauftrag*, der sofort bearbeitet werden muß (dafür kann die Bearbeitung von anderen Aufträgen unterbrochen werden). • *Eilauftrag*, der garantiert innerhalb dreier Tage bearbeitet wird. • *Normaler Auftrag*, der üblicherweise innerhalb von 14 Tagen bearbeitet wird.
DAuf-Status	Statusfeld des Auftrags. Die gültigen Werte des Statusfelds sind im Lifecycle beschrieben. Diese Werte sind im einzelnen: • *Auftrag ist geplant* • *Auftrag wird bearbeitet* • *Auftrag ist abgeschlossen* • *Auftrag ist abgerechnet* • *Auftrag ist storniert*

Abb. 14: Beispiel für Attributbeschreibungen, welche das "Wissen" eines Daten-Objektes "Auftrag" für die Anwendungsarchitektur dokumentieren.

Namenskonvention

Im Rahmen eines Projekts sollte eine Namenskonvention zur Identifizierung der Objekte auf allen Ebenen der Anwendungsarchitektur festgelegt werden. Die *Namen der Objekte* können *mehrdeutig* sein, da oft die gleichen Namen für unterschiedliche Objekte in unterschiedlichen Ebenen der Anwendungsarchitektur benutzt werden. Ein "Auftrag" kann als Daten-Objekt, als Funktions-Objekt, als GV-Objekt und als Dialog-Objekt auftauchen, die Bezeichnung "Auftrag" ist daher mehrdeutig. Jedes dieser Objekte kann außerdem eine Methode "Erzeugen" und "Löschen" besitzen, so daß die Verwirrung noch größer wird.

Es hat sich als praktisch erwiesen, die Namen von Objekten, Entitäten, Methoden und Attributen mit einem vorgestellten drei- oder vierbuchstabigen *Kürzel* zu ergänzen. Der *erste Buchstabe* bezeichnet die *Ebene der Anwendungsarchitektur*:

- *D* für Daten-Objekte
- *F* für Funktions-Objekte
- *G* für GV-Objekte
- *O* für Dialog-Objekte ("Oberfläche").

Danach folgt eine *eindeutige Kombination* mit zwei oder drei Buchstaben, die die *Art des Objekts* bezeichnet, z. B. "Auf" für "Auftrag" oder "APo" für "Auftragsposition". Dies führt z. B. zu den folgenden eindeutigen Bezeichnungen:

- *DAuf* für Daten-Objekt Auftrag
- *FAuf* für Funktions-Objekt Auftrag
- *GABe* für GV-Objekt Auftragsbearbeitung
- *DAPo* für Daten-Objekt Auftragsposition

Diese Kürzel werden an folgenden Stellen in den Objektbeschreibungen verwendet, um auf andere Objekte zu verweisen:

- Den *Attributnamen* von Daten-Objekten wird im *Datenlexikon* das Kürzel vorangestellt, weil damit Schlüsselvererbungen dokumentiert werden können (vgl. Abb. 14). So müssen vererbte Schlüssel nur einmal dokumentiert werden.

- In *Objektübersichten* von Funktions- und GV-Objekten wird den Namen der bewachten Entitäten (Daten-Objekte) bzw. Funktions-Objekte das Kürzel vorangestellt (vgl. Abb. 11).
- In *Methodenbeschreibungen* werden die *Parameter* mit dem Kürzel des Daten-Objektes versehen, wo sie beschrieben sind (vgl. Abb. 13).
- In *Verhaltensbeschreibungen* werden die in *Ablaufbeschreibungen* dokumentierten *Nachrichten* an andere Objekte mit dem Kürzel des Empfängerobjekts versehen (vgl. Abb. 13).

Testfälle

Für *jede Methode eines GV-Objektes* können die jeweiligen *fachlichen Testfälle* für das Anwendungssystem spezifiziert werden. Die Dokumentation der Testfälle ist Teil der Objektbeschreibung eines GV-Objektes. Für jeden fachlichen Testfall wird folgendes dokumentiert:

- Eine *kurze Beschreibung* des Testfalls (Welche Methode des GV-Objektes soll geprüft werden?)
- Eine Beschreibung der *Eingangsparameter* für die Methode (dies müssen noch keine Werte sein, eine Beschreibung der Charakteristika genügt)
- Eine Beschreibung der relevanten *Anfangszustände* aller beteiligten Entitäten
- Eine Beschreibung der *gewünschten Resultate* (Ausgangsparameter der Methoden sowie die relevanten Zielzustände aller beteiligten Entitäten)

Ein Beispiel für Testfallbeschreibungen für die Methoden "Auftragsposition-Anlegen" des GV-Objektes "Auftragsbearbeitung" findet sich in Abb. 15.

Schnittstellen

Schnittstellen zu *externen Systemen* werden in Form von Objektbeschreibungen dokumentiert, wobei das gesamte externe System als ein Objekt betrachtet wird. Nur die *Außensicht wird* dokumentiert. Dafür genügt eine *Objektübersicht* (nur das "Können") sowie die dazugehörigen *Methodenbeschreibungen* (ohne Ausgangs- und Endzustände, ohne interne Abläufe).

GV-Objekt GAuB-Auftragsbearbeitung

Beschreibung	*Eingangsparameter*	*Anfangszustände*	*Resultate*
Methode Auftragsposition-Anlegen Prüfen, ob neue Auftragsposition angelegt wird (wenn nicht vorhanden)	neue, nicht vorhandene Auftragsposition	Auftrag: geplant	Anlegen-Ok: TRUE neue Auftragsposition angelegt Auftrag: geplant
Methode Auftragsposition-Anlegen Prüfen, ob schon vorhandene Auftragsposition zurückgewiesen wird	bereits vorhandene Auftragsposition	Auftrag: geplant Auftragsposition: vorhanden	Anlegen-Ok: FALSE keine Auftragsposition angelegt Auftrag: geplant

Abb. 15: Testfallbeschreibungen für die Methode "Auftragsposition-Anlegen" des GV-Objektes "Auftragsbearbeitung".

Methoden der Daten-Objekte

Alle *Daten-Objekte* benutzen die *gleichen Methoden* (Erzeugen, Löschen, Ändern, Select, Status, Status-Ändern), wenn auch mit unterschiedlichen Parametern. Es ist daher sinnvoll, die Methodenbeschreibungen nicht für jedes Daten-Objekt einzeln anzulegen, sondern *einmal* für alle Daten-Objekte gemeinsam zu dokumentieren. Die Objektbeschreibungen für die einzelnen Daten-Objekte können dann auf die *Lifecycle* (sofern nicht trivial) und die *Attributbeschreibungen* reduziert werden.

Maskenbeschreibungen

Die Objektbeschreibungen der *Dialog-Objekte* werden mit einer Maskenbeschreibung ergänzt, z. B. in Form einer *Bildschirmkopie*. Eine solche Kopie dokumentiert am besten das Aussehen und Verhalten eines Bildschirms.

Die *Lifecycle* von Dialog-Objekten können oft *vereinfacht* dargestellt werden. Nur wirklich wesentliche Zustände von Dialog-Objekten, die das Verhalten der Bildschirmmaske völlig ändern, müssen dokumentiert werden. Für normale Eingabemasken ist dies nicht notwendig, allenfalls kann eine Maske als Schema dokumentiert werden, sofern sich die übrigen Masken gleich verhalten.

Übersichten

Neben den einzelnen Objektbeschreibungen werden in der Phase Analyse/Design folgende Übersichtsdokumente erstellt:

- *Logisches Datenmodell* (E/R-Diagramm): Im logischen Datenmodell werden alle Entitäten eines Anwendungssystems aufgeführt. Zu jeder Entität wird ein Daten-Objekte mit der zugehörigen Objektbeschreibung dokumentiert.
- *Dialognetzwerk*: Die Zusammenhänge zwischen den Dialog-Objekten (Sprungmöglichkeiten zwischen Masken) werden in einem Dialognetzwerk dokumentiert.
- *Objekt-Kommunikationsdiagramm*: Dieses Diagramm ist die Übersicht über alle Objekte in einem Anwendungssystem. Es dokumentiert deren Nachrichtenaustausch im System. Wegen seiner klaren Struktur, kann dieses Diagramm je Geschäftsvorfall erstellt werden.

Dokumentübersicht

Die folgende Tabelle stellt die notwendigen Inhalte der Objektbeschreibungen sowie der Übersichtsdokumente aus der Phase Analyse/Design dar. Die Darstellung ist nach Ebenen der Anwendungsarchitektur gegliedert.

Für alle Objekte und alle Ebenen: - *Objekt-Kommunikationsdiagramm*
Dialog-Objekte: Für die ganze Ebene: - *Dialognetzwerk* Pro Objekt: - *Objektübersichtdiagramm* - *Bildschirmkopien der Masken* - *Lifecycle (wenn komplex)* - *Methoden (in der Regel nur wenige wie "Erzeugen")*
GV-Objekte: Pro Objekt: - *Objekt-Kommunikationsdiagramm* - *Objektübersicht (enthält Teildatenmodell)* - *Lifecycle* - *Methodenbeschreibungen* - *Fachliche Testfälle*
Funktions-Objekte: Pro Objekt - *Objektübersicht (enthält Teildatenmodell)* - *Lifecycle* - *Mehodenbeschreibungen*
Daten-Objekte: Für die ganze Ebene: - *logisches Datenmodell (E/R-Diagramm)* - *Methodenbeschreibungen (Basismethoden)* Pro Objekt: - *Attributbeschreibungen* - *Lifecycle (sofern nicht trivial)*

Objekt-Kommunikationsdiagramm (OKD)

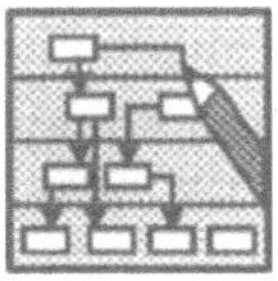

Das Objekt-Kommunikationsdiagramm zeigt die Objekte einer Anwendungsarchitektur mit ihren Nachrichtenverbindungen. Es stellt ein Übersichtsdiagramm der Kommunikationsstruktur innerhalb der Anwendung dar. Im Rahmen der Anwendungsarchitektur werden alle Nachrichtenverbindungen zwischen den Objekten dargestellt.

Die Erstellung eines Objekt-Kommunikationsdiagramms sollte frühzeitig, d. h. bereits bei der Durchführung der ersten Analyse/Design Schritte erfolgen, da es sowohl das themenzentrierte Arbeiten als auch den Prozeß der Gestaltwahrnehmung unterstützt.

Das Objekt-Kommunikationsdiagramm ist zunächst unabhängig von der Zielumgebung der Anwendung. Bei der Erstellung des zielsystemabhängigen physischen Designs lassen sich Modul- und Aufrufstrukturen ableiten. Es unterstützt den bruchlosen Übergang von der Analyse/Design Phase zur Realisierung.

Struktur

Dialog-Objekte
GV-Objekte
Funktions-Objekte
Daten-Objekte

Die Struktur des Kommunikationsdiagramms wird durch die vier Ebenen der Anwendungsarchitektur gegeben. Die Objekte, die während der Phase Analyse/Design gefunden worden sind, werden entsprechend ihrer Funktionalität in die Ebenen eingeordnet und mit ihrem Namen bezeichnet.

Die Nachrichten zwischen den Objekten werden dargestellt. Eine Nachricht wird von einem Objekt ausgesendet und trifft bei einem Empfängerobjekt ein. Die Nachrichtenverbindung wird durch einen Pfeil repräsentiert, wobei der Ausgangspunkt den Sender und die Spitze den Empfänger markiert. Die Nachricht löst beim Empfänger ein Ereignis und damit eine Methode aus, wodurch letztlich ein Zustandsübergang erfolgen kann.

Der Name der Nachricht muß dem Empfänger bekannt sein. Er entspricht einer Methode, die im Prozeßmodell des Empfängers spezifiziert ist. Parameter müssen im Objekt-Kommunikationsdiagramm nicht angegeben werden, sie sind im Prozeßmodell spezifiziert.

Das Aussenden von Nachrichten wird durch Aktionen bzw. Methoden des Sender-Objekts verursacht. Diese Nachrichten tauchen im Zustandsmodell des sendenden Objekts als Aktionen bzw. im Prozeßmodell der Methoden auf.

Hinweise

Zur Erstellung der Nachrichtenverbindungen in einem Objekt-Kommunikationsdiagramm lassen sich folgende Hinweise geben:

- Alle Aktionen eines Objekts, die sich anderer Objekte bedienen, müssen im Objekt-Kommunikationsdiagramm auftauchen. Das ist immer der Fall, wenn Daten oder Dienstleistungen von fremden Objekten benötigt werden. Diese Aktionen erhält man aus dem Zustands- oder Prozeßmodell des Sender-Objekts.
- Objekte aus unteren Schichten stellen ihre Methoden Objekten aus höheren Schichten zur Verfügung. Deshalb existieren Nachrichtenverbindungen nur von höheren in untere Schichten bzw. innerhalb einer Schicht, aber nie von unten nach oben.
- Das Erstellen eines Objekt-Kommunikationsdiagramms kann zu Korrekturen bezüglich der Klassifikation von Objekten (GV-Objekte versus Funktions-Objekte) führen.
- Im Objekt-Kommunikationsdiagramm werden aus Gründen der Übersichtlichkeit keine Dialogmeldungen aufgenommen.
- Parameter werden im Objekt-Kommunikationsdiagramm nicht angegeben. Sie gehören in die Methodenbeschreibung des Empfängers.
- Aus Gründen der Übersichtlichkeit können Objekt-Kommunikationsdiagramme themenbezogen (je Geschäftsvorfall oder Gruppe von Geschäftsvorfällen) erstellt werden.

Beispiel

Das Beispiel eines Geschäftsvorfalls "Warenversand" demonstriert den Aufbau eines Objekt-Kommunikationsdiagramms (siehe Abb. 16). Die Objekte sind entsprechend ihrer Funktionalität in den einzelnen Ebenen angeordnet und mit ihren möglichen (aber nicht allen) Nachrichtenverbindungen dargestellt.

Das GV-Objekt "Warenversand" steuert durch Nachrichten an die Funktions-Objekte "Anmeldung", "Kommissionierung" und "Versand" den automatischen Ablauf eines Versands von gelagerten Artikeln. Es ist z. B. nach der Anmeldung in der Lage, dem Funktions-Objekt "Kommissionierung" die Positionen der zu packenden Artikel mitzuteilen und damit die Kommissionierung zu veranlassen. Das Funktions-Objekt sorgt für den automatischen Packvorgang durch die Nachricht "Packen" an das Daten-Objekt "Lager". Nach Abschluß des Packvorgangs muß der Lagerbestand aktualisiert werden. Das Funktions-Objekt "Kommissionierung" hat die Kontrolle und sendet an das Daten-Objekt "Lager" eine Nachricht "update" über die zu aktualisierenden Bestände. Das Daten-Objekt "Lager" darf nun die Bestandszahlen aktualisieren.

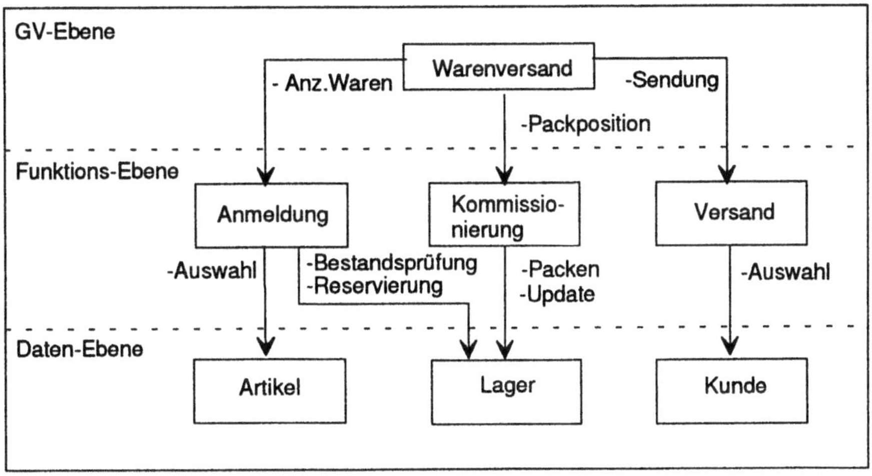

Abb. 16: Beispiel eines Objekt-Kommunikationsdiagramms anhand des Geschäftsvorfalls "Warenversand". Die Dialogebene ist nicht dargestellt.

Dialognetzwerk

Dialognetzwerke werden in der *Phase Analyse/Design* erstellt und dienen als *Übersichtsdiagramme* für die Ebene der *Dialog-Objekte* in der Anwendungsarchitektur. Sie stellen dar, wie sich Dialog-Objekte (Masken) gegenseitig aufrufen können und dokumentieren damit die möglichen Dialogpfade für die Benutzer eines Anwendungssystems. Dem *Entwickler* dienen Dialognetzwerke als Übersichtsdiagramm für die Realisierung und Wartung der Dialog-Objekte.

Dialognetzwerke sind Dokumente, die über die Lebensdauer eines Anwendungssystems gepflegt und *fortgeschrieben* werden. Dies gilt sowohl für die Entwickler- als auch die Benutzerdokumentation.

Elemente des Dialognetzwerkes

Dialognetzwerke sind vereinfachte Zustandsübergangsdiagramme, bei denen die Aktionen und evtl. auch die Ereignisse weggelassen werden.

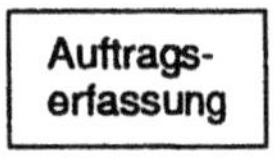

- Zu jeder *Maske* wird ein Zustand definiert, der Zustand bedeutet: diese Maske ist aktiv. Masken werden als Kästchen dargestellt, diese *Kästchen* tragen den Namen der Maske.

- Ein Zustandsübergang zwischen zwei Zuständen bedeutet, daß es eine *Navigationsmöglichkeit* für den Benutzer von der einen zur anderen Maske gibt. Diese Navigationsmöglichkeiten werden durch *Pfeile* zwischen zwei Masken dargestellt.

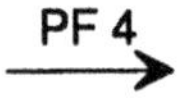

- Als Ereignisse werden die *Benutzerinteraktionen* (z. B. Funktionstasten) aufgeführt, welche den Wechsel von der einen zur anderen Maske ermöglichen. Diese Ereignisse werden als *Beschriftungen* für die Pfeile zwischen den Masken dargestellt. Gelegentlich werden diese Beschriftungen auch der Einfachheit halber weggelassen.

Dabei wird in der Regel davon ausgegangen, daß nur *modale Dialoge* beschrieben werden, d. h. Dialoge, bei denen nur eine Bildschirmmaske gleichzeitig aktiv ist und nicht mehrere Dialogfenster parallel bearbeitet werden können. Dies trifft für die allermeisten Dialoge zu, insbesondere für alle 3270-Host-Dialoge, aber auch für die meisten GUI-Dialoge in Anwendungssystemen. In den Fällen, wo nichtmodale Dialoge beschrieben werden müssen, können Dialognetzwerke zumindest für die Beschreibung der Navigationsmöglichkeiten der Benutzer verwendet werden.

Hierarchischer Dialog

Hierarchische Dialoge werden vor allem bei Host-Systemen eingesetzt. Sie bestehen aus einem *Hauptmenü*, von welchem aus verschiedene *Bearbeitungsmasken* aufgerufen werden können, die je eine Bildschirmtransaktion bedienen. Von diesen Masken kann stets wieder in das Hauptmenü zurückgesprungen werden, teilweise sind auch Sprünge zwischen den Masken möglich. Ein Dialognetzwerk für einen hierarchischen Dialog kann z. B. wie folgt aussehen:

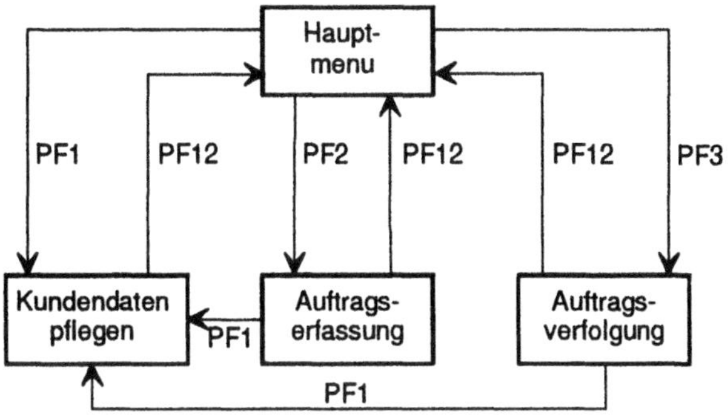

Abb. 17: Dialognetzwerk für einen hierarchischen Dialog

Navigationsdialog

Für PC-gestützte Anwendungssysteme, insbesondere flexible Auskunftssysteme, sollten keine hierarchischen Dialoge verwendet werden. Für solche Systeme sollten flexible Navigationsdialoge entworfen werden, die sich an den Entitäten mit ihren Beziehungen im Datenmodell (E/R-Diagramm) orientieren. Mit Hilfe dieses Navigationsdialogs können einfache und komplexe Objekte gesucht und die Beziehungen zu anderen Objekten verfolgt werden. Dabei werden folgende Grundregeln angewendet:

1. *Entitäten werden zu Masken.* Pro zentraler Entität im Datenmodell wird eine eigene Bildschirmmaske (ein eigenes Fenster) vorgesehen. Dies ist nicht nötig für Entitäten, welche durch Normalisierungen entstanden sind, z. B. durch Auflösen von Mehrfachfeldern. Jede dieser Masken zeigt ein Objekt an, auch mit Daten aus anderen Entitäten, die dazu in Beziehung stehen.

2. *Beziehungen werden zu Navigationspfaden.* Von den Bildschirmmasken einer Entität kann zu allen anderen Entitäten gesprungen werden, die dazu in Beziehung stehen. Dadurch kann im Dialog von einem Objekt zu jedem anderen Objekt gewechselt werden, das dazu in Beziehung steht.
3. *Jederzeit aktivierbare Einstiegspunkte.* Für alle Entitäten mit nicht-vererbtem Schlüssel wird eine jederzeit aktivierbare Einstiegsmaske definiert, welche die Auswahl eines einzelnen Objekts dieser Entität ermöglicht. Danach können, wie oben beschrieben, die Beziehungen zu anderen Objekten verfolgt werden.

Im folgenden wird der Übergang vom Datenmodell zum Navigationsdialog an einem Beispiel erläutert.

Beispiel Navigationsdialog

Die Voraussetzung für den Entwurf des Navigationsdialogs ist ein *Datenmodell* (E/R-Modell). Für ein Auftragsbearbeitungssystem könnte dies im Kern wie folgt aussehen:

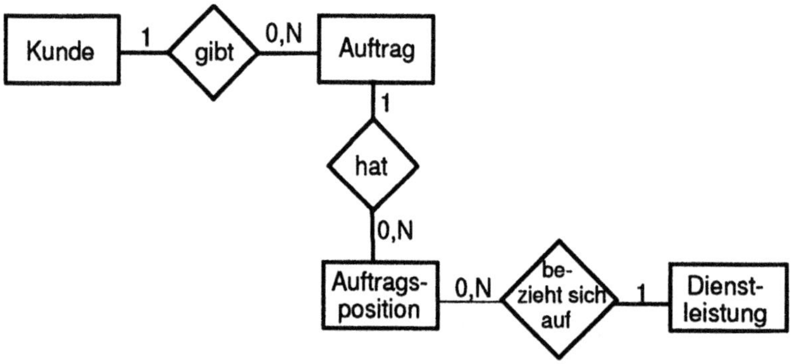

Abb. 18: E/R-Datenmodell für ein Auftragsbearbeitungssystem

Für dieses Datenmodell wird ein Navigationsdialog entworfen:

- Zu den Entitäten *Kunde*, *Auftrag* und *Dienstleistung* wird jeweils eine *Maske* definiert. Die Maske "Kunde" erlaubt die Anzeige und Bearbeitung von Kundeninformationen, zeigt aber auch alle Aufträge des Kunden in einer Liste an (1-zu-N-Beziehung), diese können ausgewählt werden, damit erscheint die Auftragsmaske (Navigation zu anderen Objekten).

- Zu der Entität "*Auftragsposition*" wird *keine Maske* definiert, es handelt sich um eine Entität, welche im Rahmen der Normalisierung durch Auflösung einer N-zu-N-Beziehung zwischen Auftrag und Dienstleistung angelegt wurde. Sie wird immer im Zusammenhang mit dem Auftrag dargestellt
- Zusätzlich werden zwei *Einstiegsmasken* definiert, eine für die Kunden (Suche im Kundenverzeichnis) und eine für Dienstleistungen (Suche im Dienstleistungskatalog). Diese können in einem jederzeit aktivierbaren *Hauptmenü* ausgewählt werden.

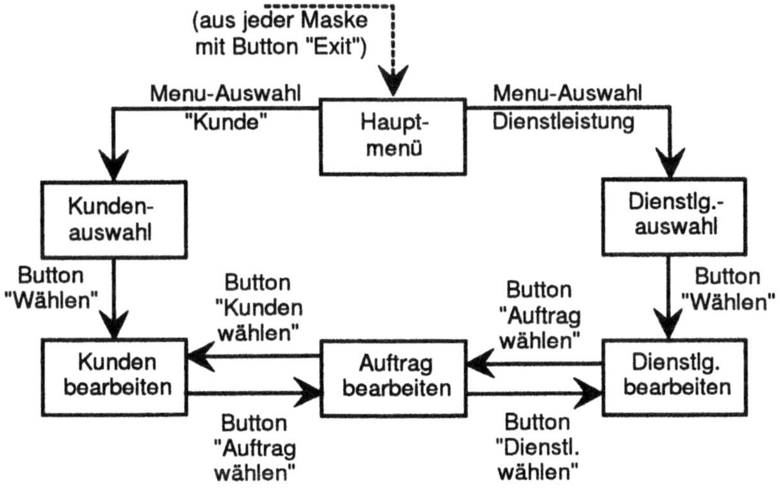

Abb. 19: Dialognetz für den beschriebenen Dialog

Hinweis

Die Navigation zwischen Bildschirmmasken kann auch in Form einer Zustandsübergangsmatrix dargestellt werden.

Anhang B1: Projektergebnisdokumentation - Phase Projektinitialisierung

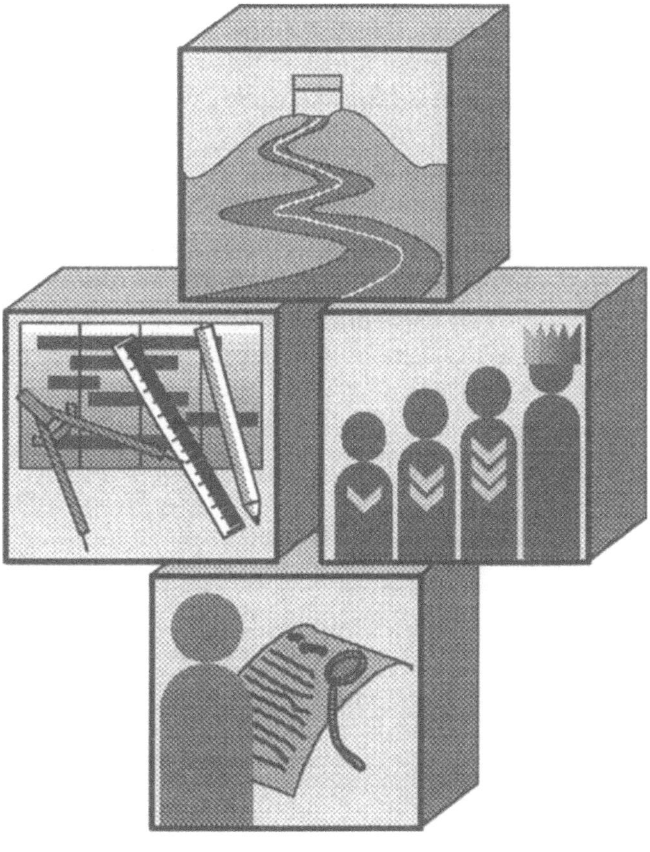

Übersicht Phase Projektinitialisierung

- Projektname: Return
- Auftraggeber: Soft Bottle GmbH
- Auftragnehmer: Software Service GmbH
- Ausgangssituation und Projektkontext:

Die Soft Bottle GmbH kämpft mit einer immer größer werdenden Menge von Retouren. Es herrscht dringender Handlungsbedarf hinsichtlich einer Reduktion bzw. Kanalisierung der Retouren sowie einer effizienteren Abwicklung der Retourenbearbeitung. Dabei ist die Integrierbarkeit in ein parallel laufendes Logistik-Projekt zu gewährleisten.

- Termin- und Budgetrahmen:

Innerhalb eines Jahres muß die Lösung erarbeitet und eingeführt sein. Es wird von einem Aufwand von ca. 20 Mitarbeitermonaten ausgegangen.

Im folgenden wird anhand eines Beispiels exemplarisch der Einsatz des Phasenmodell demonstriert. Aus dem Baukasten des Phasenmodells werden die jeweils benötigten Bausteine ausgewählt und angepaßt.

Projektausrichtung

Projektziele

Projekt- und Qualitätsziele wurden in einem gemeinsamen Workshop mit Kunden und Entwicklern mit Hilfe der Metaplan-Methode erarbeitet und als strukturierter Zielkatalog dokumentiert. In der Phase "Modellierung" sind diese Ziele weiter zu strukturieren, zu verfeinern und zu quantifizieren.

- ❒ Rationellere Abwicklung der Retourenbearbeitung
  - effiziente Gestaltung des Arbeitsprozesses
  - ergonomische Unterstützung der Retouren-Sachbearbeiter (Zusammenspiel Materialfluß, manuelle Tätigkeit, Scanning-Device, Informationssystem)
- ❒ Integrierte Abwicklung der Retourenbearbeitung im Hinblick auf den Kunden, d. h.
  - Regelung der Rückgabe bereits im Vorfeld. Es gehen möglichst nur vorher "verabredete" Retouren ein,
  - zu jedem Zeitpunkt ist der Status der Retoure bekannt und in Übereinstimmung mit dem Kundenkonto.
- ❒ Möglichst schnelle Rückführung der zurückgegebenen Artikel zur weiteren Verwendung, d. h.
  - automatische Verwendungsbestimmung in Abhängigkeit von der Qualität des zurückgegebenen Artikels.
  - automatische Lagerreservierung und Lagerbuchung.
  - automatische Erzeugung von Transportpapieren.

Rahmenbedingungen

- ❒ Die Integrierbarkeit der Lösung mit einem parallel laufenden Logistik-Projekt (insbesondere betreffend der Schnittstellen zum Lager und zur Auftragsbearbeitung) muß berücksichtigt werden.
- ❒ Das Phasenmodell und die Projektrichtlinien der Soft Bottle GmbH sind anzuwenden.

Projektorganisation

- Controlboard

Da das Projekt zu einer integrierten Abwicklung der Retourenbearbeitung zwischen Auftragsbearbeitung, Retourenabwicklung und Lager führen soll, wurde darauf geachtet, daß diese drei Bereiche entsprechend im Controlboard vertreten sind. Die Mitglieder des Controlboards wurden so gewählt, daß sie Mentorenfunktion für eine der Projektzielsetzungen übernehmen können.

Zusammensetzung Controlboard

Diener, Johannn	*Hauptabteilungsleiter Kundenbetreuung* Zuständig für die integrierte Abwicklung der Retourenbearbeitung im Hinblick auf den Kunden.
Hofmeister, Otto	*Abteilungsleiter Lager / Retourenbestände* Zuständig für die Bereitstellung der Artikel zur weiteren Verwendung.
Flaschenbier, Paul	*Abteilungsleiter Retourenbearbeitung* Zuständig für die effiziente Abwicklung der Retourenbearbeitung.
Baumann, Theo	*Hauptabteilungsleiter Anwendungsentwicklung* Zuständig für Entwickler-Infrastruktur und Koordination / Betreuung des Projektteams.
Kern, Helga	*Externe Beraterin* Zuständig für methodenbezogenes Coaching und Beratung zur Gestaltung der Arbeitsabläufe.

Es wurde vereinbart, daß das Controlboard jeweils zur Abnahme der Meilensteine zusammenkommt, außerdem zu außerordentlichen Sitzungen, die vom Projektleiter beantragt werden können.

❐ Projektleiter

Als Projektleiter wurde ein Mitarbeiter der Anwendungsentwicklung, *Herr Georg Sander* ausgewählt. Ihm wurde der Auftrag erteilt, als erstes den Projektplan für die nächste Phase zu erstellen (basierend auf dem Projektauftrag).

Für die Dauer des Projektes wurde dem Projektleiter die Urlaubskoordination der Teammitglieder übertragen. Es wurde ihm ein frei verfügbares Budget für externe Berater und Schulungen eingeräumt. Der Betrag wird für jede Phase vom Controlboard festgelegt.

❐ Projektteam

Das Projekteam wurde zunächst für die Phase Modellierung festgelegt. In dieser Phase ist eine intensive Zusammenarbeit zwischen Anwendungsentwicklung und betroffenen Fachabteilungen notwendig. Der Gesamtaufwand ist aber eher gering. Deshalb wurde dem Projektleiter nur ein weiterer Anwendungsentwickler, *Herr Udo Martens,* als Teammitglied zur Seite gestellt. Der Projektleiter hat die Kompetenz bekommen, bei Bedarf auf weitere Ansprechpartner aus den Fachabteilungen zuzugehen und ebenso bei Bedarf Workshops abzuhalten. Die hierfür herangezogenen Mitarbeiter werden in einem *Review-Board* zusammengefaßt. Das Projektteam kann außerdem für Dokumentationszwecke (in der Phase Modellierung wichtig) auf ein *Sekretariat* zurückgreifen.

❐ Projektorganigramm

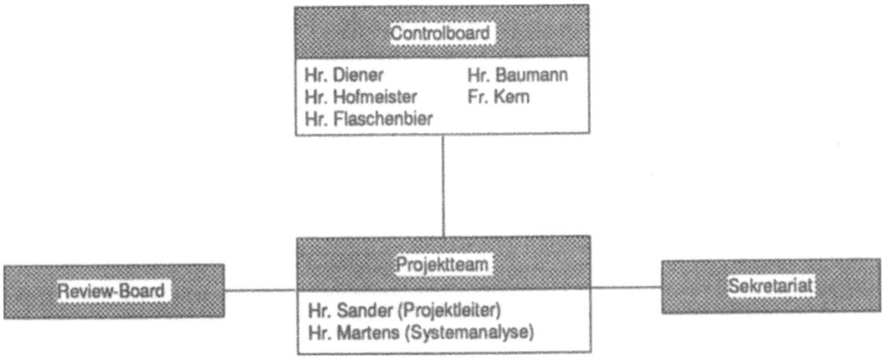

Projektablauf, Aufwände und Termine

Als Grundgerüst für die Ablaufplanung diente das in Abschnitt B dieses Buches dokumentierte Phasenmodell. Dieses definiert die notwendigen Projektaktivitäten und Meilensteine sowie deren Abhängigkeiten und Voraussetzungen. Dieses Grundgerüst wurde mit Schätzungen des zeitlichen Aufwandes und der Termine sowie Zuordnung der Mitarbeiter ergänzt. Ablauf, Aufwände und Termine können nicht unabhängig voneinander betrachtet werden, sondern müssen stets miteinander abgeglichen werden.

Für die Phase Modellierung spielten nur die personellen Aufwände eine Rolle, da keine speziellen Sachmittel benötigt wurden. Es konnte auf die bestehende Infrastruktur zurückgegriffen werden, deren Kosten bereits in den Entwicklerstundensätzen berücksichtigt sind.

Neben den Aufgaben der einzelnen Phasen sind bei der Gesamtplanung und der Feinplanung jeder Phase die parallelen Aktivitäten Projektmanagement und Qualitätsmanagement zu beachten und einzuplanen.

Zur Dokumentation dieser Planungsvorgaben wurde ein Projektmanagement-Werkzeug eingesetzt, mit Hilfe dessen verschiedene Darstellungen der Planungsvorgaben für verschiedene Interessengruppen erzeugt werden können. Als Übersicht für den Projektablauf und die personellen Aufwände wurde eine Tabelle, ergänzt durch ein Ablaufdiagramm, erstellt. Die Tabelle zeigt die Aktivitäten, die zuständigen Mitarbeiter, den zeitlichen Aufwand sowie den geplanten Endtermin jeder Aktivität. Im Ablaufdiagramm (Balkendiagramm) ist die Dauer jeder Aktivität auf der Zeitachse aufgetragen. Eine solche Planung dient als Beschlußgrundlage für das Controlboard. Das Beispiel zeigt die Feinplanung für die Phase Modellierung. Meilensteine und analytische QS-Aktivitäten sind speziell ausgewiesen.

Tabelle Projektablauf Phase Modellierung

Nr.	Aktivität	Name	Aufw.	Termin
1	Phase Modellierung		41t	16.10.
1.1	Projektziele und Rahmenbedingungen		3t	21.9.
1.1.1	Workshop Zielfindung	san;mar	2t	18.9.
1.1.2	Dokumentation Workshop	Sekr.	1t	21.9.
1.2	Ist-Zustand beschreiben	san;mar	2t	21.9.
1.3	Schwachstellen und Anforderungen	san;mar	2t	22.9.
1.4	Lösungsalternativen entw.+bew.		9t	1.10.
1.4.1	Lösungsalternativen	san	4t	28.9.
1.4.2	QS: Review Ist-Zustand, Alternativen	san;mar	2t	29.9.
1.4.3	Meilenstein Alternativen	san;mar	2t	30.9.
1.4.4	Dokumentation Workshop	Sekr.	1t	1.10.
1.5	Fachliches Soll-Modell	san;mar	10t	7.10.
1.6	Technisches Soll-Modell	san;mar	4t	9.10.
1.7	Organisatorisches Soll-Mod.	san;mar	4t	13.10.
1.8	Review und Realisierungsplan		7t	16.10.
1.8.1	QS: Review Soll-Modell	san;mar	2t	14.10.
1.8.2	Meilenstein Soll-Modell	san;mar	2t	15.10.
1.8.3	Planung Phase A/D	san;mar	2t	16.10.
1.8.4	Dokumentation Soll-Modell	Sekr.	1t	16.10.

Balkendiagramm Phase Modellierung

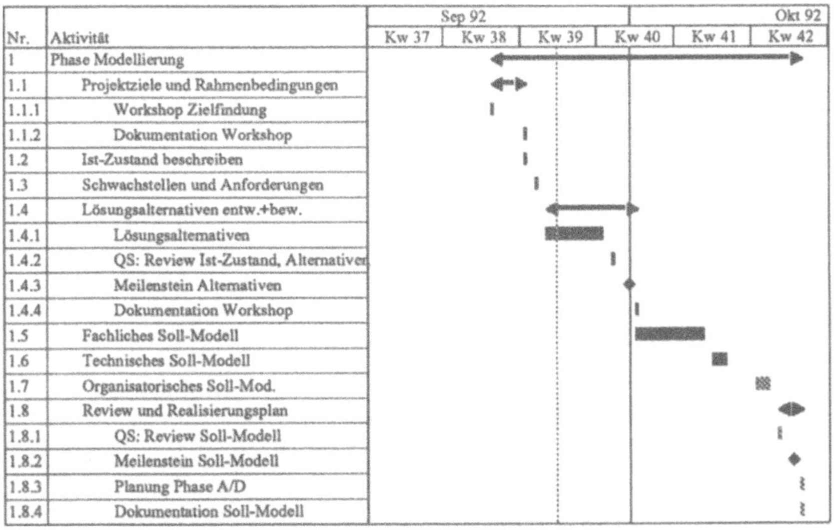

Aufgrund dieser Informationen kann mit Hilfe des Projektmanagement-Werkzeugs eine Einsatzplanung für alle Mitarbeiter als Übersicht erzeugt werden. Damit können individuelle Termine abgeglichen werden. Die hier dargestellte Übersicht zeigt die wöchentlichen Zeitaufwände für beide Projektmitarbeiter und das Sekretariat. Diese Übersicht könnte statt auf Wochenbasis auch auf Tages- bzw. Monatsbasis erzeugt werden. Mit Hilfe solcher Übersichten können Mitarbeiter, Projektleiter und Abteilungsleiter die Einsatz- und Kapazitätsplanung durchführen.

		Sep 92			Okt 92					Nov 92		
Nr.	Name	Kw 37	Kw 38	Kw 39	Kw 40	Kw 41	Kw 42	Kw 43	Kw 44	Kw 45	Kw 46	Kw 47
1	san		1t	5t	5t	5t	5t					
2	Sekr.			1t	1t		1t					
3	mar		1t	2t	4t	5t	5t					

Projektauftrag

Die Projektziele werden zusammen mit der Projektplanung in einem Projektauftrag zusammengefaßt, der Vertragscharakter hat. Dieser Auftrag wird mit zusätzlichen Angaben über Kosten versehen. Besonders bei externen Projekten ist eine sorgfältige Abfassung des Projektauftrags notwendig. In diesem Fall müssen die Projekt- und Qualitätsziele besonders sorgfältig formuliert werden, weil sie dann verbindlich und einklagbar werden.

Im vorliegenden Projekt genügten die Projektziele und die Projektplanung, da kein Festpreis vereinbart wurde, sondern nach Aufwand abgerechnet werden soll.

Der Projektauftrag wird vom Auftraggeber und Auftragnehmer unterzeichnet und ist damit verbindlich.

Anhang B2: Projektergebnisdokumentation - Phase Modellierung

Projektziele und Rahmenbedingungen

Die Projektziele aus der Projektinitialisierung wurden in einen Zielbaum strukturiert, verfeinert und in überprüfbarer Form formuliert.

Zielbaum

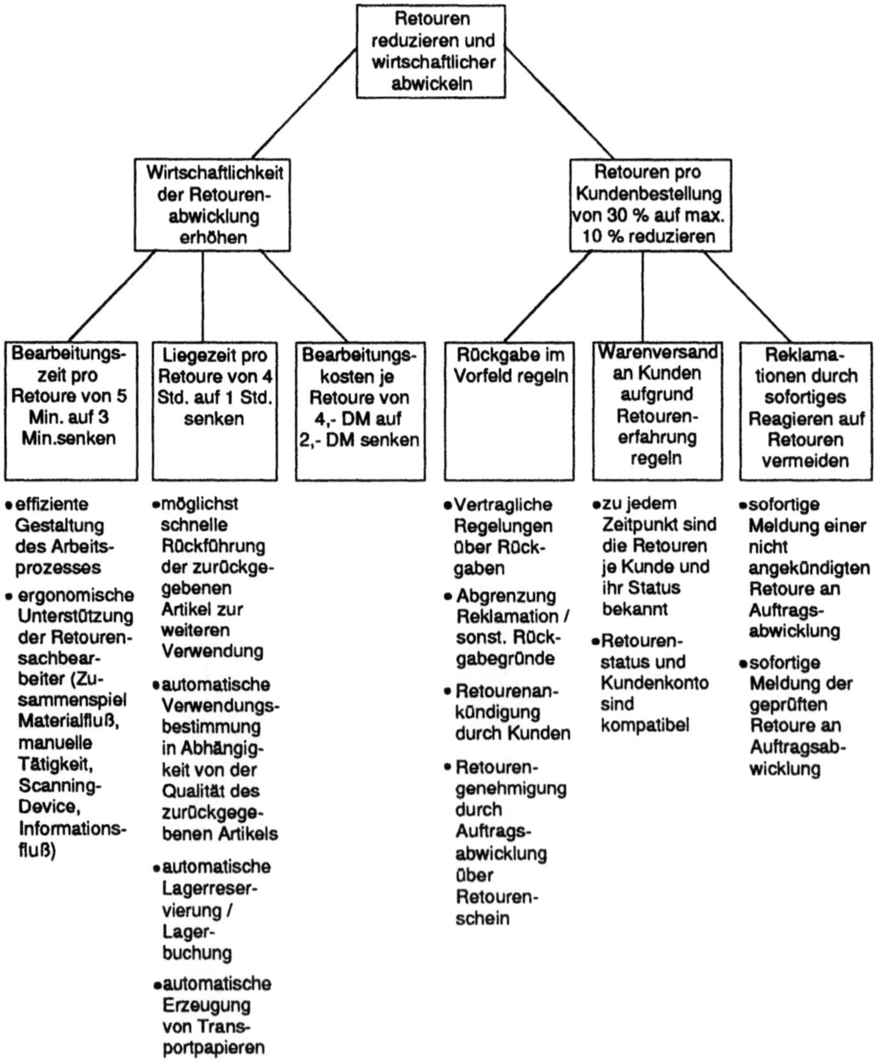

Es ist klar, daß das Ziel *"Wirtschaftlichkeit der Retourenabwicklung erhöhen"* direkt im Gestaltungsbereich des Projektes liegt.

Dagegen ist das Ziel *"Retouren pro Kundenbestellung von 30 % auf max. 10 % reduzieren"* ein Ziel der Kundenbetreuung, das durch entsprechende Eigenschaften des Retourensystems zu unterstützen ist.

Rahmenbedingungen

Die *Rahmenbedingungen* aus der Phase Projektinitialisierung bleiben erhalten.

Beschreibung des Ist-Zustandes

Umfang

Der Ist-Zustand der Retourenabwicklung wurde verbal beschrieben. Da es sich um ein relativ kleines Projekt handelt, wurde die Verwendung von speziellen Methoden (E/R, SA, STD) als nicht notwendig erachtet - die verbale Beschreibung ist in diesem Fall ausreichend. Trotzdem orientiert sich die Beschreibung an den Begriffen aus diesen Methoden (Kontext, Geschäftsvorfall).

Der Ist-Zustand sollte umfassend (aber nur so detailliert wie nötig) beschrieben sein. Nicht nur die Geschäftsvorfälle, die mit dem geplanten System unterstützt werden sollen, sondern auch andere damit verknüpfte Abläufe sollten dokumentiert sein, um die Zusammenhänge und Abhängigkeiten aufzuzeigen.

Kontext

Die Retourenabwicklung tauscht mit folgenden externen Stellen Informationen aus:

- Kunde
- Auftragsbearbeitung
- Transportsystem
- Lager

Datenspeicher

- *Artikelinformationen*

  In einer Info-Mappe stehen alle Informationen zu Artikeln, Qualitätsstufen und zugeordneten Verwendungszwecken. Normalerweise kennt der Sachbearbeiter diese auswendig und greift nur im Ausnahmefall darauf zurück. Die Info-Mappe wird bei Programmänderungen oder Verwendungsänderungen von der Auftragsabwicklung erneuert bzw. einem Update unterzogen (nur lesender Zugriff).

- *Retouren-Kartei*

  Alle Retouren-Formulare die bezogen auf eine Retoure erfaßt und angelegt wurden. Sie enthalten die Retouren-Nr., den Kunden sowie die Retourenpositionen inklusive Qualität und Verwendung. Nach Abwicklung der Retoure geht das Formular an die Auftragsabwicklung zwecks Verrechnung mit dem Kundenkonto.

- *Transport-Kartei*

  Kartei über die abgewickelten Transportaufträge von retournierten Artikelgruppen.

- *Kunden- / Auftrags-Datei*

  Datei mit den wichtigsten Kunden- und Auftragsinformationen (nur lesender Zugriff).

Geschäftsvorfälle

Das System hat einen Hauptgeschäftsvorfall.

- *GV: Retoure abwickeln*

  Jede vom Kunden eintreffende Retoure wird zunächst auf Existenz des Kunden geprüft. Sodann wird ein Retouren-Formular angelegt. Jeder Artikel wird auf Zugehörigkeit zum Sortiment geprüft. Falls er nicht zum Sortiment gehört, wird er aussortiert. Falls er zum Sortiment gehört, wird er (unabhängig von der Qualität) auf dem Retouren-Formular erfaßt. Nach Beendigung der Retouren-Prüfung geht das Retouren-Formular zur Auftragsabwicklung und wird dort mit den existierenden Kundenaufträgen verrechnet.

  In einem zweiten Arbeitsgang werden die zum Sortiment gehörenden Artikel qualitätsgeprüft und je nach zugeordneter Qualität ihrer Verwendung zugeführt (durch Ablage in verschiedenen Boxen). Die Boxen werden von Staplerfahrern periodisch inspiziert und an die dafür vorgesehenen Lagerorte transportiert. Jeder Transport wird in der Transport-Kartei festgehalten und erhält einen Transport-Schein.

Schwachstellen und Anforderungen

Schwachstellen

Folgende *Schwachstellen* des bestehenden Systems wurden aus Gesprächen mit den Fachabteiungen entnommen:

- hoher Anteil an Retourenartikeln, die nicht oder nicht mehr zum Sortiment gehören.
- hohe Entsorgungskosten für Fehlläufer.
- Grund für die Rückgabe eines Artikels muß mühsam dem Beipackzettel des Kunden entnommen werden bzw. "geraten" werden.
- Manuelle Erfassung der Artikel auf Retourenformular; dadurch Fehlerquellen.
- Artikelqualität wird nicht auf Retourenformular festgehalten, lediglich der Rückgabegrund.
- Qualitätsprüfung der Artikel ist eigener Arbeitsgang; dadurch muß jeder Artikel zweimal angefaßt werden.
- Artikelboxen können oft nicht abgeholt werden, da nicht bekannt ist, wohin sie gebracht werden sollen (es erfolgt keine Reservierung).
- Artikel müssen zweimal gebucht werden: einmal auf die Retoure und einmal (mit Verwendung) auf Lager. Dadurch Gefahr der Inkonsistenz!

Anforderungen

Daraus ergeben sich folgende *Anforderungen* an das künftige System:

- Vorab-Genehmigung aller Retouren durch die Auftragsabwicklung mit Ausgabe eines maschinenlesbaren Retoure-Begleitscheins.
- Integration des Prozesses der Retourenbearbeitung (insbesondere Artikelprüfung und Qualitätsprüfung).
- weitgehend automatische Unterstützung des Prozesses (insbesondere der Erfassung und der Prozeßsteuerung).
- direkte Rückkopplung zur Auftragsabwicklung (Regelkreis Artikelqualität ⇨ Artikelversand).
- Online Verbindung zum Lager zur Beschleunigung der Artikeleinlagerung.
- Integration der Datenbasis.

Grobe Lösungsalternativen / Lösungsszenarien

Neuentwicklung

Aufgrund der verlangten Integrierbarkeit in ein parallel laufendes Logistikprojekt wurden die Alternativen *Standardsoftware* und *Weiterentwicklung* der bestehenden Lösung sofort verworfen. Es wurde auf *Neuentwicklung bzw. Individualentwicklung* in Anlehnung an die Richtlinien des Logistikprojektes gesetzt.Damit ist auch klar, daß die Schritte *Fachliches Modell, Organisatorisches Modell, Technisches Modell* der Phase Modellierung voll durchgezogen werden müssen.

Marktuntersuchung

Für das Anwendungssystem mußte demnach keine Marktuntersuchung durchgeführt werden, wohl aber für die Realisierungsumgebung. Diese wurde in zwei unabhängig zu betrachtenden Komponenten zergliedert:

- Datenbank-System für die Server-Rechner. Hier wurden die produkte ORACLE und SYBASE untersucht.
- Realisierungsumgebung für 3270- und/oder GUI-Oberflächen. Hier wurden die Werkzeuge PowerHouse, PowerBuilder und Uniface untersucht.

Soll-Modell

Übersicht

Das Soll-Modell wurde in gemeinsamen Workshops mit den Anwendern erarbeitet. Es besteht aus den drei Teilen

- Fachliches Soll-Modell

  Das fachliche Soll-Modell besteht aus:

  - Kontext-Diagramm (IFD-X)
  - Geschäftsvorfall-Modell
  - Funktionsmodell inklusive Informationsflüsse
  - Datenmodell inklusive Entitätsbeschreibungen
- Organisatorisches Soll-Modell
- Technisches Soll-Modell

Die Modelle wurden nach ihrem Entwurf miteinander synchronisiert und jeweils einem Review durch das Review-Team sowie einer formalen Inspektion durch die Qualitätssicherung unterzogen.

Fachliches Soll-Modell

Kontext-Diagramm

Das Soll-Kontext-Diagramm (IFD-X) beschreibt den Umfang des zu erstellenden Systems: Wie heißt das System? Mit welchen externen Systemen werden Informationen ausgetauscht? Welche Informationen werden ausgetauscht? Am Kontext-Diagramm lassen sich auch die wesentlichen Geschäftsvorfälle ablesen. Die (unabhängig voneinander) eingehenden Informationsflüsse stellen Auslöser für Geschäftsvorfälle dar.

IFD-X "Retoure abwickeln"

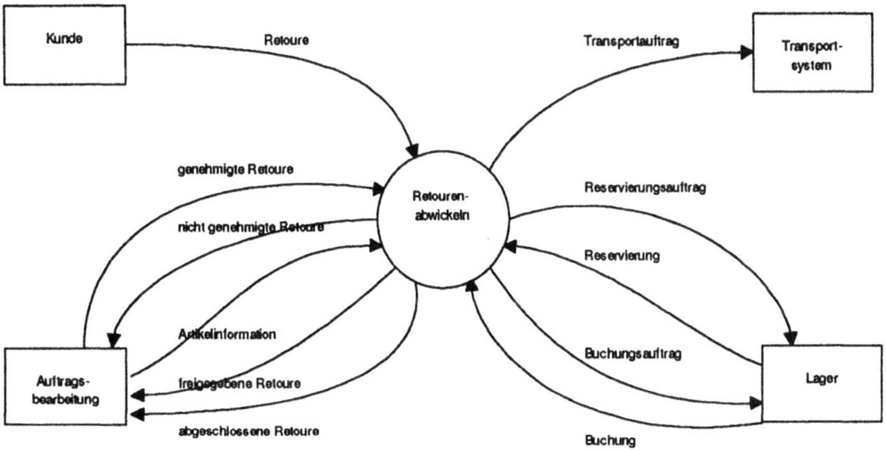

Geschäftsvorfall-Modell

Im Soll-Geschäftsvorfall-Modell wurden nur die Geschäftsvorfälle dokumentiert, die vom System unterstützt werden sollen. Dabei wurde der zentrale Geschäftsvorfall "Retouren abwickeln" ausführlich in Form eines Zustandsübergangsdiagramms beschrieben, die anderen Geschäftsvorfälle wurden nur verbal beschrieben.

GV1: "Retoure abwickeln"

- Auslöser: Retoure ist eingetroffen
- Endzustand: Retoure ist (physikalisch) abgeschlossen
- Beschreibung bzw. Zustandsübergangsdiagramm:

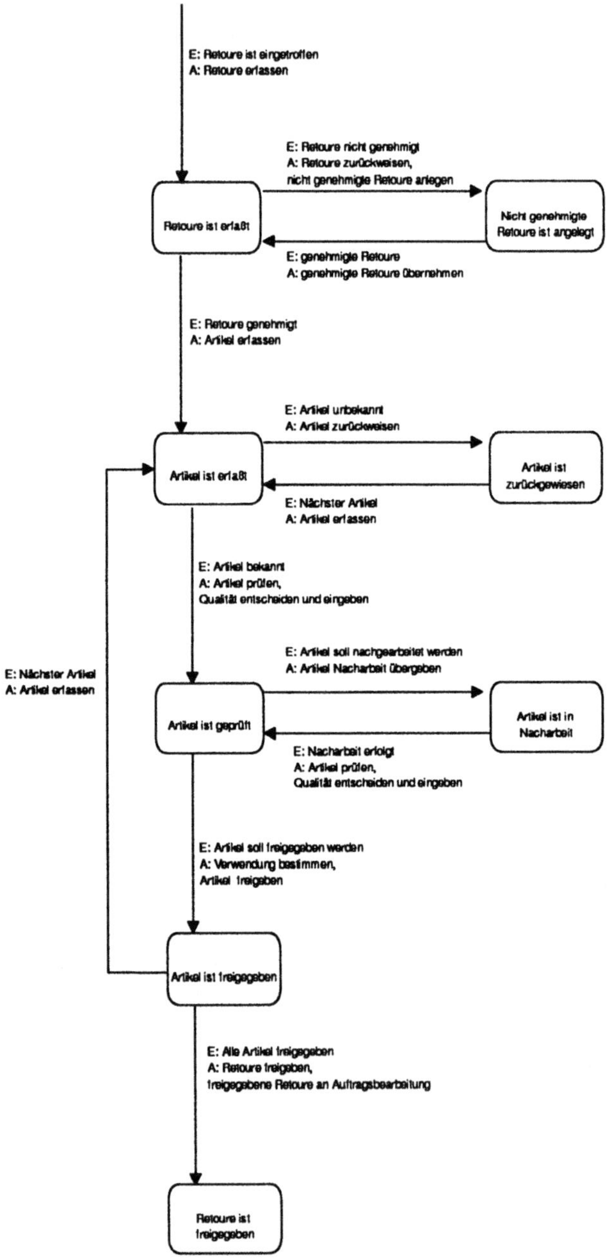

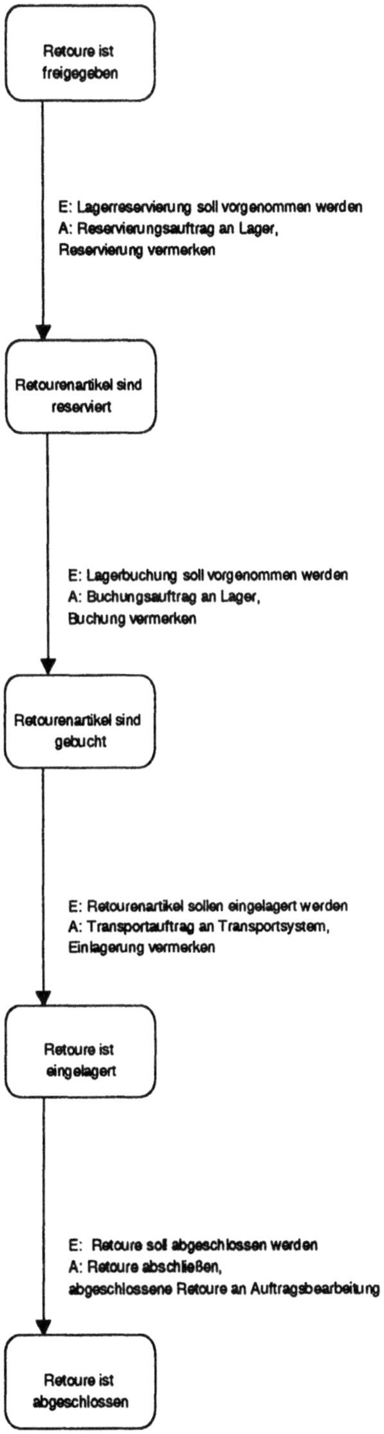
Retoure ist freigegeben
E: Lagerreservierung soll vorgenommen werden
A: Reservierungsauftrag an Lager,
Reservierung vermerken
Retourenartikel sind reserviert
E: Lagerbuchung soll vorgenommen werden
A: Buchungsauftrag an Lager,
Buchung vermerken
Retourenartikel sind gebucht
E: Retourenartikel sollen eingelagert werden
A: Transportauftrag an Transportsystem,
Einlagerung vermerken
Retoure ist eingelagert
E: Retoure soll abgeschlossen werden
A: Retoure abschließen,
abgeschlossene Retoure an Auftragsbearbeitung
Retoure ist abgeschlossen

GV2: "Retourengenehmigung übernehmen"

- Auslöser: Genehmigte Retoure trifft ein
- Endzustand: Genehmigte Retoure ist übernommen
- Beschreibung: ....

GV3: "Artikelinformationen übernehmen"

- Auslöser: Neue Artikelinformation trifft ein
- Endzustand: Neue Artikelinformation ist übernommen
- Beschreibung: ...

Funktionsmodell

Als Funktionsmodell wurde ein Funktionsübersichtsdiagramm IFD-0 angelegt. Es entspricht der Zerlegung des Kontext-Diagramms in Hauptfunktionen. Außerdem werden die wesentlichen Speicher des Systems aufgezeigt. Das Funktionsmodell dient zusätzlich zur Synchronisation mit dem organisatorischen Modell als erster Ansatz für Rollen und Rolleninteraktion (Jede Funktion und jedes externe System entspricht einer Rolle.).

IFD-0 "Retoure abwickeln"

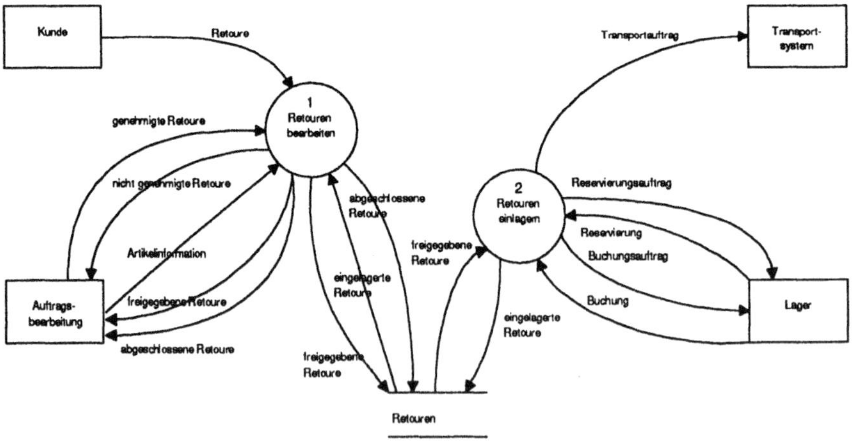

Informationsflußbeschreibungen

Als erster Ansatz für ein Datenlexikon (Data Dictionary) wurden die Informationsflüsse (IFL) im IFD-0 beschrieben. Wir beschreiben hier nur exemplarisch die wichtigsten; die fehlenden Informationsflüsse unterscheiden sich nur durch unterschiedlich besetzte Attribute. Die Schlüssel (S) sind jeweils bei den IFL angegeben.

❒ *IFL Retoure*

= DE Retouren-Nr. (S)

+ DE Kunden-Nr.

+ DE Kunden-Name

+ DE Kunden-Länderschlüssel

+ DE Kunden-Adresse

+ DE Kunden-Info

+ DE Bezug

+ DE Kommentar

+ DE avisiert-am

+ DE angenommen-am

+ DE angenommen-von

+ DE Retouren-Status

+ IFL Retouren-Position (1-N)

❒ *IFL Retouren-Position*

= DE Retouren-Nr. (S)

+ DE Artikel-Nr. (S)

+ DE Artikel-Bez.

+ DE Qualitätskennzeichen (S)

+ DE Qualitäts-Bez.

+ DE Menge-avisiert

+ DE Menge-aktuell

+ DE Abweichung

+ DE Retourenposition-Status

+ DE Rückgabegrund

+ DE Kommentar

❒ *IFL Artikelinformation*
= DE Artikel-Nr. (S)
+ DE Artikel-Bez.
+ DE Artikel-Beschreibung
+ DE Qualitätskennzeichen (S)
+ DE Qualitäts-Bez.
+ DE Qualitäts-Beschreibung
+ DE Verwendungskennzeichen
+ DE Verwendungs-Bez.
+ DE Verwendungs-Beschreibung

❒ *IFL Reservierung / Buchung / Transportauftrag*
= { DE Artikel-Nr. (S)
+ DE Qualitätskennzeichen (S)
+ DE Lagerort-Nr. (S)
+ DE Menge} (1-N)}

Datenmodell

Die Struktur des Soll-Datenmodells wurde in Form eines E/R-Diagramms beschrieben. Zusätzlich zum E/R-Diagramm wurden die Attribute jeder Entität und Beziehung vollständig benannt. Die Beschreibung und Typisierung der Attribute wurde erst in der Phase Analyse/Design erstellt.

E/R-Diagramm

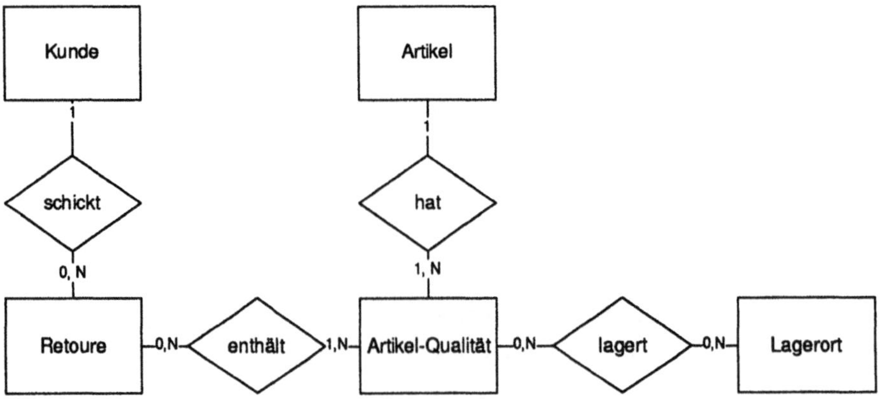

Beschreibung der Entitäten und Relationen

- *Entität Kunde*

  Beschreibung: Der Firma bekannter Partner, der regelmäßig Katalogartikel unter Benutzung seiner Kundennummer bezieht.

  Attribute:

  Kunden-Nr. (S)

  Kunden-Name

  Kunden-Länderschlüssel

  Kunden-Adresse

  Kunden-Info

- *Entität Artikel*

  Beschreibung: Im Programm der Firma vorhandenes Produkt, welches im Regelfall für ein Angebot im Katalog und für die Abwicklung einer entsprechenden Bestellung vorgehalten wird (im Lager oder bei einem Lieferanten).

  Attribute:

  Artikel-Nr. (S)

  Artikel-Bez.

  Artikel-Beschreibung

- *Entität Artikel-Qualität*

  Beschreibung: Einem Artikel standardmäßig zugeordnete Qualitätsstufe.

  Attribute:

  Artikel-Nr. (S)

  Qualitäts-Kennzeichen (S)

  Qualitäts-Bez.

  Qualitäts-Beschreibung

  Verwendungs-Kennzeichen

- *Entität Retoure*

  Beschreibung: Von einem Kunden zurückgeschickte Sendung mit Artikeln aus dem Angebot der Firma, die der Kunde nicht behalten oder akzeptieren wollte. Normalerweise wird eine solche Retoure vorher angekündigt und genehmigt und mit einem entsprechenden Retourenschein versehen.

  Attribute:

  Retouren-Nr. (S)

  Kunden-Nr.

  avisiert-am

  angenommen-am

  angenommen-von

  Retouren-Status

  Bezug

  Kommentar

- *Entität Lagerort*

  Beschreibung: Physikalischer Ort (z. B. Regalfach, Stellfläche) an welchem Lagerbestände gelagert werden können.

  Attribute:

  Lagerort-Nr. (S)

  Lagerort-Bez.

  Lagerort-Beschreibung

  Verwendungs-Kennzeichen

  Lagerkapazität

- *Beziehung Retoure-Artikelqualität (enthält)*

  Beschreibung: Entspricht einer Retourenposition

  Attribute:

  Retouren-Nr. (S)

  Artikel-Nr. (S)

  Qualitätskennzeichen (S)

  Menge-avisiert

  Menge-aktuell

  Status

- *Beziehung Artikelqualität-Lagerort (lagert)*

  Beschreibung: Entspricht Lagerbestand

  Attribute:

  Lagerort-Nr. (S)

  Artikel-Nr. (S)

  Qualitätskennzeichen (S)

  Bestand

Organisatorisches Soll-Modell

Das organisatorische Soll-Modell mußte für dieses Projekt nicht besonders ausführlich beschrieben werden, weil durch das System die Aufbauorganisation nicht und die Ablauforganisation kaum verändert wird. Es wurden daher nur die verschiedenen Rollen und Aufgaben der Benutzer beschrieben sowie die Ablauforganisation des Haupt-Geschäftsvorfalls in Form eines Carney-Diagramms dargestellt.

Rollen und Aufgaben

❐ *Rolle 1: Auftragsbearbeitung (extern)*

Aufgaben:

- vom Kunden angekündigte Retouren bearbeiten und genehmigen
- in Retourenbearbeitung angelegte Retoure bearbeiten und genehmigen
- freigegebene Retouren aus Retourenbearbeitung bearbeiten und mit Kundenkonto verrechnen
- Retouren buchhalterisch abschließen (Bestandsbuchung)
- Auskunft über Stand der Retourenbearbeitung an Kunden geben
- Artikelinformationen für Retourenbearbeitung bereitstellen

❐ *Rolle 2: Retourenbearbeitung*

Aufgaben:

- Retouren erfassen
- nicht genehmigte Retouren anlegen
- Artikel erfassen
- Artikel gegen Sortiment prüfen und ggf. aussortieren
- Artikel qualitätsprüfen
- Artikel für Nacharbeit herauslegen
- Artikel entsprechend Verwendung ablegen
- Retoure freigeben
- Retoure abschließen

- *Rolle 3: Retourenartikeleinlagerung*

  Aufgaben:

  - Retourenartikel reservieren
  - Retourenartikel buchen
  - Retourenartikel einlagern und Transportauftrag anstoßen

- *Rolle 4: Artikellager und Transportsystem (extern)*

  Aufgaben:

  - Artikel reservieren
  - Artikel buchen
  - Artikel transportieren
  - Artikel einlagern

Ablauforganisation "Retoure abwickeln"

Die Ablauforganisation des GV's "Retouren abwickeln" wurde in Form eines Carney-Diagramms in Übersicht dargestellt.

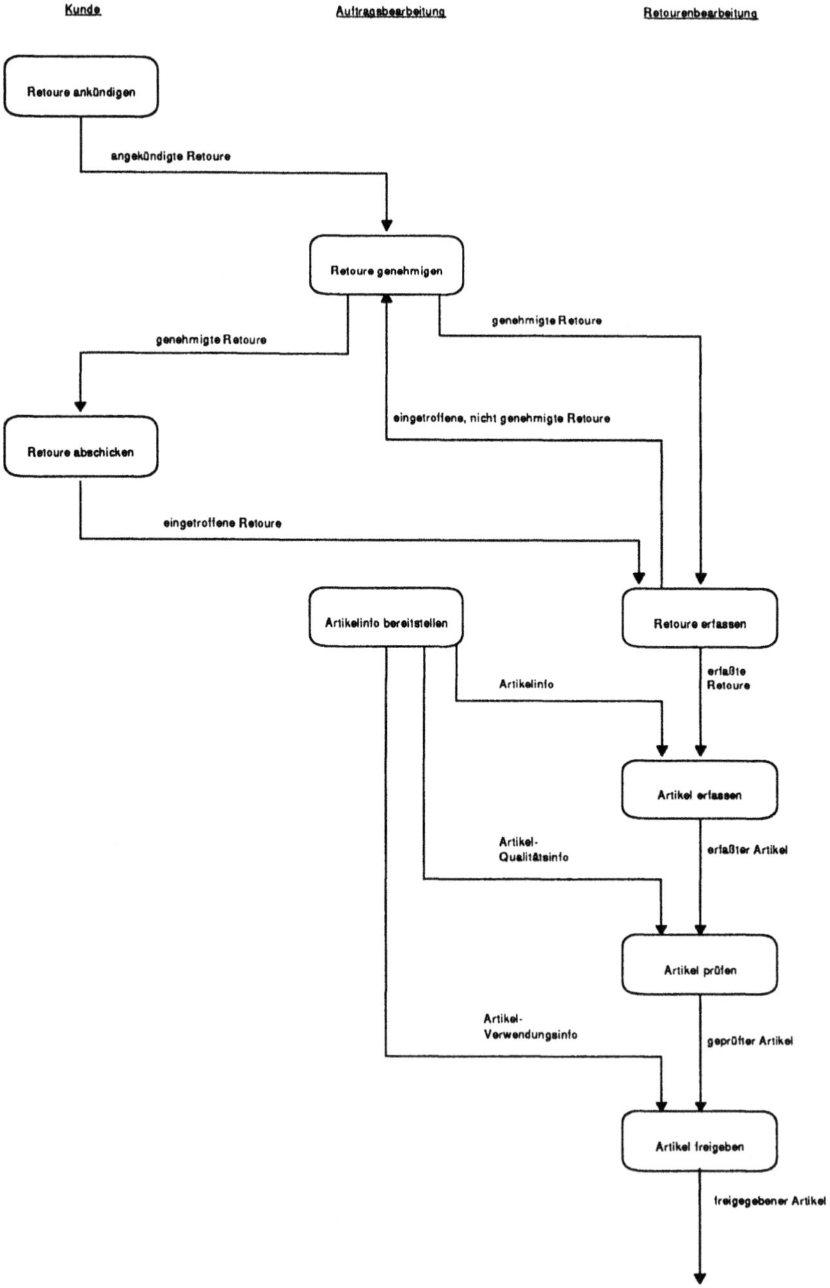

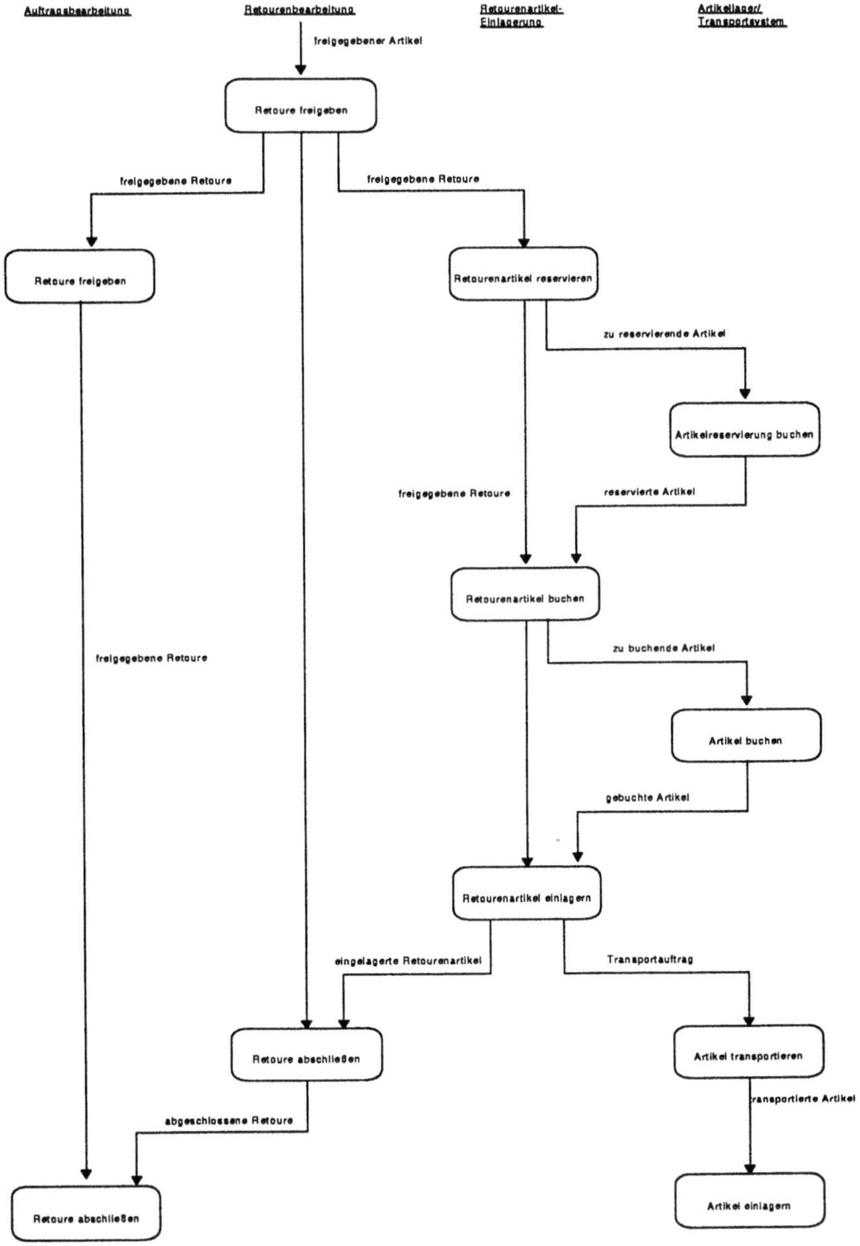
Auftragsbearbeitung
Retourenbearbeitung
Retourenartikel-Einlagerung
Artikellager/Transportsystem
freigegebener Artikel
Retoure freigeben
freigegebene Retoure
freigegebene Retoure
Retoure freigeben
Retourenartikel reservieren
zu reservierende Artikel
Artikelreservierung buchen
freigegebene Retoure
reservierte Artikel
Retourenartikel buchen
freigegebene Retoure
zu buchende Artikel
Artikel buchen
gebuchte Artikel
Retourenartikel einlagern
eingelagerte Retourenartikel
Transportauftrag
Retoure abschließen
Artikel transportieren
transportierte Artikel
abgeschlossene Retoure
Retoure abschließen
Artikel einlagern

Technisches Soll-Modell

Im technischen Soll-Modell wurden die Anforderungen an die einzelnen Arbeitsplatztypen sowie die daraus resultierende Ausstattung der Arbeitsplätze grob dargestellt. Alle Komponenten des Systems wurden in einer Systemarchitektur in Form einer logischen Netzstruktur mit allen Verbindungsmöglichkeiten dargestellt. Es wurden ferner die wichtigsten Mengengerüste angegeben sowie die daraus abgeleitete Hardware- und Software-Konfiguration.

Systemarchitektur

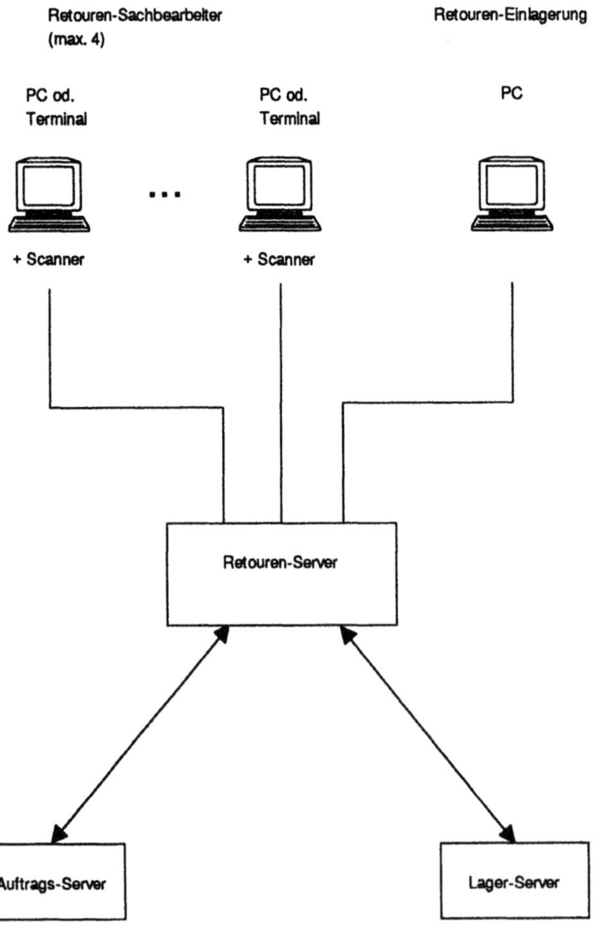

Hardware / Basissoftware-Konfiguration

- *Arbeitsplatz Retouren-Sachbearbeiter*
  - PC mit Windows 3.1 Betriebssystem
  - Scanner mit Display
  - GUI-Applikation unter einer gängigen 4GL-Entwicklungsumgebung (PowerBuilder oder Uniface) ggf. reicht auch 3270-Modus

- *Arbeitsplatz Retouren-Einlagerung*
  - PC mit Windows 3.1 Betriebssystem
  - GUI-Applikation unter einer gängigen 4GL Entwicklungumgebung

- *Retouren-Server*
  - Novell Netzwerksoftware und Betriebssystem
  - Datenbanksystem SYBASE unter Nutzung von Stored Procedures
  - Gateway zum Lagerserver
  - Gateway zum Auftragsserver

Mengengerüste

Art	*Anzahl*
Retouren	500 / Tag
Übertragung genehmigte Retoure von Auftragsserver	2 / Tag
Übertragung Artikelinformation von Auftragsserver	2 / Tag
Lagerreservierungen	Buchungslauf
Lagerbuchungen	Buchungslauf
Einlagerungen/Druckaufträge	4 / Stunde
Übertragung abgeschlossene Retoure an	2 / Tag
Übertragung angelegte Retouren an Auftragsserver	2 / Tag

Projekteinschätzung

Am Ende der Phase Modellierung steht eine Einschätzung des Projektes hinsichtlich Realisierbarkeit und Wirtschaftlichkeit. Daraus kann die Entscheidungsgrundlage für die mit dem Projekt verbundene IV-Investition abgeleitet werden. Zur weiteren Erläuterung und Absicherung können Review-Protokolle und Expertisen zum Modellierungsergebnis beigelegt werden.

Einsparungen und Nutzen

Im ersten Schritt der Wirtschaftlichkeitsbetrachtung werden die zeitlichen Aufwände zur Abwicklung des Geschäftsvorfalls bisher (IST) und zukünftig (SOLL) miteinander verglichen. Dabei müssen die Soll-Werte realistisch geschätzt werden. Als Berechnungsgrundlage wurde ein Geschäftstag gewählt.

❑ *Daten pro GV im SOLL / IST-Vergleich (min.)*

	pro GV heute	pro GV morgen
Durchlaufzeit	245 min.	63 min.
Bearbeitungszeit	5 min.	3 min.
Liegezeit	240 min.	60 min.

❑ *Daten pro Geschäftstag im SOLL / IST-Vergleich (4)*

	heute (1500 GV/Tag)	morgen (500 GV / Tag)
Bearbeitungszeit	125 h	25 h
Liegezeit	6.000 h	500 h

Kostenersparnis Bearbeitungskosten

Ist-Bearbeitungszeit pro Jahr	25.000 h
Soll-Bearbeitungszeit pro Jahr	5.000 h
Differenz	20.000 h

Kostenersparnis Bearbeitungskosten 1.000.000,00 DM *pro Jahr* (bei 1 Std. à 50,00 DM)

Kostenersparnis Liegezeit

Durch Sparen von Lagerfläche und geringere Kapitalbindung bzw. schnellere Veräußerung von Artikeln wird zusätzlich mit einer Kostenersparnis Liegezeit pro Jahr 200.000,00 DM gerechnet. Daraus ergibt sich eine Gesamteinsparung von mindestens 1.200.000,00 DM.

Projektkosten

Den Einsparungen stehen die Projektkosten gegenüber. Sie werden aus einer Aufwandsabschätzung gewonnen.

Entwicklungsaufwände

Phase	*Dauer*	*Anzahl MA*	*Aufwand*
Initialisierung	1 Monat	1	1 MM
Modellierung	1 Monat	2	2 MM
Analyse/Design	2 Monate	2	4 MM
Realisierung	2 Monate	2	4 MM
Integration/Test	2 Monate	1	2 MM
PM/QM/Beratung	8 Monate	0,25	2 MM
Summe	8 Monate	-	15 MM

Entwicklungskosten:	375.000,00 DM
Sachkosten (HW / SW etc.):	125.000,00 DM
Gesamtkosten (netto):	500.000,00 DM

Wirtschaftlichkeit / Pay-Back-Dauer

Es ergibt sich ein Payback der Projektkosten bereits ein halbes Jahr nach Projekteinsatz. Allerdings ist dabei der Benefit aller Maßnahmen gegen die Entwicklungskosten für den Teil Retourenabwicklung gerechnet worden. Streng genommen müßten die organisatorischen Kosten im Umfeld mit eingerechnet werden.

Anhang B3: Projektergebnisdokumentation - Analyse/Design

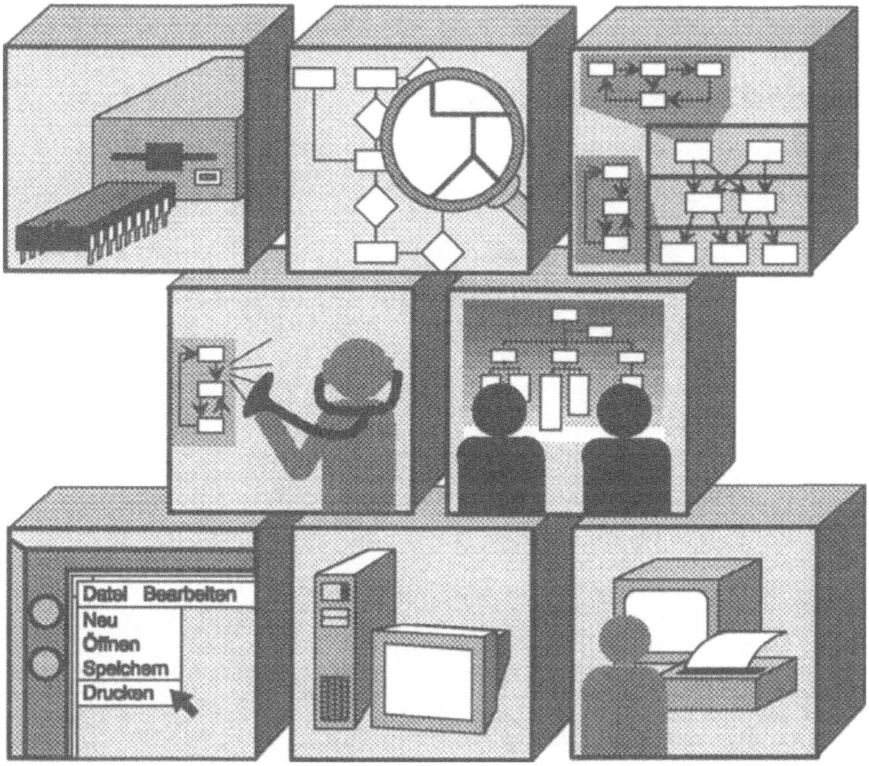

Beschreibung der Daten-Objekte

Das E/R-Modell aus der Phase Modellierung wurde verfeinert, normalisiert (insbesondere durch Auflösung der n:m-Beziehungen) und in ein SERM-Modell überführt, welches die existentiellen Abhängigkeiten zwischen den Entitäten aufzeigt. Aus dem SERM-Modell wurden Integritätsregeln abgleitet und formuliert. Sodann wurden alle Daten-Objekte mit Wissen (Attribute), Können (Methoden) und Verhalten (Lifecycle) beschrieben. Dabei wurden die Methoden pauschal für alle Datenobjekte nur einmal spezifiziert.

Logisches Datenmodell (E/R-Diagramm)

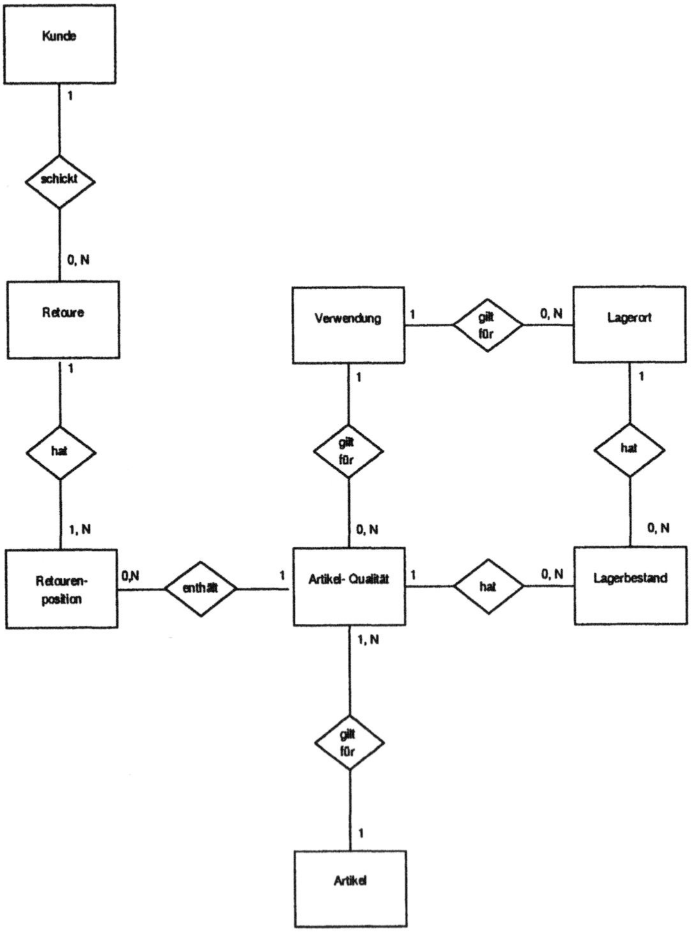

SERM-Modell (Structured Entity Relationship Model)

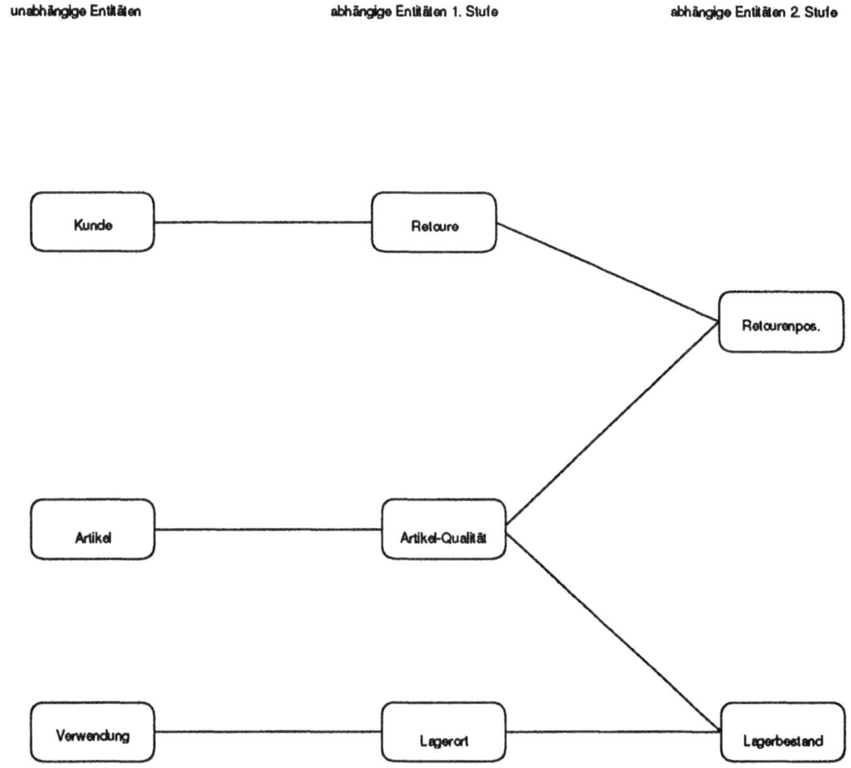

Beschreibung der Daten-Objekte

Pro Daten-Objekt sind nur die Attribute und - sofern der Lifecycle nicht trivial ist - ein Zustandsübergangsdiagramm angegeben. Wir beschreiben im folgenden exemplarisch drei Daten-Objekte: "Artikelqualität" (trivialer Lifecycle), "Retoure" und "Retourenposition" (jeweils nicht trivialer Lifecycle).

Daten-Objekt Artikelqualität

Attribut-Name	*Typ*	*Länge*	*Beschreibung*
Artikel-Nr. (S)	NUM	5	Eindeutiger Schlüssel für Artikel; wird zentral vergeben
Qualitäts-Kennzeichen (S)	Char	2	Eindeutiger Schlüssel für einen Qualitätstyp; zentral festgelegt
Qualitäts-Bez.	Char	20	Bezeichnung der Artikelqualität bei Vorliegen des Qualitätstyps
Qualitäts-Beschreibung	Char	40	Beschreibung, wann der Artikel diese Qualität hat
Verwendungs-Kennzeichen	Char	5	Der Artikelqualität zugeordneter Verwendungstyp; Verwendungen werden zentral festgelegt

Daten-Objekt Retoure

Beschreibung: Von einem Kunden zurückgeschickte Sendung mit Artikeln aus dem Angebot der Firma, die der Kunde nicht behalten oder akzeptieren wollte. Normalerweise wird eine solche Retoure vorher angekündigt und genehmigt und mit einem entsprechenden Retourenschein versehen.

Attribut-Name	*Typ*	*Länge*	*Beschreibung*
Retouren-Nr. (S)	NUM	8	Eindeutiger Schlüssel für Retoure; wird von Auftragsbearbeitung (bei angekündigter Retoure) bzw. vom Retourensachbearbeiter (bei nicht genehmigter Retoure) angelegt.
Kunden-Nr.	NUM	8	Eindeutiger Schlüssel für Kunden, wird zentral von der Kundenbetreuung vergeben.
Bezug	Char	20	Vom Kunden eingetragener oder vom Sachbearbeiter nachgetragener Bezug der Retoure (z.B. Aktenzeichen Kunde)
Kommentar	Char	40	Vom Kunden eingetragener oder vom Sachbearbeiter nachgetragener Text über Umstände/Gründe/Besonderheiten der Retoure.
avisiert-am	DATE	---	Datum der Ankündigung der Retoure
angenommen-am	DATE	---	Datum des Eintreffens der Retoure
angenommen-von	Char	5	Kürzel des Sachbearbeiters, der die Retoure angenommen und bearbeitet hat
Retouren-Status	STATE	---	Augenblicklicher Zustand der Retoure (vgl. Zustandsübergangsdiagramm).

Lifecycle "Retoure"

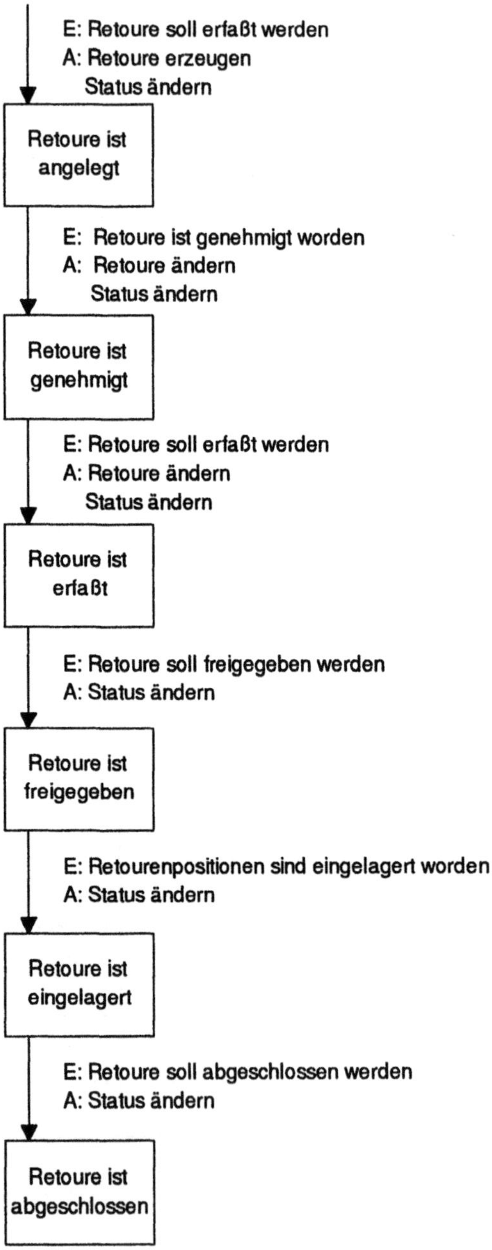

Daten-Objekt Retourenposition

Beschreibung: Ziel in einer Retoure, die sich auf einen zurückgeschickten Katalogartikel bezieht und Aussagen über Menge und Status enthält.

Attribut-Name	*Typ*	*Länge*	*Beschreibung*
Retouren-Nr. (S)	NUM	8	Eindeutiger Schlüssel für Retoure; wird von Auftragsbearbeitung (bei angekündigter Retoure) bzw. vom Retourensachbearbeiter (bei nicht genehmigter Retoure) angelegt.
Artikel-Nr. (S)	NUM	5	Eindeutiger Schlüssel für Artikel; wird zentral vergeben.
Qualitäts-Kennzeichen (S)	Char	2	Eindeutiger Schlüssel für einen Qualitätstyp; zentral festgelegt.
Rückgabegrund	Char	20	Vom Kunden angegebener oder vom Sachbearbeiter vermuteter Rückgabegrund.
Kommentar	Char	40	Vom Kunden eingetragener oder vom Sachbearbeiter nachgetragener Text über Umstände, Besonderheiten, Gründe der Retourenposition.
Menge avisiert	NUM	5	In der Retourenankündigung des Kunden angekündigte und genehmigte Menge.
Menge aktuell	NUM	5	Aktuell erfaßte Menge.
Status	STATE	---	Augenblicklicher Zustand der Retourenposition (vgl. Zustandsübergangsdiagramm).

Lifecycle "Retourenposition"

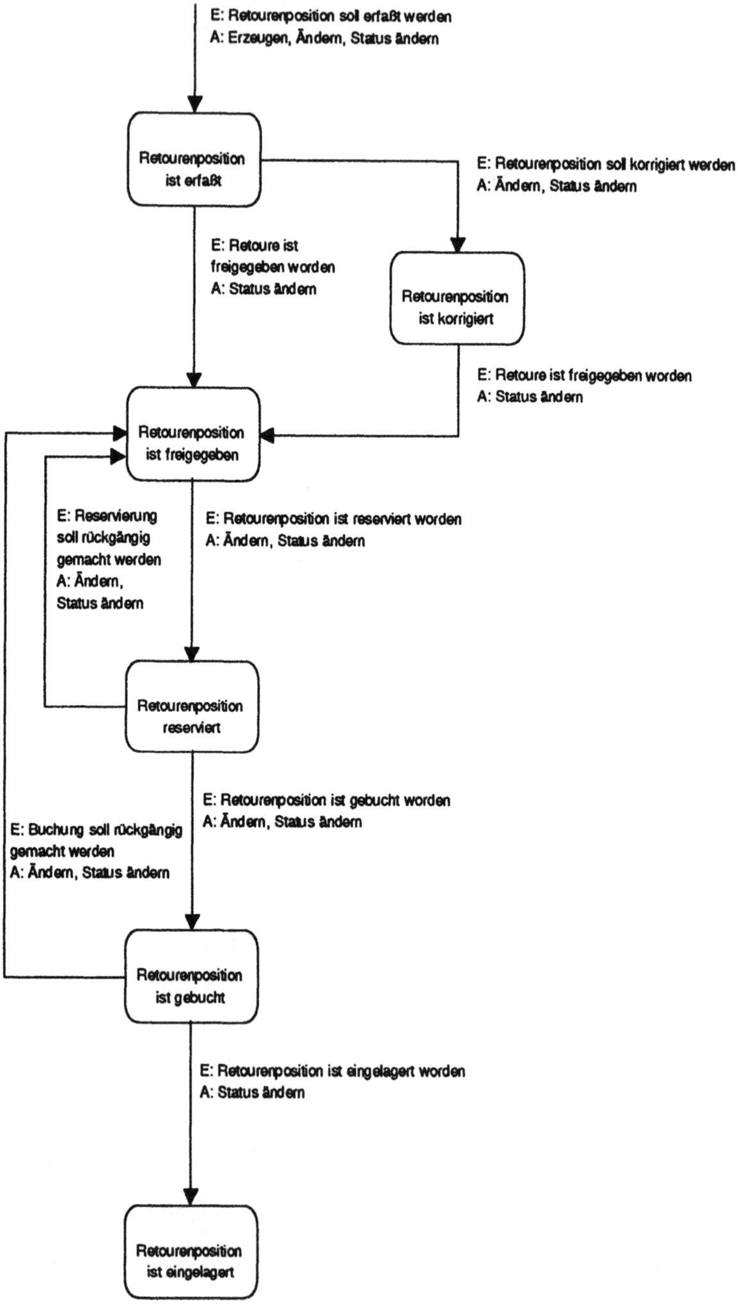

Methoden der Daten-Objekte

Für alle Daten-Objekte sind die gleichen Methoden definiert, die sich lediglich in den Attributen unterscheiden. Diese Methoden sind hier einmal spezifiziert und nicht bei jedem Daten-Objekt neu aufgeführt.

❐ *Methode Erzeugen*

Parameter:

IN Nichtschlüsselattribute OUT Schlüsselattribute

(wenn Schlüssel automatisch vergeben wird)

oder

IN Attribute

(wenn Schlüssel nicht automatisch vergeben wird)

Beschreibung:

Ein neues Objekt wird erzeugt und angelegt. Diese Methode wird je nach Entität auf zwei Arten realisiert: mit automatischer oder nicht-automatischer Schlüsselvergabe.

- Bei automatischer Schlüsselvergabe werden nur die Nichtschlüsselattribute übergeben, die Schlüsselattribute werden automatisch so bestimmt, daß die Schlüssel eindeutig bleiben und als Parameter zurückgegeben.
- Bei nicht-automatischer Schlüsselvergabe (Schlüssel sind von anderen Entitäten vererbt oder manuelle vergeben) werden die Schlüsselattribute zusammen mit den Nichtschlüsselattributen als Input-Parameter übergeben, das Objekt wird mit diesem Schlüssel angelegt. Die Schlüssel müssen aber eindeutig sein.

- *Methode Löschen*

Parameter:

IN Schlüsselattribute OUT Ok

Beschreibung:

Das Objekt (Entität) mit dem angegebenen Schlüssel wird gelöscht. Die referentielle Integrität zu anderen Entitäten wird nicht sichergestellt, dies muß das entsprechende Funktions-Objekt übernehmen. Die Überpüfung des Status (Löschen erlaubt oder nicht?) wird ebenfalls vom Funktions-Objekt übernommen.

- *Methode Ändern*

Parameter:

IN Schlüsselattribute OUT Ok

IN Nichtschlüsselattribute

Beschreibung:

Beim durch die Schlüsselattribute bezeichneten Objekt werden die Nichtschlüsselattribute auf neue Werte gesetzt.

Bemerkung:

Schlüsselattribute können nicht geändert wrden. Um den Schlüssel eines Objektes zu ändern, muß das Objekt erst gelöscht und dann ein neues erzeugt werden.

- ***Methode Select?***

Parameter:

IN Zugriffschlüssel	OUT Objekt-Liste
	OUT Attribute

Beschreibung:

"Select?" ist die Zusammenfassung einer Gruppe von Methoden, welche lesend auf die Entitäten zugreifen. Damit können eine oder mehrere Objekte aus der von einem Daten-Objekt verwalteten Tabelle selektiert werden. Zurückgegeben wird die Liste der entsprechenden Objekte inklusive deren Attribute. "Select?" wird als Abkürzung verwendet, wenn Objekte gesucht bzw. Attribute von Objekten gelesen werden.

- ***Methode Existiert?***

Parameter:

IN Schlüsselattribute	OUT Ok

Beschreibung:

Diese Methode prüft, ob ein Objekt mit den gegebenen Schlüsselattributen schon angelegt ist. Ist dies der Fall, so liefert Ok den Wert "JA", ansonsten "NEIN".

- ***Methode Status?***

Parameter:

IN Schlüsselattribute	OUT Status

Beschreibung:

Das Statusfeld eines Objekts wird abgefragt. Diese Methode ist nur für Daten-Objekte mit nichttrivialem Lifecycle definiert.

- *Methode Status-Ändern*

Parameter:

IN Schlüsselattribute OUT Ok

IN Status

Beschreibung:

Das Statusfeld eines Daten-Objektes wird auf einen neuen Wert gesetzt. Diese Methode ist nur für Daten-Objekte mit nichttrivialem Lifecycle definiert. Die Methode überprüft nicht, ob die Statusänderung zulässig ist. Diese Prüfung wird vom jeweiligen Funktions-Objekt übernommen.

Anwendungsarchitektur

Wir präsentieren im folgenden auszugsweise aus Sicht des Geschäftsvorfalls "Retoure abwickeln" die Ergebnisse des Schrittes AD 3, der letztlich zur kompletten Anwendungsarchitektur des Systems und damit zur Realisierungsvorlage führt.

Geschäftsvorfall "Retoure abwickeln" aus System-Sicht

In Form von Zustandsübergangsdiagrammen wird dargestellt, wie das künftige System den Benutzer bei der Abwicklung des Geschäftsvorfalls unterstützen wird. Da in der Modellierung nur ein nichttrivialer Geschäftsvorfall identifiziert wurde, wird dieser im folgenden nochmals global aus System-Sicht dargestellt. Aus dem Geschäftsvorfall aus System-Sicht lassen sich GV-Objekte und ihre Methoden ableiten. Diese entsprechen zusammenhängenden Bearbeitungsstrecken des Systems, d.h. Strecken, die das System zwischen jeweils zwei Benutzereingaben bearbeiten muß. Dabei gibt es immer eine zentrale Entität ("Anker-Entität"), deren Zustände während dieser Bearbeitungsstrecke geändert werden. Im konkreten Falle wurden die GV-Objekte "Retoure anlegen", "Retoure bearbeiten" und "Retoure einlagern" identifiziert. Es wurde die Design-Entscheidung getroffen, daß keine direkte Kommunikation zwischen GV- und Datenschicht zugelassen wird. Damit müssen sämtliche Lesezugriffe über Funktions-Objekte realisiert werden.

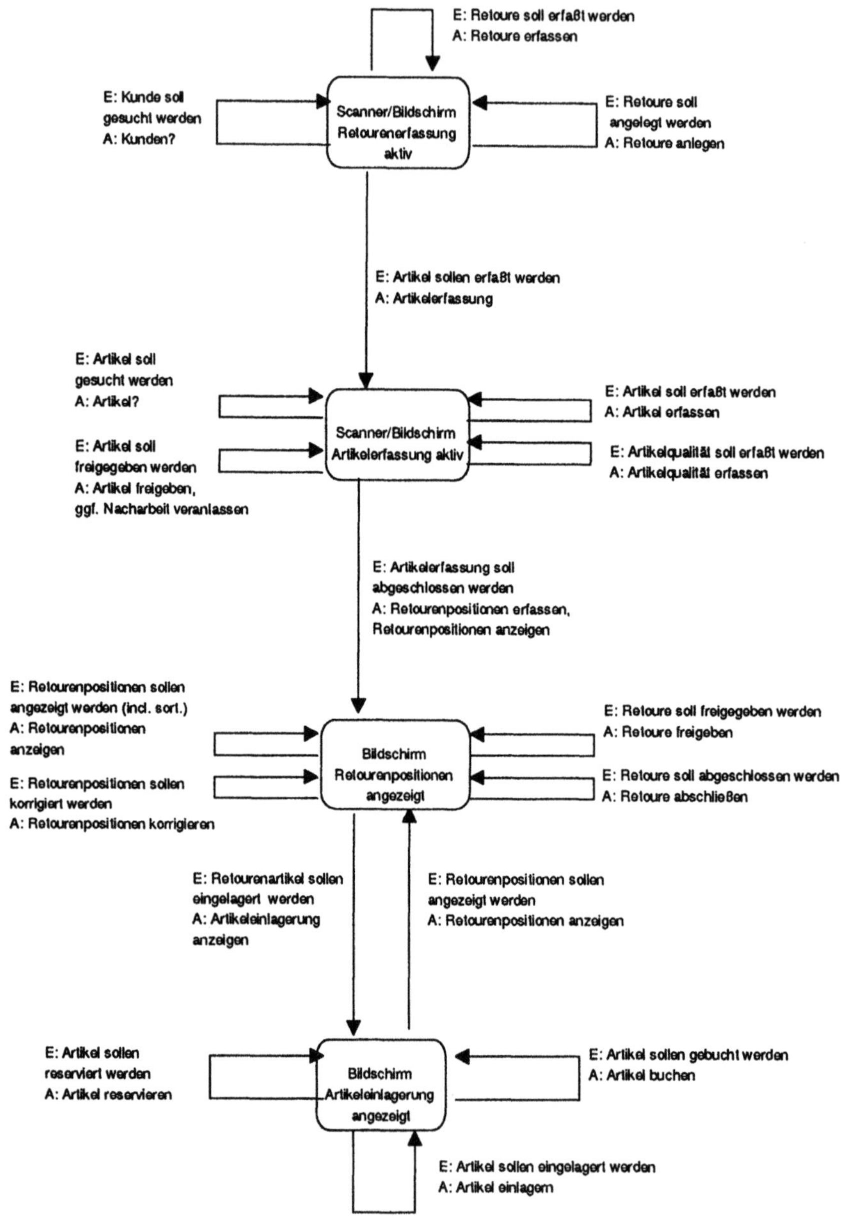
E: Retoure soll erfaßt werden
A: Retoure erfassen
E: Kunde soll gesucht werden
A: Kunden?
Scanner/Bildschirm Retourenerfassung aktiv
E: Retoure soll angelegt werden
A: Retoure anlegen
E: Artikel sollen erfaßt werden
A: Artikelerfassung
E: Artikel soll gesucht werden
A: Artikel?
E: Artikel soll freigegeben werden
A: Artikel freigeben, ggf. Nacharbeit veranlassen
Scanner/Bildschirm Artikelerfassung aktiv
E: Artikel soll erfaßt werden
A: Artikel erfassen
E: Artikelqualität soll erfaßt werden
A: Artikelqualität erfassen
E: Artikelerfassung soll abgeschlossen werden
A: Retourenpositionen erfassen, Retourenpositionen anzeigen
E: Retourenpositionen sollen angezeigt werden (incl. sort.)
A: Retourenpositionen anzeigen
E: Retourenpositionen sollen korrigiert werden
A: Retourenpositionen korrigieren
Bildschirm Retourenpositionen angezeigt
E: Retoure soll freigegeben werden
A: Retoure freigeben
E: Retoure soll abgeschlossen werden
A: Retoure abschließen
E: Retourenartikel sollen eingelagert werden
A: Artikeleinlagerung anzeigen
E: Retourenpositionen sollen angezeigt werden
A: Retourenpositionen anzeigen
E: Artikel sollen reserviert werden
A: Artikel reservieren
Bildschirm Artikeleinlagerung angezeigt
E: Artikel sollen gebucht werden
A: Artikel buchen
E: Artikel sollen eingelagert werden
A: Artikel einlagern

Objektkommunikationsdiagramm zum GV "Retoure abwickeln"

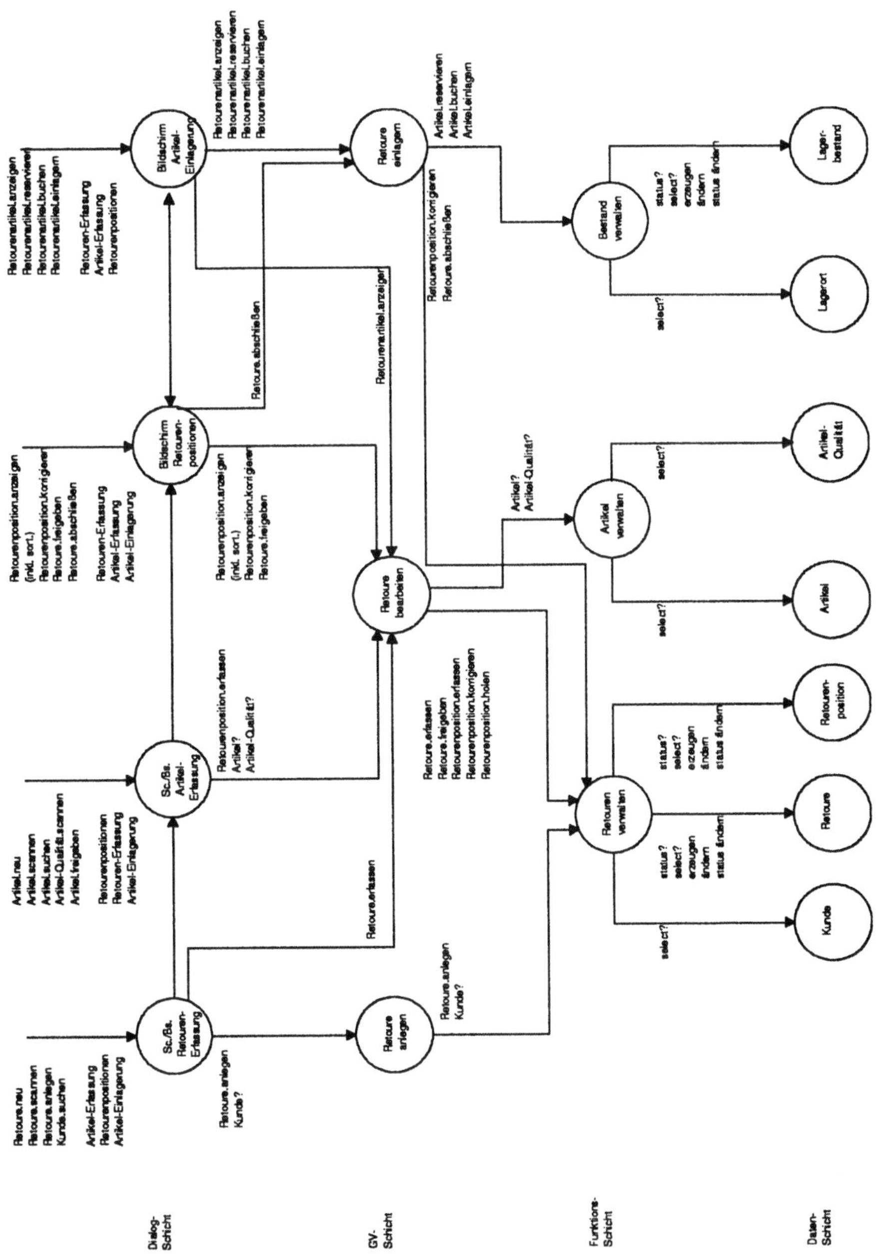

Beschreibung der GV-Objekte

GV-Objekt "Retoure bearbeiten"

Die Bearbeitungsstrecke vom Eintreffen der Retoure bis zu deren Freigabe wird dem GV-Objekt "Retoure bearbeiten" zugeordnet (siehe Zustandsübergangsdiagramm).

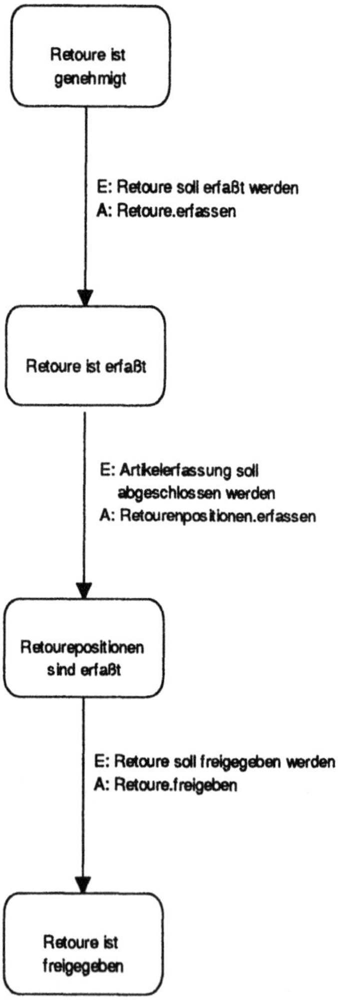

Objektübersichtsdiagramm GV-Objekt "Retoure bearbeiten"

Anhand des Zustandsübergangsdiagramms können die Methoden des GV-Objektes "Retoure bearbeiten" bereits grob identifiziert werden. Das Durchspielen des Geschäftsvorfalls in einem Objektkommunikationsdiagramm führt zu den noch fehlenden Funktions-Objekten (die Daten-Objekte sind bereits bekannt). Das Objektübersichtsdiagramm wird für alle Objekte sukzessive gefüllt (Object Data Dictionary).

GV-Objekt "Retoure bearbeiten"

Wissen (beteiligte Entitäten)
Kunde
Retoure
Retourenposition
Artikel
Artikelqualität

Können (Methoden)
Retoure.erfassen
Retoure.freigeben
Retourenposition.erfassen
Retourenposition.anzeigen
Retourenposition.korrigieren
Artikel?
Artikelqualität?
Retourenartikel.anzeigen

Methodenspezifikation GV-Objekt "Retoure bearbeiten" (Auswahl)

❒ *Methode Retoure.erfassen*

Parameter:

IN Retouren-Nr. OUT Retouren-Info

Anfangszustand: "Retoure ist genehmigt"
Endzustand: "Retoure ist erfaßt"

Beschreibung:

Über einen Scanner oder per manueller Eingabe wird dem System die Retouren-Nr. einer neuen Retoure mitgeteilt.

Ablauf:

FO Retoure.erfassen

❒ *Methode Retoure.freigeben*

Parameter:

IN Retouren-Nr. OUT Ok

Anfangszustand: "Retourenpositionen sind erfaßt"
Endzustand: "Retoure ist freigegeben"

Beschreibung:

Die Erfassung der Artikel einer Retoure ist beendet und die Retoure soll zur weiteren Bearbeitung freigegeben werden.
Prüfung, ob Retourenstatus "erfaßt"

Ablauf:

FO Retoure.freigeben

❒ *Methode Retourenposition.erfassen*

Parameter:

IN Artikel-Nr.	OUT Eingaberesultat
IN Qualitäts-Kennzeichen	
IN Menge-aktuell	
IN Rückgabegrund	
IN Kommentar	

Anfangszustand: "Retoure ist erfaßt"
Endzustand: "Retourenpositionen sind erfaßt"

Beschreibung:
Nachdem die Retoure erfaßt ist, müssen die einzelnen Zeilen der Retoure, die Retourenpositionen, erfaßt und angelegt werden.

Ablauf:

1. Es wird geprüft, ob die Artikel-Nr. dem System bekannt ist.
   FO Artikel.?
2. Falls die Artikel-Nr. nicht bekannt ist,
   Eingaberesultat = "Artikel unbekannt" und zurück.
3. Falls die Artikel-Nr. bekannt, prüfen, ob Artikel-Nr. in Retourenposition enthalten.
   FO Retourenposition.holen
4. Wenn Ja:
   FO Retourenposition.korrigieren
   Wenn Nein:
   FO Retourenposition.erfassen
5. Zurück mit Eingaberesultat = "Ok"

- *Methode Retourenposition.korrigieren*

Parameter:

IN Retouren-Nr.	OUT Korrekturergebnis
IN Artikel-Nr.	
IN Qualitäts-Kennzeichen	
IN Menge-aktuell	
IN Rückgabegrund	
IN Kommentar	

Anfangszustand: "Retourenpositionen sind erfaßt"
Endzustand: "Retourenpositionen sind erfaßt"

Beschreibung:

Der Sachbearbeiter hat im Bildschirm "Retourenpositionen" die Möglichkeit die einzelnen Retourenpositionen einer Retoure zu editieren.

Ablauf:

FO Retourenposition.korrigieren

GV-Objekt "Retoure einlagern"

Es wird analog dem GV-Objekt "Retoure bearbeiten" vorgegangen. Aus dem Zustandsübergangsdiagramm können die Methoden abgeleitet werden.

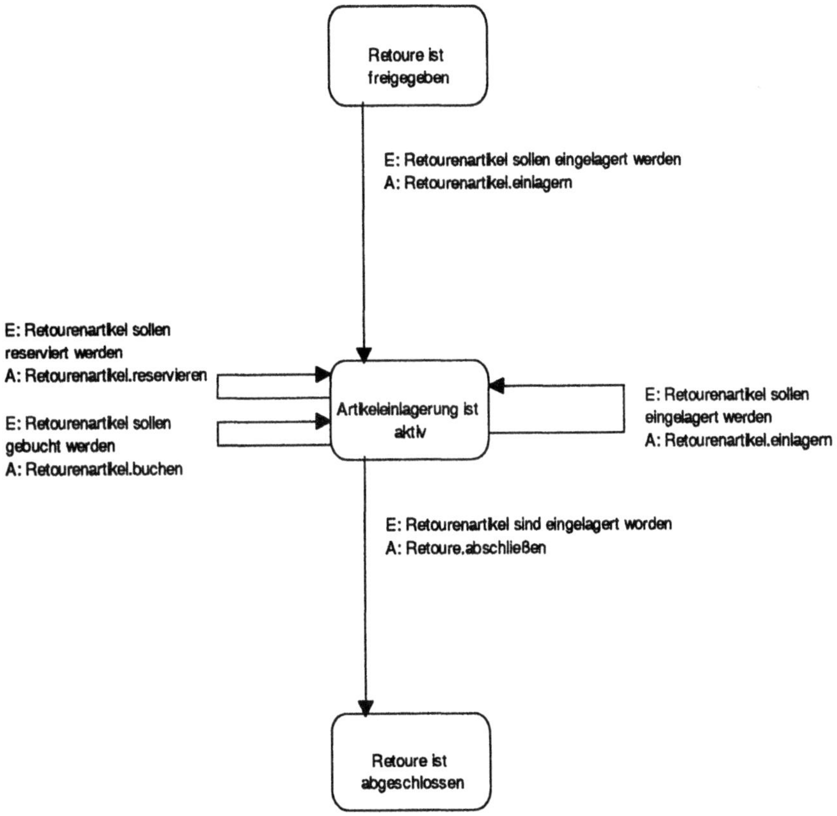

Methodenspezifikation GV-Objekt "Retoure einlagern" (Auswahl)

Wir beschränken uns hier auf die exemplarische Darstellung einer Methode diese GV-Objektes.

❐ *Methode Retourenartikel.reservieren*

Parameter:

IN Artikel-Nr.	OUT Reservierungsergebnis
IN Qualitäts-Kennzeichen	
IN Menge	

Anfangszustand: "Artikeleinlagerung ist aktiv"
Endzustand: "Artikeleinlagerung ist aktiv"

Beschreibung:

Artikel einer bestimmten Qualität sollen ihrer Verwendung gemäß zur Einlagerung reserviert werden.

Ablauf:

1. Der Reservierungsauftrag wird an das Funktions-Objekt "Bestand verwalten" gemeldet

   FO Artikel.reservieren
2. Falls die Reservierung erfolgreich ist, Status der Retourenposition auf "reserviert" setzen,

   FO Retourenposition.korrigieren
3. Reservierungsergebnis zurückgeben

Beschreibung der Funktions-Objekte

Wir beschreiben hier nur das Funktions-Objekt "Retouren verwalten".

Funktions-Objekt "Retoure verwalten"

Funktions-Objekt "Retouren verwalten"

Wissen (beteiligte Entitäten)
Retoure
Retourenposition
Kunde

Können (Methoden)
Retoure.erfassen
Retoure.anlegen
Retoure.freigeben
Retoure.abschließen
Retourenposition.erfassen
Retourenposition.korrigieren
Retourenposition.holen
Kunde?

Methodenspezifikation Funktions-Objekt "Retoure verwalten" (Auswahl)

- *Methode Retoure.erfassen*

Parameter:

IN Retouren-Nr. OUT Retouren-Info

Anfangszustand: "Retoure ist genehmigt"
Endzustand: "Retoure ist erfaßt"

Beschreibung:
Genehmigte Retouren werden erfaßt.

Ablauf:

1. Es wird geprüft, ob die Retouren-Nr. im System vorhanden ist.
   DO Retoure.select?
2. Falls ja, wird geprüft, ob die Retoure genehmigt ist.
   DO Retoure.status?
   Falls nein, zurück
3. Falls Retoure genehmigt, wird der Status der Retoure auf "erfaßt" gesetzt.
   DO Retoure.status_ändern
   Falls Retoure nicht genehmigt, zurück

- *Methode Retoure.anlegen*

Parameter:

IN Kunden-Nr. OUT Ok
IN Bezug
IN Kommentar
IN angenommen-am
IN angenommen-von

Anfangszustand: "Retoure ist unbekannt"
Endzustand: "Retoure ist angelegt"

Beschreibung:

Es wird versucht eine Retoure anzulegen.

Ablauf:

1. Es wird geprüft, ob der Kunde bekannt ist.
   DO Kunde.select?
2. Falls ja, wird automatisch eine Retouren-Nr. vergeben und die Retoure wird unter dieser Retouren-Nr. angelegt.
   DO Retoure.erzeugen
   Der Status der Retoure wird auf "angelegt" gesetzt.
   DO Retoure.status_ändern
   Falls nein, zurück.

❐ *Methode Retoure.freigeben*

Parameter:

IN Retouren-Nr. OUT Ok

Anfangszustand: "Retourenpositionen sind erfaßt"
Endzustand: "Retoure ist freigegeben"

Beschreibung:

Die Erfassung der Artikel einer Retoure ist beendet und die Retoure soll zur weiteren Bearbeitung freigegeben werden.

Ablauf:

1. Prüfung, ob Status = erfaßt,
   DO Retoure.status?
2. Falls ja
   DO Retoure.status_ändern mit Status = freigegeben
   Falls nein, zurück

- *Methode Retoure.abschließen*

Parameter:

IN Retouren-Nr. OUT Ok

Anfangszustand: "Retoure ist freigegeben"
Endzustand: "Retoure ist abgeschlossen"

Beschreibung:
Nachdem die Erfassung und Bearbeitung einer Retoure beendet ist wird der Status der Retoure auf "abgeschlossen" gesetzt.

Ablauf:
1. Prüfung, ob Status = freigegeben
   DO Retoure.status?
   Falls nein, zurück
2. Prüfung, ob Retourenposition.status aller Retourenpositionen gleich "eingelagert"
   DO Retourenposition.status?
   Falls nein, zurück
3. DO Retoure.status_ändern mit Status = abgeschlossen

- *Methode Retourenposition.erfassen*

Parameter:

IN Retouren-Nr. OUT Ok
IN Artikel-Nr.
IN Qualitäts-Kennzeichen
IN Menge-aktuell
IN Rückgabegrund
IN Kommentar

Anfangszustand: "Retoure ist erfaßt"
Endzustand: "Retourenpositionen sind erfaßt"

Beschreibung:

Nachdem die Retoure erfaßt ist, müssen die einzelnen Zeilen der Retoure, die Retourenpositionen, erfaßt und angelegt werden.

Ablauf:

1. Prüfung, ob Artikelqualität schon in einer Retourenposition vorhanden ist.

   DO Retourenposition.select?
2. Falls nein, neue Retourenposition erzeugen.

   DO Retourenposition.erzeugen
3. Falls ja, Menge hinzuaddieren.

   DO Retourenposition.ändern

❑ *Methode Retourenposition.korrigieren*

Parameter:

IN Retouren-Nr.	OUT Ok
IN Artikel-Nr.	
IN Qualitäts-Kennzeichen	
IN Menge-aktuell	
IN Rückgabegrund	
IN Kommentar	

Anfangszustand: "Retourenpositionen sind erfaßt"
Endzustand: "Retourenpositionen sind erfaßt"

Beschreibung:

Der Sachbearbeiter hat im Bildschirm "Retourenpositionen" die Möglichkeit die einzelnen Retourenpositionen einer Retoure zu editieren.

Ablauf:

DO Retourenposition.ändern

Beschreibung der Dialog-Objekte

Navigationsdialog

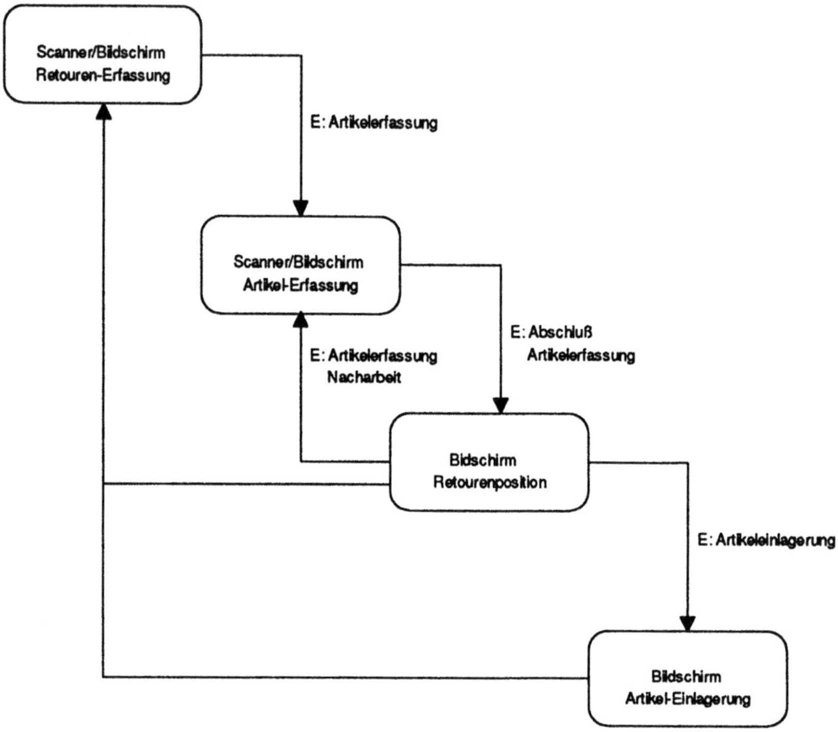

Präsentation der Dialog-Objekte

- Bildschirm Retouren-Erfassung

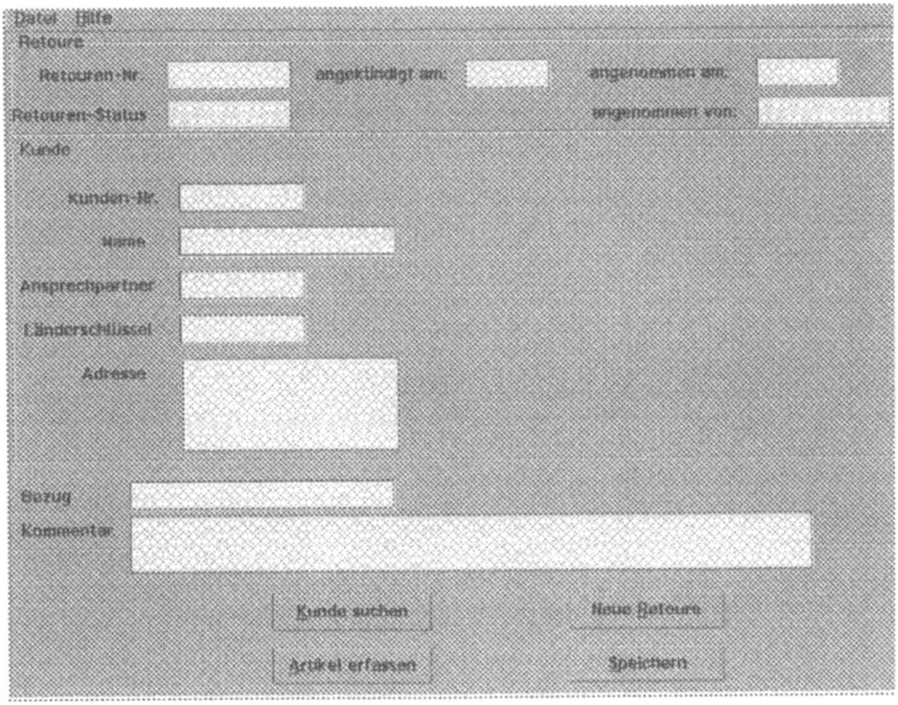

- Bildschirm Artikel-Erfassung

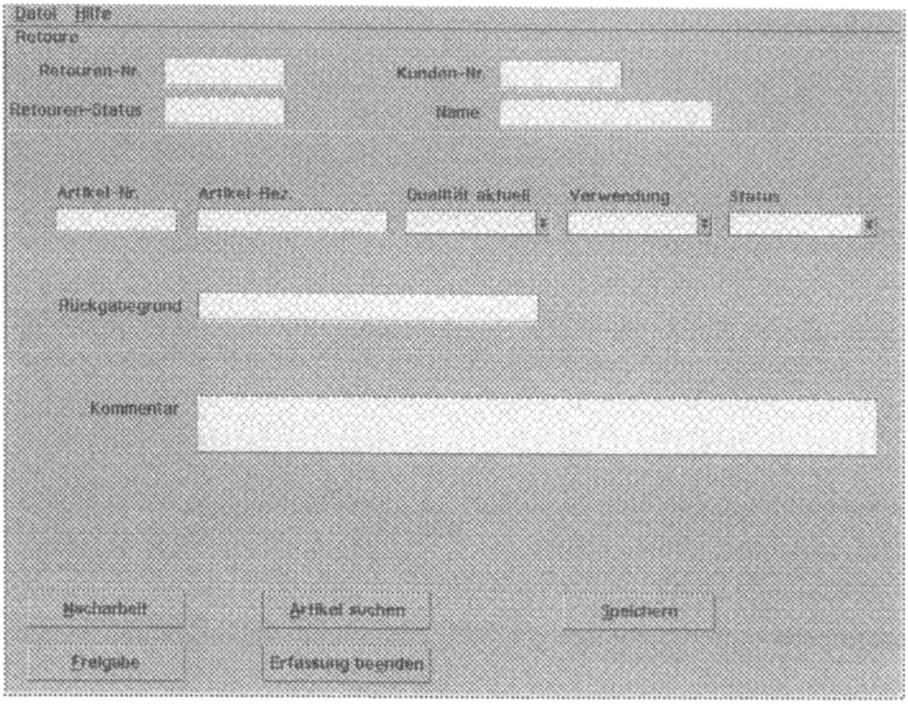

❐ Bildschirm Retourenpositionen

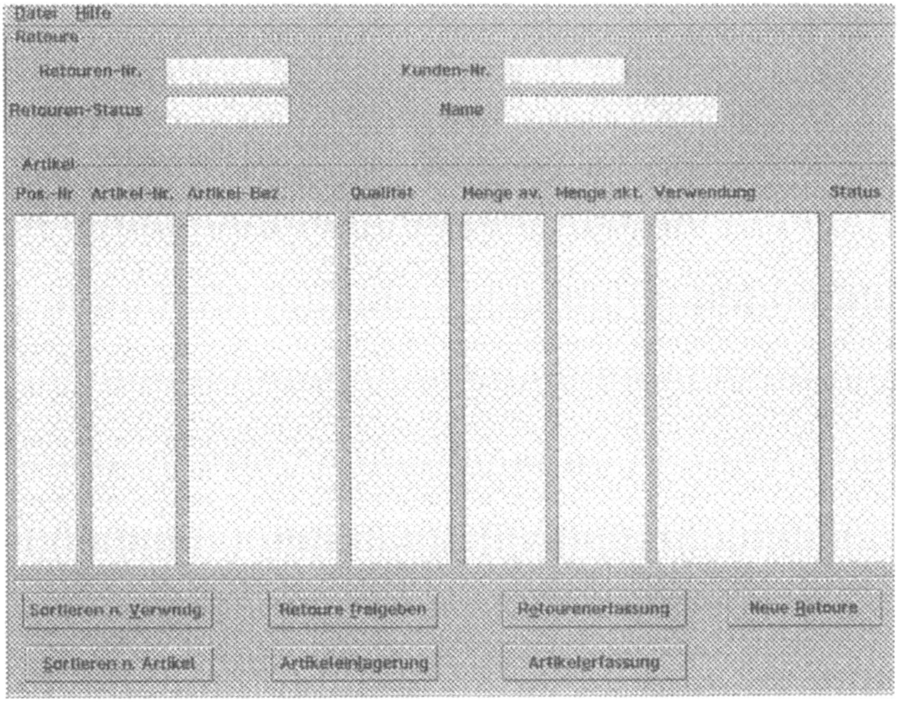

- Bildschirm Artikel-Einlagerung

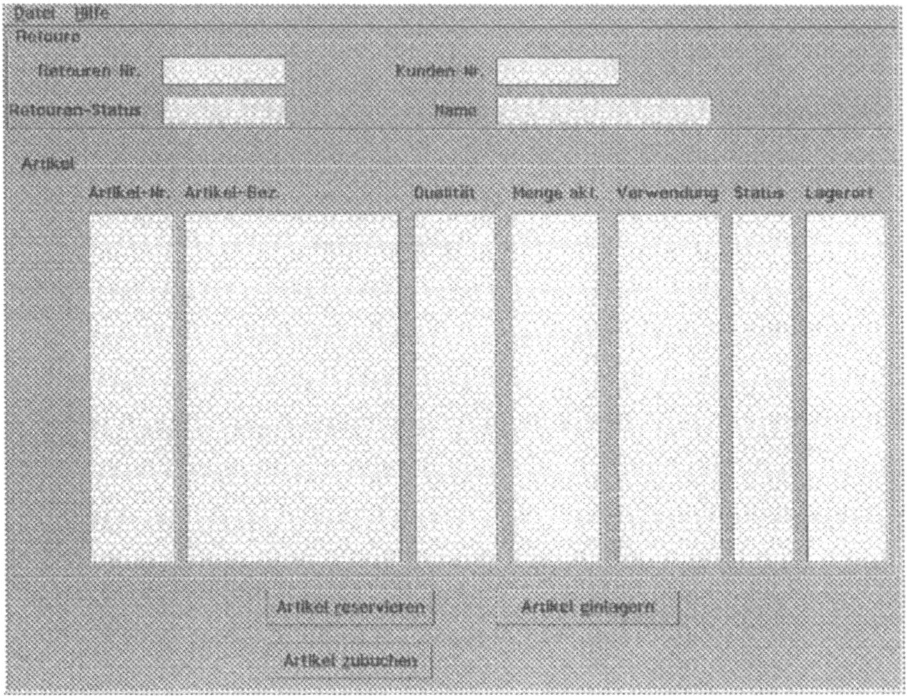

Technische Infrastruktur

In diesem Teil wird die technische Infrastruktur des Projektes beschrieben basierend auf den Ergebnissen des technischen Modells. Insbesondere wird beschrieben die

- Programmierumgebung
- Testumgebung
- Produktionsumgebung.

In unserem Fall wurde eine beim Kunden standardmäßig verfügbare Umgebung genutzt, so daß sich eine nähere Spezifikation erübrigt.

Fachlicher Testplan und Testfälle

Haupttestziele sind natürlich Sicherstellung der Funktionalität des Systems und der in der Phase Modellierung beschriebenen Prozeßleistungsziele. Dementsprechend wurden als Testfall der Geschäftsvorfall "Retoure abwickeln" zugrunde gelegt und zwar in seinem organisatorischen Ablauf. Es wurden folgende Tests geplant:

- *Einzeltests:*

  20 verschiedene typische Retourengeschäftsvorfälle wurden definiert.

- *Massentests:*

  5 verschiedene typische Tagesszenarien wurden definiert.

Benutzergruppen und Rechte

Benutzergruppen und Rechte entstehen im wesentlichen aus dem organisatorischen Modell, den dort definierten Aufgaben, daraus resultierenden Rechten und Pflichten, die hier auf Objektgranularität verfeinert werden müssen.

Anhang C: Fragen und Ergebnisse der Projektphasen

Globale Fragen des Phasenmodells

Phase	Prozeßfragen	Ergebnisse
1. Projekt-initiali-sierung	- Was sind die Projektziele? - Wie sieht die Projektorganisation aus? - Wer ist Projektleiter? - Wie soll das Projekt ablaufen? - Was wird das Projekt kosten? - Wer ist der Auftraggeber?	- Projektauftrag - Liste der Projektziele - Projekt-Organigramm - Projekt-Berichtswege - Grober Projektplan - Grobe Schätzung der Projektkosten
2. Modellie-rung	- Wie wird das Geschäft heute abgewickelt? - Was sind die Geschäftsziele? - Wie soll es in Zukunft abgewickelt werden? - Was für ein System wird für das zukünftige Geschäft benötigt? - Was gehört zum System, was nicht? - Wie ist das System in Geschäftsziele eingeordnet? - Was wird das System kosten? - Was ist der Nutzen des Systems?	Studie mit - Geschäftszielen - Ist-Zustand-Beschreibung - Schwachstellenanalyse - Machbarkeitsstudie mit Lösungsalternativen - Sollkonzept (fachlich, technisch, organisatorisch) - Wirtschaftlichkeits-betrachtung

3. Analyse/ Design	- Welche Informationen müssen wie im System gespeichert werden? - Wie soll das System benutzt werden? - Welche Geschäftsvorfälle sollen wie im System unterstützt werden? - Wie soll das System in Objekte gegliedert werden? - Welches Wissen, Können, Verhalten haben diese Objekte? - Was sind die Algorithmen der Objekt-Methoden? - Welches sind die fachlichen Testfälle? Wieviele werden benötigt? - Wie können die organisatorischen Prozesse und Arbeitsplätze optimiert werden ? - Wie ist die technische Infrastruktur für die Phasen Realisierung, Integration/Test und Produktion/Wartung ?	Systemspezifikation als Realisierungsvorlage mit - logischem und physischem Datenmodell - Tabellen- und Attributbeschreibungen - Anwendungsarchitektur mit Objekten - Methoden-Spezifikationen - Dialogkonzept - Masken- und Bildschirmspezifikationen - Realisierungskonzept und -standards - fachlicher Testplan mit Testfällen - Einführungs-, Schulungs- und Betreuungskonzept
4. Realisierung	- Wie können die Objekte der Anwendungs-architektur effizient in der gewählten Technologie umgesetzt werden? - Wie können die Werkzeuge effizient genutzt werden?	- realisierte Module - implementierte Datenbanken

5. Integration/ Test	- Was muß getan werden, um aus den von den Entwicklern getesteten Modulen ein fertiges und vom Auftraggeber abgenommenes System zu machen? - Müssen Altdaten in das neue System übernommen werden? - Ist das neue System in der Organisation vorbereitet und akzeptiert?	- getestetes, fertiges Gesamtsystem - komplett übernommener Altdatenbestand
6. Produktion/ Wartung	- Gibt es ein Tool, das den Wartungsprozeß für diese technische Umgebung nachhaltig unterstützt? - Wie kann der produktive Einsatz des Systems effizient sichergestellt werden? - Wie können notwendige Wartungsaktivitäten in Projekten zusammengefaßt werden? - Wie können Mitarbeiter für Wartungsaktivitäten motiviert werden? - Wie kann die Konsistenz zwischen System und Dokumentation sichergestellt werden ?	- Realease - Dokumentation - Wartungsumgebung

Phase 1 Projektinitialisierung

Schritt	Prozeßfragen	Ergebnisse
1. Projektziele und Rahmenbeding ungen festlegen	- Welche Ziele sollen mit dem Projekt erreicht werden? - Was ist der Beitrag der Ziele zu den Geschäftszielen? - Wie können die Ziele erreicht werden? - Welche Rahmenbedingungen (Termine, Technik, Budget, Organisation etc.) müssen eingehalten werden? - Welche Erfolgsfaktoren und kritischen Faktoren gibt es ? - Wie bettet sich das Projekt in den gesamten Geschäftsprozeß ein?	- Liste der Projektziele mit Zielhierarchie - Liste der Rahmenbedingungen - Liste der Erfolgsfaktoren - Liste der kritischen Faktoren
2. Projektorganisation festlegen	- Welche Rollen/Funktionen werden in diesem Projekt benötigt? - Wer ist der Auftraggeber und wer der Auftragnehmer? - Welche Aufgaben sollen von jeder Funktion wahrgenommen werden? - Welche Personen sollen diese Rollen ausfüllen? - Welche Gremien werden benötigt? Was sind deren Aufgaben? - Wer berichtet an wen? Wie oft?	- Projekt-Organigramm - Rollenbeschreibungen mit Aufgaben und Verantwortlichkeiten - Berichts- und Kommunikationswege - Rollen der Anwender und Benutzer - Rolle der Qualitätssicherung - Besetzungsvorschläge für Schlüsselpositionen und Gremien

3. Projekt-ablauf planen	- Was sind die Haupt-Meilensteine in diesem Projekt? Welche Ergebnisse müssen wann vorliegen? Termine? - Welche Aktivitäten müssen zur Erreichung der Meilensteine durchgeführt werden? - Wieviel Aufwand bedeuten diese Aktivitäten? Wieviele Personen sind dafür nötig? - Welche Personen sollen an welchen Aktivitäten beteiligt sein?	- Grober Projektplan mit Aktivitäten, Aufwänden, Terminen und Zuordnung von Personen zu Akti-vitäten - Arbeitspakete, Meilensteine - Projektrisiken
4. Projekt-auftrag formu-lieren	- Wer ist der Projekt-Auftraggeber, wer ist der Auftragnehmer? - Welche Dienstleistung soll der Auftragnehmer in welcher Qualität mit welchem Aufwand zu welchem Zeitpunkt erbringen?	- Projektauftrag mit Umfang der Dienstleistung und Verantwortlichkeiten des Auftraggebers und Auftragnehmers

Phase 2 Modellierung

Schritt	Prozeßfragen	Ergebnisse
1. Projektziele und Rahmenbedingungen verfeinern	- Welche Ziele sollen mit dem Projekt erreicht werden? - Was ist der Beitrag der Ziele zu den Geschäftszielen? - Wie können die Ziele erreicht werden? - Welche Rahmenbedingungen (Termine, Technik, Organisation etc.) müssen eingehalten werden? - Was soll im Projekt *nicht* gemacht werden?	- Detaillierte Zielhierarchie - Liste der Rahmenbedingungen - "Mission statement"
2. Ist-Zustand beschreiben	- Wie werden die Aufgaben heute erledigt? - Welche Systeme werden dabei eingesetzt? - Welches sind die Schnittstellen zu anderen Systemen und Organisationseinheiten? - Wie laufen die Haupt-Geschäftsvorfälle heute ab? - Welches sind die Hauptwertschöpfungsketten? Wie funktionieren sie? - Welche Informationen sind heute zur Abwicklung des Geschäftes nötig? Wie werden sie gespeichert (Formulare, etc.)?	- Beschreibung des gegenwärtigen Geschäftes mit Haupt-Geschäftsvorfällen und Hauptwertschöpfungsketten - Beschreibung der heute benutzten Informationen - Beschreibung der heute benutzten Systeme und Schnittstellen - Beschreibung der heute benutzten Organisation und Technik - Belege- und Dokumentensammlung

3. Schwachstellen und Anforderungen ermitteln	- Was läuft heute bei der Abwicklung des Geschäftes nicht zufriedenstellend? - Welche Nachteile/Mängel haben die heute verwendeten Systeme? - Was sind die Konsequenzen dieser Schwachstellen? - Wie können die Schwachstellen behoben werden? - Wie können die Konsequenzen der Schwachstellen behoben werden?	- Strukturierte Liste der Schwachstellen - Strukturierte Liste der Anforderungen
4. Lösungsalternativen entwickeln und bewerten	- Welche Szenarien können wir uns vorstellen? - Mit welchen Szenarien arbeiten andere Firmen heute? - Sind diese Szenarien geeignet, unsere Ziele zu erreichen? - Welche Entscheidungskriterien sind uns wichtig? Welche sind besonders wichtig? Welches sind K.O.-Kriterien? - Wie erfüllen die Szenarien unsere Kriterien?	- Beschreibung von Lösungsszenarien mit Komponenten - Kriterienkatalog - Bewertung und Auswahl der Lösungsszenarien

5. Fachliches Soll-Modell entwerfen	- Mit welchen externen Systemen soll das zukünftige System kommunizieren? Welche Informationen werden ausgetauscht? - Wie läßt sich das System in Komponenten zergliedern? Welche Informationen tauschen die Komponenten aus? - Welche Geschäftsvorfälle sollen mit dem zukünftigen System wie abgewickelt werden? Was sind die fachlichen Auslöser der Geschäftsvorfälle? - Welche Informationen müssen im zukünftigen System in welcher Struktur gespeichert werden? - Was sind die Haupt-objekte (Entitäten), die das zukünftige System verwalten soll? Welche Lebenszyklen haben diese?	- Soll-Geschäftsvorfall-Beschreibungen - Soll-Funktionsmodell - Soll-Datenmodell - Lifecycles der Hauptobjekte
6. Organisa-torisches Soll-Modell entwerfen	- Welche organisatorischen Einheiten (interne oder externe) sind an den Haupt-Geschäftsvorfällen in welcher Abfolge beteiligt? Welche Informationen werden zwischen diesen Einheiten ausgetauscht? - Wie muß die Betreuungs-Organisation für das zukünftige System aussehen?	- Aufbau- und Ablauforganisation für die Haupt-Geschäftsvorfälle und Wert-schöpfungsketten - Aufgaben-, Stellen-, Arbeitsplatzbeschreibung

7. Technisches Soll-Modell entwerfen	- Welche Hardware-Komponenten werden in welcher Anzahl benötigt? Wo werden diese aufgestellt? - Wie sind die Komponenten miteinander vernetzt? - Welche Software-Komponenten werden auf welchen Hardware-Komponenten benötigt? - Ist die gewählte Konfiguration lauffähig (Machbarkeitstest)?	- Hard-und Software-Konfigurationen - Logische Netzstruktur und Konfigurationsalternativen - Kommunikationsprofile und Mengengerüste - Anforderungsprofile - Prototypen
8. Review durchführen, Wirtschaftlichkeit prüfen, weitere Schritte planen	- Was wird die Entwicklung des Systems kosten? Was wird der Betrieb kosten? - Welche bisherigen Kosten können durch den Einsatz des Systems voraussichtlich eingespart werden? Wann ist dann der Break-Even-Point erreicht? - Welche Meilensteine müssen für die nächste Phase geplant werden? Wann sind diese Termine? Welche Resultate müssen bis dann vorliegen? - Welche Aktivitäten sind zur Erreichung dieser Meilensteine nötig? Wieviel Aufwand werden diese Aktivitäten verursachen? Wer soll diese Aktivitäten durchführen?	- Aufwandschätzung (Entwicklung und Produktion) - Nutzenbetrachtung - detaillierter Projektplan für die nächste Phase - Studie, abgenommen durch Auftraggeber und Controlboard

Phase 3 Analyse/Design

Schritt	**Prozeßfragen**	**Ergebnisse**
1. Architektur festlegen	- Welche technischen Rahmenbedingungen gibt es? - Welche Realisierungs- und Produktionsumgebung ist vorgesehen? - Welches Datenhaltungs-system wird eingesetzt ? - Welche Konsequenzen ergeben sich daraus für die Anwendungs-architektur?	- Entscheidung für eine Anwendungsarchitektur - Richtlinien für den Entwurf
2. Daten-Objekte entwer-fen	- Wie ist der Informationshaushalt des zu entwickelnden Systems? - Welche Daten-Objekte gibt es ? - Wie ist deren Lifecycle und welche Attribute haben diese Objekte? - Was ist die fachliche Bedeutung der Attribute und welchen Datentyp und Wertebereich haben sie? - Welche Abhängigkeiten gibt es zwischen den Daten-Objekten? - Welche Regeln ergeben sich daraus für das Einfügen/LöschenÄndern von Datensätzen? - Welche Methoden haben die Daten-Objekte?	- Logisches Datenmodell - Beschreibung aller logischen Tabellen mit Schlüsseln - Beschreibung aller Attribute (Data Dictionary) - Beschreibung der nicht-trivialen Lifecycles aller Entitäten (Statuskonzept) - Regeln zur Einhaltung der referentiellen Integrität - Daten-Objekte mit Methodenspezifikation

3. Anwendungsarchitektur entwerfen	- Wie ist das Verhalten des neuen Systems? - Welche Benutzereingriffspunkte gibt es (grobe Dialogstruktur)? - Was kann der Benutzer an diesen Punkten auslösen? - Welches sind die unterbrechungsfreien Verarbeitungsstrecken? - Welche Aktionen führt dabei das System aus? - Welche GV- und Funktions-Objekte werden benötigt? - Welches Wissen, Können, Verhalten haben diese? - Wie kommunizieren die Objekte miteinander und welches Objekt bedient sich welchem? - Wie ist die Spezifikation der Methoden, welche Ein- und Ausgabeparameter gibt es? Was macht die Methode fachlich? - Welche erlaubten Anfangs- und Endzustände hat die Methode?	- Geschäftsvorfälle aus Systemsicht - Objekte mit Wissen, Können, Verhalten - Spezifikation aller Methoden mit Angabe der Objektkommunikation - vollständige, konsistente Anwendungsarchitektur als Realisierungsvorlage
4. Fachliche Testfälle und Testplan festlegen	- Wie muß die Anwendungsarchitektur aus fachlicher Sicht getestet werden? - Welche Testfälle sind pro Geschäftsvorfall nötig?	- Testziele - fachliche Testfälle incl. Testdaten für jeden Geschäftsvorfall

5. Organisatorische Optimierung der Prozesse und Arbeitsplätze vornehmen	- Welche Benutzergruppen gibt es? - Welche Rechte müssen diese haben? - Wie kann die Schnittstelle zwischen DV-System und Benutzer optimiert werden? - Wie sieht eine optimale Ablauforganisation aus? - Welcher Schulungs- und Betreuungsaufwand besteht?	- Benutzergruppen und Rechte - Schulungs- und Betreuungskonzept - optimierte Ablauforganisation und Schnittstellen System - Benutzer
6. Dialog-Objekte entwerfen (Dialogdesign)	- Welche rollenbezogene Präsentation des Systems ist notwendig, um optimale Dialoge zu garantieren ? - Welche Standards für Dialoge müssen berücksichtigt werden? - Wie werden die Dialog-Objekte in die Anwendungsarchitektur integriert? - Welches Wissen, Können und Verhalten haben die Dialog-Objekte? - Welche Listen und Formulare müssen erzeugt werden?	- Standards für Dialoge und Dialogsteuerung - Beschreibung aller Masken, Bildschirme, Listen, Formulare - Prototypen - Dialog-Objekte mit Wissen (inkl. Präsentation), Können Verhalten

7. Technische Infrastruktur bereitstellen und optimieren	- Welche technischen Komponenten werden für die Arbeitsplätze in den einzelnen Phasen benötigt? - Wie sieht die Systemkonfiguration aus? - Kann man die technischen Komponenten standardisieren? - Welche Realisierungs- und Programmierstandards sollen eingehalten werden?	- technische Komponenten der Infrastruktur - Zusammenspiel der Komponenten, Systemkonfiguration - Standardisierung und Beschreibung der Komponenten - Realisierungs-, Test- und Produktionsumgebung - Stücklisten - Standards
8. Review durchführen, Realisierung und Integration vorbereiten	- Wie kann die Anwendungsarchitektur unter Berücksichtigung aller fachlichen, organisatorischen und technischen Bedingungen optimiert werden? - Wie sehen die detaillierten Aktivitäten der Phase Realisierung aus? - Gibt es vor der Realisierung noch Änderungswünsche des Auftraggebers?	- optimierte Anwendungsarchitektur - Feinplanung Realisierung - Pflichtenheft

Phase 4 Realisierung

Schritt	**Prozeßfragen**	**Ergebnisse**
1. Standards und Programmrahmen realisieren	- Wie soll das Dialog-Konzept realisiert werden? - Wie werden die einzelnen Objekttypen realisiert? - Welche Kommunikationsmechanismen werden wie realisiert?	- ablauffähiger Programmrahmen mit globalen Navigationsfunktionen der Masken - anwendungsübergreifende Funktionalität (z.B. Berechtigung) - Fehlerbehandlung
2. Physisches Datenbankdesign realisieren	- Wie werden die Daten-Objekte der Anwendungsarchitektur durch eine Datenbank reali siert? - Welche Testdaten und Testdialoge werden benötigt?	- Datenbanktabellen - Testdaten - Fehlerbehandlung, Zugriffsschutz
3. Themen der Anwendungsarchitektur realisieren	- Welches Thema soll als nächstes realisiert werden? - Welches ist das zentrale Objekt? - Wie wird diese Objekt realisiert? - Soll das Modul einem Modultest unterzogen werden?	- ablauffähige, synchronisierte Module

Phase 5 Integration/Test

Schritt	Prozeßfragen	Ergebnisse
1. Integrations- und Teststrategie planen und festlegen	- Auf welche Anforderungen hin soll die erstellte Software überprüft werden? - Mit welchen Testverfahren soll getestet werden? - Wer soll was testen? - In welcher Reihenfolge wird vorgegangen?	- Integration- und Testplan - Teststrategie, Testorganisation, Integration- und Testreihenfolge
2. Test- und Produktionsumgebung bereit stellen	- Was muß in Bezug auf Hard- und Softwareausstattung noch getan werden, damit Module getestet werden können? - Welche Aktivitäten sind notwendig, damit die Produktionsumgebung bis auf Programme und Daten fertig ist? - Wie werden die Testdaten erarbeitet? - Was fehlt an Ausstattung, um die Modulübergabe von einer Umgebung in eine andere zu gewährleisten? - Was muß in Bezug auf Parametereinstellungen und Zugriffsberechtigungen getan werden, damit die verschiedenen Umgebungen von den Entwicklern auch benutzt werden können?	- Test- und Produktionsumgebung - Testdaten

3. Datenvorbereitung	- Was muß getan werden, um die aktuellen Daten des Vorgängersystems für das neu zu erstellende System verfügbar zu machen? - Wie können nur die gewünschten Daten und keine veralteten Bestände mit in das neue System gebracht werden?	- Übernahmeprogramme - Parametereinstellungen - Konversionsregeln
4. Komponenten integrieren und Integrations test durchführen	- Was muß getan werden, um zu einem testbaren Teilsystem zu kommen? - Wie ist dieses Teilsystem zu testen? - Müssen eventuell Teilsysteme an die Realisierung zurückgegeben werden ?	- getestetes Teilsystem - getestetes System - Fehlerklassifikation
5. Organisatorische Abläufe anpassen	- Was ist noch zu tun, um die Organisation auf das neue System vorzubereiten? - Was ist noch zu tun, damit die Mitarbeiter das System entsprechend nutzen können? - Welche Regeln im Umgang mit dem neuen System müssen definiert werden?	- auf den Systemeinsatz vorbereiteter Endanwender und Organisation

6. Abnahme und Übergabe in Produktion	- Wie kann überprüft werden, ob der Auftraggeber mit dem System zufrieden ist und ob es seinen Vorstellungen entspricht? - Was ist noch zu tun, um alle Programme auf der Produktionsumgebung zur Verfügung zu haben? - Was ist zu tun, damit die Daten aus dem Vorgängersystem zur Verfügung stehen? - Welche Maßnahmen zur Revisionssicherheit sind notwendig?	- abgenommenes und einsatzfertiges Endsystem

Phase 6 Produktion/Wartung

Teilprozeß	**Prozeßfragen**	**Ergebnisse**
1. Wartungs-umgebung bereit stellen	- Welche Komponenten müssen in der Wartungs-umgebung enthalten sein? - Wie müssen die Komponenten konfiguriert werden? - Auf welche Daten muß zugegriffen werden?	- vollständige und funktionsfähige Wartungsumgebung
2. Wartbarkeit des Anwendungs-systems sicherstellen	- Was sind wichtige Informationen für die Systemdokumentation? - Wie müssen diese Informationen zusammengestellt werden? - Wie könnte eine Gliederung aussehen? - Wo müssen in Dokumentationen Modifikationen eingefügt werden ?	- konsistente Projekt- und Systemdokumentation
3. Wartungs-prozeß durchführen	- Welches sind die Anforderungen der Fachabteilungen? - Welche Dringlichkeit haben sie? - Welche Anforderungen können zu Wartungs-projekten zusammengefaßt werden? - Wie kann der Wartungs-prozeß organisiert werden, damit eine effiziente Release-Planung möglich ist ?	- Neue Releases

Weiterführende Literatur (Auswahl)

[1] H. Bender u.a.
Software Engineering in der Praxis. Das Bertelsmann-Modell
CW-Publikationen, München, 1983

[2] P. S. Chen, H.-D. Knoll
Der Entity-Relationship-Ansatz zum logischen Systementwurf
BI-Wissenschaftsverlag, Mannheim, Wien, Zürich, 1991

[3] P. Coad, E. Yourdon
Object-Oriented Analysis
Prentice Hall, Englewood Cliffs, N. J., 1991

[4] P. Coad, E. Yourdon
Object-Oriented Design
Prentice Hall, Englewood Cliffs, N. J., 1991

[5] P. Coad, J. Nicola
Object-Oriented Programming
Prentice Hall, Englewood Cliffs, N. J., 1991

[6] T. DeMarco
Structured Analysis and Systems Specification
Prentice Hall, Englewood Cliffs, N. J., 1979

[7] A. Hickersberger
Der Weg zur objektorientierten Software
Hühtig, Heidelberg, 1993

[8] G. J. Myers
Methodisches Testen von Programmen
Oldenbourg Verlag, 1989

[9] M. Page-Jones
The Practicle Guide to Structured Systems Design
Yourdon Inc., New York, 1988

[10] J. Raasch
Systementwicklungen mit strukturierten Methoden
Hanser Verlag, 1991

[11] J. Rumbaugh u.a.
Object-Oriented Modeling and Design
Prentice Hall, Englewood Cliffs, N. J., 1991

[12] S. Shlaer, S.J. Mellor
Object-Oriented Systems Analysis: Modeling the World in Data
Prentice Hall, Englewood Cliffs, N. J., 1988

[13] S. Shlaer, S.J. Mellor
Object Lifecycle: Modeling the World in States
Prentice Hall, Englewood Cliffs, N. J., 1992

[14] E. Yourdon
Die westliche Programmierkunst am Scheideweg:
die Schlüsseltechniken der Softwareentwicklung für das 21. Jahrhundert
Hanser, Prentice Hall, München, Wien, London, 1993

Sachwortverzeichnis

A

B

C

D

E

F

G

H

I

K

L

M

N

O

P

Q

R

S

T

V

W

Z

GPSR Compliance

The European Union's (EU) General Product Safety Regulation (GPSR) is a set of rules that requires consumer products to be safe and our obligations to ensure this.

If you have any concerns about our products, you can contact us on ProductSafety@springernature.com

In case Publisher is established outside the EU, the EU authorized representative is:

Springer Nature Customer Service Center GmbH
Europaplatz 3
69115 Heidelberg, Germany

Batch number: 10816188

Printed by Printforce, the Netherlands